VOLUME 1

CCNA 網路認證先修班

Understanding **Cisco™ Networking Technologies**

EXAM 200-301

Todd Lammle 著

感謝您購買旗標書，
記得到旗標網站
www.flag.com.tw
更多的加值內容等著您…

<請下載 QR Code App 來掃描>

- FB 官方粉絲專頁：旗標知識講堂
- 旗標「線上購買」專區：您不用出門就可選購旗標書！
- 如您對本書內容有不明瞭或建議改進之處，請連上旗標網站，點選首頁的 聯絡我們 專區。

若需線上即時詢問問題，可點選旗標官方粉絲專頁留言詢問，小編客服隨時待命，盡速回覆。

若是寄信聯絡旗標客服 email, 我們收到您的訊息後，將由專業客服人員為您解答。

我們所提供的售後服務範圍僅限於書籍本身或內容表達不清楚的地方，至於軟硬體的問題，請直接連絡廠商。

學生團體　訂購專線：(02)2396-3257 轉 362
　　　　　傳真專線：(02)2321-2545

經銷商　服務專線：(02)2396-3257 轉 331
　　　　將派專人拜訪
　　　　傳真專線：(02)2321-2545

國家圖書館出版品預行編目資料

CCNA 網路認證先修班 Exam 200-301 /
Todd Lammle 著；林慶德、陳宇芬 譯. -- 臺北市：
旗標, 2020.06　面；公分
譯自；Understanding Cisco™ Networking Technologies : Exam 200-301 (CCNA Certification)

ISBN 978-986-312-627-0 (平裝)

1. 通訊協定　2. 電腦網路　3. 考試指南

312.16　　109005881

作　　者／Todd Lammle

譯　　者／林慶德、陳宇芬

發 行 所／旗標科技股份有限公司

台北市杭州南路一段15-1號19樓

電　　話／(02)2396-3257(代表號)

傳　　真／(02)2321-2545

劃撥帳號／1332727-9

帳　　戶／旗標科技股份有限公司

監　　督／陳彥發

執行企劃／陳彥發

執行編輯／林佳怡

美術編輯／林美麗

封面設計／林美麗

校　　對／林佳怡

新台幣售價： 620 元

西元 2024 年 2 月 初版 4 刷

行政院新聞局核准登記-局版台業字第 4512 號

ISBN　978-986-312-627-0

謝詞

CCNA 新書的完成，要感謝許多人協助。首先，謝謝 Kenyon Brown 協助彙整這套書的方向，並且負責處理 Wiley 的內部編輯作業，真的非常感謝 Ken 這麼多日子的持續努力，才能讓這套書逐步成形。跟我合作 CCNA 第一冊的編輯是 Troy McMillan，他反覆閱讀每一章，並給予技術上和編輯面的建議，而技術編輯 Todd Montgomery 也詳細閱讀了每一章，而且不放過任何一個細節。Monica Lammle 則是一讀再讀，在編輯的過程中持續協助我進行整合，這件事可不容易。還要感謝 Wiley 與我合作超過十年的製作編輯 Christine O'Connor，以及 Word One 的校對 Louise Watson。

關於作者

Todd Lammle 是 Cisco 認證與互連網路方面的權威，並且取得 Cisco 大多數認證的證照。他是全球知名的作者、演講者、講師與顧問。Todd 在 LAN、WAN 和大型企業的無線網路方面，具有超過 30 年的經驗，最近則投身於使用 Firepower/FTD 與 ISE 來實作大型的 Cisco 安全網路。

Todd Lammle 將豐富的實作經驗融入書裡，他不僅是位網路技術作家，也是資深網路工程師，具有在全球最大型網路工作的實務經驗，所服務的公司包括：全錄、Hughes Aircraft、Texaco、AAA、Cisco 與 Toshiba 等。Todd 出版了超過 60 本書，包括非常受歡迎的「CCNA：Cisco Certified Network Associate Study Guide、CCNA Wireless Study Guide、CCNA Data Center Study Guide、SSFIPS (Firepower) 以及 CCNP Security」等，全由 Sybex 出版。

目前他在科羅拉多經營一家國際性的顧問和教育訓練機構，閒暇時則與他的黃金獵犬徜徉在當地山區。您可以透過他的網站 www.lammle.com 跟他聯繫。

目錄 Contents

第 1 章 網路互連

第 2 章 乙太網路與資料封裝

第 3 章 TCP/IP 簡介

第 4 章 子網路切割

第 5 章 IP 位址的檢修

第 6 章 Cisco 的互連網路作業系統 (IOS)

第 7 章 管理 Cisco 互連網路

第 8 章 管理 Cisco 裝置

第 9 章 IP 遶送

第 10 章 廣域網路

本書簡介

歡迎來到令人興奮的互連網路世界，並且踏上 Cisco 認證之路。如果您選擇本書是希望能擁有一個更好、更穩固的工作來改善生活，那麼您做了很好的選擇！不論您正要進入快速變化且蓬勃發展的 IT 領域，或是試圖增強您的技能繼續深入這個領域，Cisco 認證都能有效地幫您達成目標。Cisco 認證是通往成功的有力工具，同時可以大幅提升您對互連網路的掌握。當您逐步深入本書時，將會建立網路的基礎知識，而不侷限於 Cisco 的設備。讀完本書，您就可以朝向準備 Cisco 下一等級的認證。基本上，開始準備認證，相當於高調宣布要成為一個厲害的網路專家，這也是本書要協助您達成的目標。在此先提早恭賀您踏出燦爛的第一步！

本書額外補充的教材、作者提供的影片、練習題和實作題，請參考 www.lammle.com/ccna。

Cisco 網路認證

過去為了確保 CCIE 高不可攀的地位，所以在面對艱難的實作之前，只有一項書面測試。這種令人生畏、全有 / 全無的方法使得成功的機率極低，而且對大多數人來說，這樣的效果並不好。

Cisco 建立了一系列的新認證來回應這個問題；它不僅建立了通往 CCIE 榮耀的合理路徑，也讓企業能夠精確地評估應徵者和現有成員的技能水準。這項令人興奮的認證典範轉移的確大大敞開了過去的窄門。

在 1998 年，取得 CCNA 認證是攀登 Cisco 認證階梯的第一步。也是官方對進階認證的先決要求。但是到了 2007 年，Cisco 公告了 CCENT 認證。在 2016 年，更宣布對 CCENT 和 CCNA Routing 及 Switching (R/S) 認證的更新。現在，Cisco 認證又再次有了巨大的改變。

在 2019 年 7 月，Cisco 對認證流程進行了過去 20 年來前所未有的變動！它公布將從 2020 年 2 月開始的所有新認證，當然，這可能也是您開始閱讀本書的原因。

對初學者而言，CCENT 課程和考試 (也就是 ICND1 and ICND2) 已經取消，而且現在任何的認證也都沒有先決要求了。這表示您可以直接參加 CCNP 認證，而不必先參加新的 CCNA 考試。

圖 I.1 是新的認證流程。

圖 I.1 Cisco 認證流程

入門級 (Entry)	工程師級 (Associate)	專業級 (Professional)	專家級 (Expert)	架構師級 (Architect)
有興趣成為網路專業者的個人起點	有能力從事網路專業，並且具備最新技術	選擇特定核心技術專業及對應認證	在全球都受到承認，技術領域最受重視的認證	最高等級的成就，具備架構師專業的網路設計師
CCT	DevNet Associate	DevNet Professional	CCDE	CCAr
	CCNA	CCNP Enterprise	CCIE Enterprise Infrastructure CCIE Enterprise Wireless	
		CCNP Collaboration	CCIE Collaboration	
		CCNP Data Center	CCIE Data Center	
		CCNP Security	CCIE Security	
		CCNP Service Provider	CCIE Service Provider	

首先，您不值得把時間花在入門級的 CCT 認證上。反之，在閱讀完這本基礎書籍之後，您應該直接邁向 CCNA，然後再向 CCNP 前進。本書是您開始研讀 CCNA 之前的最佳參考工具，在您征服其他認證之前，請先瞭解其中的內容。

本書範圍

本書涵蓋的內容，能幫助您奠定研讀 CCNA 的良好基礎。雖然書中的一些內容並非百分之百屬於 CCNA 未來認證目標的範圍，但並不表示它們不會出現在測驗中。瞭解本書所提供的真實世界網路資訊基礎和技能，對於參加認證和未來的工作都很重要。

下面是本書各章內容的簡單說明：

- **第 1 章 網路互連**：在第 1 章中，您會學到 OSI 模型的基本概念。
- **第 2 章 乙太網路與資料封裝**：本章會詳述 CCNA 與 CCNP 所需的乙太網路基礎觀念，同時也會探討資料封裝。
- **第 3 章 TCP/IP 簡介**：第 3 章提供 CCNA/NP 認證和真實世界中必備的背景知識，詳細說明 TCP/IP 的觀念。本章深入討論 IP 協定堆疊的起源，以及 IP 的定址。也會介紹網路位址和廣播位址的差異，並且以實用的網路故障檢測訣竅做為結束。
- **第 4 章 子網路切割**：不論您是否相信子網路切割非常簡單，在讀完本章後，您可以透過心算來完成子網路切割。
- **第 5 章 IP 位址的檢修**：本章延續第 3、4 章，並且開始討論基礎的 IP 問題檢測與排除。您可以藉此測試對前兩章的瞭解。
- **第 6 章 Cisco 的互連網路作業系統**：第 6 章介紹 Cisco 的互連網路作業系統 (IOS) 與命令列介面 (CLI)。在本章中，您將會學到如何啟動路由器並且設定 IOS 的基本參數，包括密碼、標題訊息等等。
- **第 7章 管理 Cisco 互連網路**：本章提供運行 Cisco IOS 網路所需的管理技能。它涵蓋了 IOS 的備份及還原，重要的路由器組態設定技巧，以及讓網路保持運作所需的故障檢測工具。
- **第 8 章 管理 Cisco 裝置**：本章說明了 Cisco 路由器的開機流程、組態暫存器以及如何管理 Cisco IOS 檔案。最後一節則介紹 Cisco 對 IOS 的最新授權策略。
- **第 9 章 IP 遶送**：這是非常有趣的一章，因為我們將開始建立 Cisco 網路，真正新增 IP 位址，並且在路由器間遶送資料。您也會學到靜態、預設與動態遶送。本章涵蓋本書中最重要的基礎觀念，因為 Cisco 的目標就是要瞭解 IP 遶送流程。事實上，它假定您在研讀 CCNA 與 CCNP 的時候，應該要具有這方面的知識。
- **第 10 章 廣域網路**：這是本書的最後一章。它深入討論了多個協定，特別是序列連線的 HDLC 與 PPP。本章還說明了其他許多技術，例如蜂巢式行動通訊、MPLS T1/E1 與有線電視網路。在組態一節中，將會透過範例逐步解說故障排除技巧，千萬不要錯過。

網路互連

1

Chapter

本章涵蓋的主題

- 網路互連的基礎
- 網路互連模型
- OSI 參考模型

歡迎來到令人驚異的網路互連世界中！本章專注在如何使用 Cisco **路由器** (Router) 及**交換器** (Switch) 來連結網路，協助您瞭解網路互連的基本原理。此外，本章在撰寫時，是假設您已經具備簡單的網路互連基本知識。

首先，您必須知道何謂**互連網路** (internetwork)：當您透過路由器將兩個或更多的網路連在一起，並且使用 IP 或 IPv6 之類的協定來設定邏輯網路位址結構時，就創造了一個互連網路。

本章將剖析 OSI 模型 (Open Systems Interconnection model)，並且詳述每個部份。在您建構自己的網路知識時，絕對要對此有紮實的認識。OSI 模型共有 7 層，其目的是要讓異質系統間的不同網路能可靠地通訊。因為本書是針對 CCNA，所以您必須瞭解 Cisco 如何看待 OSI 模型，這也是本章說明 OSI 模型時所採取的方式。

本書額外補充的教材、作者提供的教學影片、練習題和實作題，請參考 www.lammle.com/ccna。

1-1 網路互連的基礎

在探索網路互連模型，特別是 OSI 模型之前，您必須先瞭解整體藍圖，以及如何回答這個關鍵問題：為什麼要學習 Cisco 的網路互連技術？

網路與網路連線在近 20 年來有指數性的成長，它們必須以光速成長，才能跟得上使用者的基本需求，例如共用資料與印表機，以及多媒體的遠端簡報與視訊會議等更大的負荷。除非每個需要共享網路資源的人都位於相同的辦公室區域 (這種情況已經越來越罕見)，否則最大的問題是如何將許多相關的網路連在一起，讓所有使用者都能共享所需的各類服務與資源。

圖 1.1 是一個利用**集線器** (hub) 連結在一起的基本區域網路 (LAN)；而所謂的集線器，基本上就只是個把纜線連在一起的古老設備。像這樣簡單的網路，會被視為是一個**碰撞網域** (collision domain) 和一個**廣播網域** (broadcast domain)。如果您不懂這是什麼意思，也別擔心，之後我們將會常常談到碰撞網域與廣播網域，頻繁到搞不好您連作夢都會夢到呢！

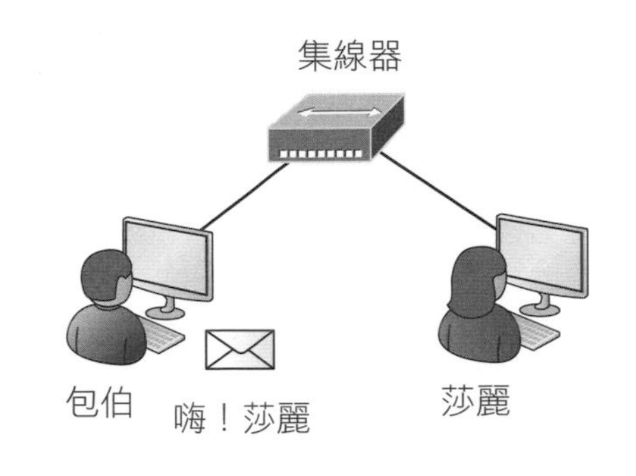

圖 1.1 非常基本的網路

雖然在一些家用網路中仍然可以看到這樣的組態，但是在現在這個時代，即使是許多家用網路和最小型的企業網路，都比這個要複雜得多。在本書中，我會在這個迷你網路上，一次增加一點東西，直到我們真正達成一個良好、強韌、而且現代化的網路設計，並足以協助您通過認證並取得工作的那種設計。

如我所說，我們會逐步前進，所以讓我們先回到圖 1.1 的網路，以及下面這個情境：包伯希望傳送檔案給莎麗，在這種網路下要完成這個目標，只需要廣播說他正在尋找莎麗，效果就相當於對著網路大喊。

您可以想像這樣的畫面：包伯走出他的房子，並且在一條稱為「混亂市集」的大街上大吼，希望能連絡到莎麗。如果他們是那邊的「唯二」居民，這可能可行，但是如果那邊充滿了房舍，而且所有居民都習慣像包伯一樣在街上對著鄰居大聲喊叫，這樣做可能就會有問題了。然而，即使「混亂市集」真的「街」如其名，所有的居民都隨時準備「吶喊」，網路事實上仍舊可以用這種方式運作到某個程度！如果可以選擇的話，您要繼續住在「混亂市集」？或是換換運氣搬到全新、現代化的「寬頻巷」，提供舒適的空間給所有居民，可以處理目前和未來的所有交通？大家都知道哪一個是比較好的選擇。莎麗也不例外，她現在過著更安靜的生活，從包伯那邊收到信件 (封包)，而不是頭疼！

剛剛所描述的情境指出本書和 Cisco 認證目標的一個基本重點。我的目的是要告訴您如何建立有效率的網路，並且正確的分割它們，以便將網路上混亂的喊叫數量降至最低，這也是我在 Cisco 系列書籍中共通的主題。您無可避免地必須在某個時間點，將大型網路分割為一組較小的網路，才能處理網路的成長，以及隨著成長讓使用者回應時間變得蹣跚爬行時的挫折。然而，如果您嫻熟我在這系列書籍中提供的重要技術，就可以建立有效率的新網路，提供能滿足使用者需求的重要設施，例如頻寬，以拯救您的網路及使用者。

這可不是在開玩笑，我們大多認為成長是件好事，但是就像我們每天的通勤經驗，它也可能代表 LAN 上的交通壅塞已經達到上限，而且導致完全停頓。解決之道可能得將一個大型網路分割為數個較小的網路，這稱為**網路分割** (network segmentation)。這個觀念很像是新社區規劃，或是現有社區的現代化。開闢更多的街道，增設新的路口與交通號誌，並且在郵局中加入新的正式文件來記錄所有這些街道的名稱，以及如何抵達的說明。您需要實施新的法規來維持所有的秩序，並提供警察局來保護這個新的區域。在網路環境中，這些是使用路由器、交換器或橋接器來完成的。

現在讓我們來看看這個新社區，許多主機開始移入，所以這是升級到新的高容量基礎建設的時刻了。圖 1.2 顯示一個利用交換器來分割的網路，其中每個連接交換器的網段都成為個別的碰撞網域。這可以減少大量的喊叫！

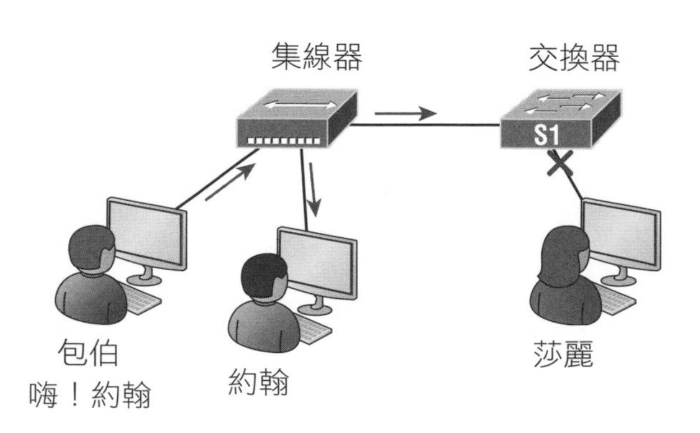

圖 1.2 交換器可以分割碰撞網域

不過請注意，這個網路仍然是一個單一的廣播網域，這意味著我們只是減少而沒有完全避免掉嘶吼和吶喊。如果有某個全社區都必須知道的重要公告，它仍舊可以「大聲」地說出來！圖 1.2 所使用的集線器是從交換器的連接埠延伸出一個碰撞網域。所以約翰會收到包伯的資料，但是莎麗則很開心地不會收到。這樣的結果很不賴，因為包伯只想直接跟約翰聊聊；如果他必須透過廣播，則包括莎麗的所有人都會收到，而且可能會造成不必要的壅塞。

以下列出造成 LAN 上交通壅塞的一些常見原因：

- 廣播網域中有太多主機
- 廣播風暴
- 太多的多點傳播 (multicast)
- 低頻寬
- 增加集線器提供更多網路連線
- 大量 ARP 廣播

讓我們再檢視一次圖 1.2，您有發現將圖 1.1 的主要集線器已經取代為交換器嗎？這是因為集線器不能切割網路，只能將網段連結在一起。所以基本上集線器只是為了要將幾部 PC 連在一起，所採取的比較便宜的方案，適合家用與檢修時使用。

當我們規劃中的社區開始成長，就必須增加更多包含交通管制，甚至基本保全能力的道路。我們透過路由器來達成這個目標，因為路由器的作用是要將網路連在一起，並且將資料封包從一個網路遶送至另一個網路。由於 Cisco 路由器產品的品質好、選擇眾多並且提供優質服務，所以已經成為業界公認的標準。根據預設，路由器是用來有效率地分割**廣播網域** (broadcast domain)，也就是位於相同網段上，能夠聽到該網段上所有廣播的所有裝置。

圖 1.3 顯示我們成長中的網路上有一部路由器，它產生一個互連網路，並且分割了廣播網域。

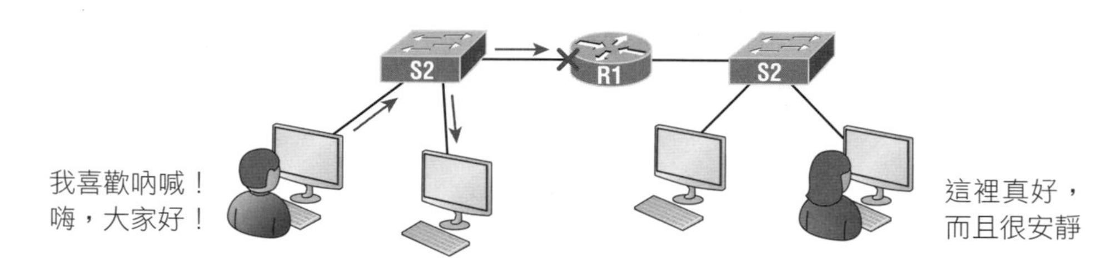

圖 1.3 路由器建立互連網路

圖 1.3 中的網路是個非常酷的小網路。因為有了交換器，每部主機都連到自己的碰撞網域，而且路由器還建立了 2 個廣播網域。所以現在莎麗很開心而安靜地生活在一個完全不同的區域，不必再忍受包伯不時的喊叫。如果包伯想跟莎麗說話，必須傳送目標位址為莎麗 IP 位址的封包，他不能再廣播給她！

此外，路由器還提供經由序列介面對 WAN (Wide Area Network，廣域網路) 的連線，特別是 Cisco 路由器上的 V.35 實體介面。

當主機或伺服器傳送網路廣播時，網路上的所有裝置都必須讀取並處理該廣播 (除非其中有路由器)，所以分割廣播網域非常重要。當路由器的介面接收到廣播時，它基本上只要回應：「謝啦！但是到此為止。」然後把廣播丟棄，而不再轉送到其他網路。即使大家都知道路由器預設就會分割廣播網域，仍請務必記住，它們也同樣會分割碰撞網域。

在網路中使用路由器有 2 大優點：

- 根據預設，它們不會轉送廣播。
- 它們可以根據第 3 層 (網路層) 的資訊 (亦即 IP 位址) 來過濾網路。

網路上的路由器有 4 種作用：

- 封包交換
- 封包過濾
- 互連網路通訊
- 路徑選擇

本章稍後會介紹所有的網路層級，但目前您可以先將路由器想像為第 3 層的交換器。第 2 層的陽春型交換器只會轉送或過濾訊框，但路由器 (第 3 層交換器) 會利用邏輯位址，提供所謂的**分封交換** (packet switching)。路由器也能藉由存取清單提供封包過濾。當路由器連接多個網路，並使用邏輯位址 (IP 或 IPv6) 時，就稱為互連網路 (Internetwork)。最後，路由器使用路徑表 (互連網路的地圖) 來選擇路徑，以轉送封包到遠端網路。

反之，交換器並不是用來建立互連網路 (它們預設上並不會分割廣播網域)，而是用來增加互連網路的功能。交換器的主要目的是要讓 LAN 運作得更好，藉由最佳化其效能，提供更多的頻寬給 LAN 的用戶。交換器也不會像路由器一樣轉送封包到其他網路，而只是將訊框從一個埠交換到同一網路的另一個埠。您可能會覺得迷惑：**訊框** (frame) 和**封包** (packet) 是什麼東西啊？本章稍後就會介紹它們。現在，您可以先將封包視為是包含資料的一個「包裹」。

根據預設，交換器會分割**碰撞網域** (collision domain)。乙太網路用碰撞網域來描述下列情境：當一個裝置在網段上傳送封包時，相同網段上的其他裝置都必須注意。此時，若有不同的裝置試圖傳送資料，則會導致碰撞，造成兩者都必須重新傳送，且一次只能有一台進行。這實在不是很有效率！這種情況在集線器環境中非常常見，因為每個主機網段都連到代表同一個碰撞網域與廣播網域的集線器上。反之，交換器的每個埠都各自代表一個碰撞網域，讓網路交通能更平順地流動。

交換器會建立獨立的碰撞網域，但仍屬於單一的廣播網域。路由器的每個介面則屬個別的廣播網域。千萬不要搞混了。

橋接 (bridging) 一詞出現在路由器與集線器問世之前，所以經常可以聽到人們將橋接器稱為交換器。這是因為橋接器與交換器基本上都是在切割 LAN 上的碰撞網域 (事實上現在也買不到實體的橋接器，只能買到 LAN 交換器。但它們用的是橋接的技術，所以 Cisco 和其他廠商有時仍然稱呼它們是多埠橋接器)。

這意味著交換器基本上就是較具運算能力的多埠橋接器，是嗎？嗯！大致上可以這麼說，不過還是有些差異。交換器確實提供這種功能，但是它們還提供更強的管理能力與功能。此外，橋接器多半只有 2 或 4 個埠。雖然可能找到高達 16 個埠的橋接器，但是與有些交換器的數百個埠相比，實在不算什麼！

圖 1.4 是包含這些互連裝置的網路示意圖。請記住路由器的每個 LAN 介面不只會分割廣播網域，還會分割碰撞網域。

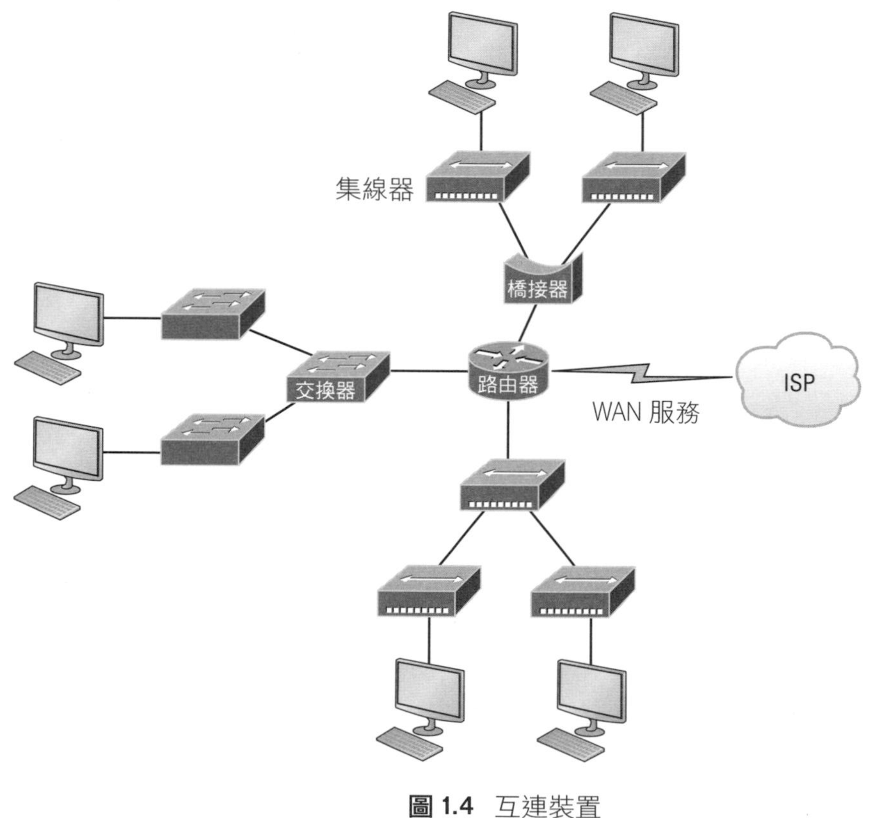

圖 1.4　互連裝置

在圖 1.4 中，您是否注意到路由器是位於中間位置，並且將所有的實體網路連在一起？因為該網路中包含較早期的橋接器與集線器技術，所以不得不使用這樣的架構。筆者真心希望您不會遇到像這樣的網路，但是您還是必須瞭解本圖背後的戰略性意義。

在圖 1.4 上方的網路使用橋接器來將集線器連到路由器上。橋接器會分割碰撞網域，但是連在這 2 個集線器上的所有主機仍舊屬於相同的廣播網域。這個橋接器只建立了 3 個碰撞網域，每個連接埠一個。這表示連到單一集線器上的所有裝置仍是屬於相同的碰撞網域。這種做法並不高明，只是比所有主機都屬於單一碰撞網域要好一點，所以應該要盡量避免。這已經是屬於「古董級」做法，以及「什麼不該做」的最佳範例。將這種無效率的設計用在今日的網路上是非常可怕的！不過，它的確示範了我們曾經走過多遠的路途，而且它所描述的基礎觀念真的非常重要。

請注意圖 1.4 下方相連的 3 台集線器也同樣連到路由器上，成為 1 個非常龐大的碰撞網域及廣播網域。相對而言，橋接式網路以及它的 2 個碰撞網域看起來好得多了。

Note 請別誤會！雖然橋接器被用來分割網路，但是它們並不會隔離廣播或多點傳播的封包。

就圖 1.4 中連到路由器的網路而言，左邊的 LAN 交換器網路是最好的一個，因為交換器上的每個埠都會切出一個碰撞網域；它的缺點是所有的裝置仍舊位於相同的廣播網域中。如前所述，這樣所產生的問題是所有裝置必須去聆聽所有在網路上傳送的廣播。此外，如果廣播網域越大，使用者的頻寬就越小，而且必須處理越多廣播，這使得網路回應時間可能會慢到引起辦公室的大騷動。所以在今日大多數的網路中，保持廣播網域不要太大是很重要的。如果網路中只有交換器，情況就會大大改觀！圖 1.5 是今日的典型網路。

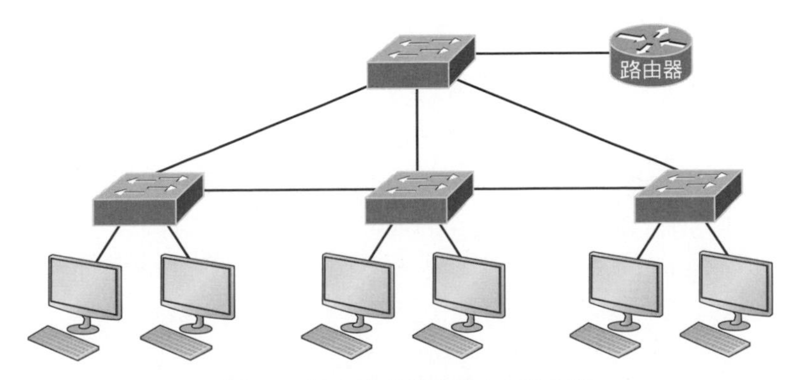

圖 1.5 以交換式網路建立互連網路

這裡筆者將 LAN 交換器放在網路世界的中心，而路由器則只是用來將邏輯網路連在一起。如果是採用這種設計的實作，則會建立虛擬 LAN (Virtual LAN，VLAN)，在第 2 層的交換式網路上進行邏輯分割的廣播網域。請務必要瞭解，即使在交換式網路中，仍然需要路由器來提供不同 VLAN 之間的通訊。千萬別忘了喔！

顯然，最好的網路必須具有符合公司業務需求的正確組態，而且通常是 LAN 交換器與擺放在網路中策略性位置的路由器和諧共存的網路。筆者希望本書協助您瞭解路由器與交換器的原理，讓您能因時因地做出更嚴謹成熟的決策。

讓我們再回到圖 1.4，並試著回答這個問題：圖上的互連網路中有多少個碰撞網域和廣播網域？希望您的答案是 9 個碰撞網域和 3 個廣播網域！廣播網域一定比較容易看得出來，因為預設上只有路由器會切割廣播網域。而由於路由器上有 3 個介面連線，所以有 3 個廣播網域。您有看出 9 個碰撞網域嗎？所有的集線器網路是 1 個碰撞網域，橋接網路等於 3 個碰撞網域，而交換器網路有 5 個碰撞網域，每個交換埠 1 個，所以共有 9 個。

圖 1.5 中，交換器上的每個連接埠都是分開的碰撞網域，而且每個 VLAN 都是分開的廣播網域。算算看，這裡有多少個碰撞網域呢？我算出了 12 個。請記住，交換器之間的連線也是一個碰撞網域！因為圖中沒有顯示關於 VLAN 的資訊，我們可以假設根據預設是 1 個廣播網域。

在我們繼續討論互連網路模型之前，先多檢視一番目前網路中常見的網路設備，如圖 1.6 所示。

跟圖 1.5 的交換式網路相比，圖 1.6 多了防火牆和一些 WLAN 設備，例如簡稱為 **AP** 的**存取點** (Access Point，又稱為「無線基地台」) 和無線控制器。這些已經是目前網路不可或缺的裝置。它們能將電腦、印表機、平板等裝置連上網路。因為現在生產的許多 3C 裝置都有無線網卡，所以只需要一台基本的 AP，就可以連到傳統的有線網路。現在讓我們檢視一下這些裝置：

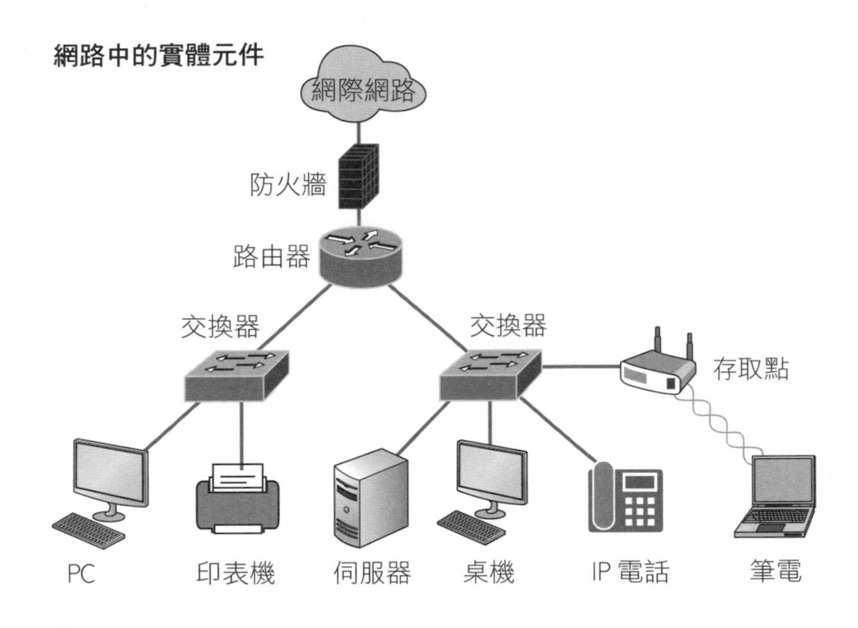

圖 1.6 當前互連網路中常見的其他網路裝置

- **存取點，簡稱 AP (Aceess Point)**：這種裝置將無線設備連到有線網路，並且從交換器接出 1 個碰撞網域。AP 通常會有自己的廣播網域，我們一般視為是個虛擬網路 (VLAN)。AP 可能是簡單的獨立式裝置，不過目前經常是透過本地或互連網路上的無線控制器來管理。
- **WLAN 控制器，簡稱 WLC (Wireless LAN Controller)**：讓網管人員或網路維運中心用 WLC 來管理從中等到超大數量的 AP。WLAN 控制器會自動處理 AP 的組態設定，通常只有較大型的企業會使用。然而，透過 Cisco 併購的 Meraki 系統，你可以透過它簡單好用的網站控制器系統，輕鬆地從雲端來管理小型到中型的無線網路。
- **防火牆 (Firewall)**：這是網路安全系統，能根據事先設好的安全規則，監控進出的網路交通，通常是**入侵防護系統** (IPS，Intrusion Protection System)。Cisco 的 ASA (Adaptive Security Appliance) 防火牆，通常會在可信任、安全的內部網路；和不安全、不可信任的網際網路之間建立一道屏障。Cisco 因為收購了 Sourcfire，而登上新一代防火牆 (NGFW，Next Generation Firewall) 和新一代入侵防護系統 (NGIPS，Next Generation IPS) 市場的高峰。Cisco 將這項產品稱為「Firepower」，可以在專屬設備 Cisco 的 ASA、ISR 路由器、甚至在 Meraki 產品上運行。

1-2 網路互連模型

首先來一段小小的歷史故事：當初網路剛萌芽時，電腦通常都只能跟同廠牌的其他電腦通訊。例如一家企業可能完全採用 DECnet，或是完全採用 IBM 的解決方案，而不會兩者兼用。在 1970 年晚期，國際標準組織 (ISO，International Organization for Standardization) 建立了 **OSI** (開放系統互連，Open Ssytems Interconnection) 參考模型，以打破這種障礙。

OSI 模型的目的是為了協助廠商依據協定來建立能互通的網路裝置和軟體，以便不同廠商的網路能夠和平地彼此合作。就像世界和平一樣，它可能永遠無法百分之百達成，不過仍舊是個偉大的目標。

無論如何，OSI 模型是網路的基本架構模型，描述資料及網路資訊如何從 1 台電腦的應用，穿越網路媒介，傳達至另 1 台電腦的應用。OSI 參考模型將這個流程切割成幾個層級。

下一節將解釋這個分層式模型，以及如何將它用於互連網路的故障檢測。

我的天啊！ISO、OSI，不久後還有 IOS！不過，你只要記得 ISO 建立了 OSI，Cisco 建立了 IOS (Internetworking Operating System，Cisco 互連網路作業系統) 就行了。

分層式模型

了解參考模型是如何進行通訊的概念性藍圖，用來處理有效通訊所需的所有程序，並且將這些流程進行邏輯性分組，稱為層級 (layer)。當以這種方式來設計通訊系統時，就稱為**分層式架構** (layered architecture)。

假設您想要與幾個朋友合開一家公司，首先是先坐下來，想清楚要做哪些事、誰負責什麼、這些事的進行順序，以及彼此的關聯性。最後，您可能會將這些任務分配到各個部門，例如業務部門、存貨部門與出貨部門等。每個部門有專屬的任務且由不同的人員負責，而且這些人也只應該專注在自己的責任範圍上。

在上述的情境中，「部門」是用來比喻通訊系統中的「層級」，要讓事情進展順利，每個部門的成員必須要能完全負起自己的責任，並且信任與仰賴其他部門完成其他的工作。在您進行規劃時，可能需要做筆記，記錄下整個流程，以協助後續對運作標準的討論，這些標準也就是您的企業藍圖或參考模型。

一旦公司成立之後，您的部門主管必須根據與其部門相關的藍圖，發展出實務做法，以完成所指派的任務，並將這些實務做法 (亦即協定) 整理為標準作業程序手冊，要求大家密切遵循。手冊中的每個程序都有各自被納入的道理，並且有不同程度的重要性和實作。如果您與其他公司形成策略聯盟，或是購併另一家公司，則該公司的業務協定 (它的業務藍圖) 也必須能夠和您的配合 (至少要能相容)。

模型對軟體開發人員也非常重要。軟體開發人員可以使用參考模型來瞭解電腦通訊流程，並且理解任一層級所必須完成的功能。如果他們是針對特定層級來開發協定，則只需考慮該層的功能。對應其他層級協定所設計的軟體會去處理其他的功能。在技術上，這種概念稱為**綁定** (binding)。彼此相關的通訊程序會綁定 (或分組) 在特定層級中。

參考模型的優點

OSI 模型是分層式模型，它的優點是也可以適用於任何分層式的模型。所有這些模型，特別是 OSI 模型的主要目的，都是要讓不同廠商的網路能互通。

下面是使用 OSI 分層式模型的一些重要好處：

- 將網路的通訊流程切割成較小與較簡單的元件，因而有助於元件的開發、設計與檢修。
- 讓多家廠商可以開發標準化的網路元件。
- 藉由明確定義模型每一層的功能，促進產業的標準化。
- 讓各種網路軟硬體能互相通訊。
- 防止任一層級的變更影響到其他層級，以促進開發。

1-3 OSI 參考模型

OSI 規格最重要的功能之一，就是能協助執行不同作業系統的主機互相傳輸資料，例如在 Unix 主機、Windows、Mac 或智慧型手機間進行資料傳輸。不過，OSI 是邏輯模型，而不是實體的模型。它在本質上是一組指導原則，可以讓應用開發人員用來建立與實作網路上的應用。它也提供一種框架，讓我們建立與實作網路標準、裝置與網路互連架構。

OSI 具有 7 個不同的層級，分為上下 2 組。上方的 3 層定義了終端工作站上的應用程序如何互相通訊以及如何與使用者通訊，下方的 4 層則是定義終端對終端的資料傳輸方式。圖 1.7 是上方的 3 層及其功能。

圖 1.7 上方的層級

應用層	• 提供使用者介面
表現層	• 呈現資料 • 處理加密等程序
會談層	• 分開不同應用的資料

在圖 1.7 中可以看到應用層有使用者與電腦的介面，以及負責不同主機的應用程式間互相通訊的其他層級。請記住：上方的 3 層對於網路連線或網路位址一無所知的，這些是下面 4 層的職責。

圖 1.8 是下方 4 層與其功能，可以看到下方的 4 層定義了資料透過實體纜線、交換器與路由器等進行傳輸的方式；它們也決定了將傳送主機的資料串流重建後交給目的主機應用程式的方式。

圖 1.8 下方的層級

傳輸層	• 提供可靠或不可靠的遞送 • 重傳之前先校正錯誤
網路層	• 提供邏輯位址，供路由器來決定路徑
資料鏈結層	• 將封包組成訊框中的位元組 • 使用 MAC 位址來存取媒介 • 進行錯誤偵測，但不校正
實體層	• 在裝置間移動位元 • 規定電壓、線路速度與纜線的接腳

下列網路裝置會在 OSI 模型的所有 7 層中運作：

- 網路管理工作站 (NMS，Network Management Station)
- 網站與應用程式伺服器
- 閘道 (非預設閘道)
- 伺服器
- 網路主機

基本上，ISO 發展 OSI 參考模型做為開放網路協定集合的慣例與指導方針，定義了通訊模式的規範。直到現在，它仍是進行協定組比較時最常用的方法。

OSI 參考模型共有 7 層：

- 應用層 (layer 7)
- 表現層 (layer 6)
- 會談層 (layer 5)
- 傳輸層 (layer 4)
- 網路層 (layer 3)
- 資料鏈結層 (layer 2)
- 實體層 (layer 1)

有些人喜歡使用一些方法來幫助記憶這 7 層，例如「**A**ll **P**eople **S**eem **T**o **N**eed **D**ata **P**rocessing」中每個字的第一個字母，剛好也是每一層的開頭字母。圖 1.9 是 OSI 模型中，每一層所定義的功能，該圖可以協助您進一步探討每一層的功能。

圖 1.9 OSI 各層的功能

應用層	• 檔案、列印、訊息、資料庫與應用服務
表現層	• 資料加密、壓縮與轉換服務
會談層	• 對話控制
傳輸層	• 終端對終端連線
網路層	• 資料遶送
資料鏈結層	• 訊框
實體層	• 實體拓樸

筆者將這 7 層模型分成 3 組不同的功能：上層、中層、底層。上層會跟使用者介面及應用溝通，中層負責可靠的傳輸與遠端網路的遶送，底層則會跟區域網路溝通。知道這些之後，現在可以開始細部探索每一層的功能了！

應用層

OSI 模型的**應用層** (Application layer) 是使用者真正與電腦溝通的接觸點，這一層只有在真正需要存取網路的時候才有作用。以網際網路瀏覽器 (IE，Internet Explorer) 為例，您可以從系統中移除諸如 TCP/IP、NIC 卡等網路元件，但仍舊可以使用 IE 來檢視本地的 HTML 文件。不過如果您想要檢視那些必須使用 HTTP 來擷取的遠端 HTML 文件，或是利用 FTP 或 TFTP 抓取檔案時，事情就會一片混亂。這是因為 IE 或其它瀏覽器在回應這類請求時，會試圖存取「應用層」。基本上，「應用層」會扮演真正的應用程式與下一層之間的介面，讓應用程式能夠穿越協定堆疊向下傳送資訊。這其實並不算是分層式結構的一部分，因為瀏覽器並不是真的位於「應用層」內，但是它會在必須處理遠端資源時，與「應用層」及其相關協定介接。

「應用層」還要負責辨識及確認可用的通訊夥伴，做好通訊準備，並且驗證指定的通訊類型是否能得到足夠的資源。這些任務非常重要，因為電腦應用有時需要的不只是桌面上的資源。通常會將幾個網路應用的通訊元件結合起來，例如：

- 網路瀏覽
- 檔案傳輸
- 電子郵件
- 開啟遠端存取
- 網路管理活動
- 客戶端／伺服端處理
- 資訊搜尋

雖然許多網路應用是在企業網路上提供通訊服務，但是在眼前與未來的網路互連活動中，這些需求將會快速發展，並且超越現在實體網路的界限。

「應用層」扮演真正應用程式之間的介面。這表示像 Microsoft Word 之類的終端用戶程式並不位於「應用層」中，而是與「應用層」協定介接。第 3 章「TCP/IP」將會詳細介紹一些真正位於應用層的重要程式，例如 Telnet、FTP 與 TFTP。

表現層

表現層 (Presentation layer) 的名稱來自於其用途。它會將資料呈現給「應用層」，並且負責資料的轉換與編碼格式。它可以視為是 OSI 模型的轉換器，提供編碼與轉換功能。要確保成功資料轉換的有效方式，就是在傳送前先將資料調整為標準格式，並將電腦設定為能夠接收這種標準格式化的資料，然後再將其轉換為原本的格式進行讀取。例如將過去的 EBCDIC 編碼資料，轉換為 ASCII 資料。「表現層」藉由提供轉換服務，以確保從某系統「應用層」所傳輸的資料，能夠由另一系統的「應用層」讀取。

由此可知，OSI 還會包含定義標準資料格式化方法的協定。因此，資料壓縮、解壓縮、加密與解密等關鍵功能也屬於這一層。有一些表現層的標準則是與多媒體的運作有關。

會談層

會談層 (Session layer) 負責在表現層實體 (entity) 間建立、管理與解除會談，它還提供裝置間的對話控制。主機上各種應用之間的會談層通訊，例如從客戶端到伺服端的通訊，是透過 3 種不同模式來協調與組織，包括：單工、半雙工與全雙工。**單工** (simplex) 是簡單的單向溝通，有點像是光說而不回應。**半雙工** (half-duplex) 其實是雙向溝通，但它一次只能進行單一方向，以避免傳輸裝置間的干擾。它比較類似飛行員或艦長透過無線電進行通話。**全雙工** (full-duplex) 才是真正的對話，各裝置可以同時傳送和接收，比較像是兩個人在電話中同時發言。

傳輸層

傳輸層 (Transport Layer) 將資料切割與重組到單一資料串流中，這層的服務會對上層應用的資料進行切割與重組，並統整到同一個資料串流中。它們提供終端對終端的資料傳輸服務，並且能夠在互連網路的傳送主機與目的主機間建立邏輯連線。

有些人可能已經很熟悉 TCP 與 UDP (不熟悉也沒關係，第 3 章會說明)。如果您很熟悉，應該知道兩者都是在傳輸層運作，且 TCP 是可靠的服務，而 UDP 不是。這表示應用程式開發人員在運用 TCP/IP 協定時，有這 2 種協定可供選擇。

傳輸層負責的工作包括：對上層應用進行多工、建立會談與結束虛擬電路等。它也為上層隱藏網路相關的資訊細節，並且提供通透 (transparent) 的資料傳輸。

在傳輸層中，「可靠的網路連線」表示有使用確認、封包排序 (sequencing) 與流量控制的連線。

傳輸層可能是連線導向式 (connection-oriented) 或無連線式 (connectionless)。然而，Cisco 最在乎的是您對傳輸層中連線導向部份的瞭解，所以下面將對此做更詳細地介紹。

連線導向式通訊

在可靠的傳輸中，想要進行傳輸的裝置會先與遠端裝置 (它的對等系統) 建立連線導向式的通訊會談，稱為**建立連線** (call setup)，或是**三段式斡旋** (3-way handshake)。這個程序完成之後，就可以開始傳送資料，結束時則會送出呼叫來終止連線，解除這條虛擬電路。

圖 1.10 是傳送端與接收端建立可靠會談的典型範例。雙方主機的應用程式會先通知各自的作業系統，準備啟始一條連線。這 2 個作業系統會透過網路傳送訊息，以確認傳輸受到核准，且雙方都準備好了。在所有必要的同步完成後，連線就建立完全，並且可以開始傳送資料了。這種虛擬電路的建立通常被視為是連線的**額外負擔** (overhead)。

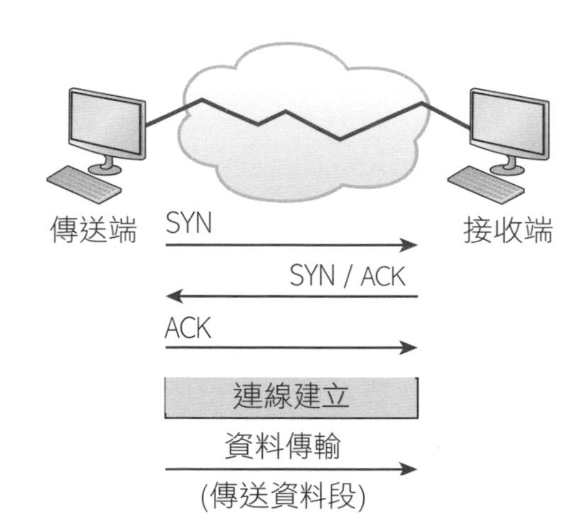

圖 1.10 建立連線導向式會談

當資訊在主機間傳送時，這 2 台機器會定期相互通報，透過它們的協定軟體溝通，以確保一切進行順利且資料的接收無誤。

圖 1.10 連線導向式會談 (三段式斡旋) 的步驟如下：

- 第 1 個資料段是**連線協議** (connection agreement) 的請求，以進行同步。
- 下一個資料段確認該請求，並建立主機間的連線參數 (連線規則)。接收端也會請求序號的同步，以形成雙向的連線。
- 最後的資料段也是確認，用來知會目標主機連線協議已經被接受，並且已經建立了真正的連線，可以開始傳輸資料了。

聽起來很簡單，但事情未必都如此順利。在傳輸過程中，可能會因為一台高速電腦產生資料流的速度遠快於網路的傳輸能力，而造成壅塞。一大堆電腦同時透過單一閘道傳送資料包，或是同時送往相同目標，也可能會搞得一片混亂。此時，即使沒有單一來源在製造問題，閘道或目標主機也可能會被塞住。不論是哪種情況，這個問題基本上都與高速公路塞車很像，也就是交通量太大且運輸容量太小。這通常不是哪部車造成的問題，只是公路上有太多車了。

當機器收到大量湧入的資料包，超過自己的處理能力時，會發生什麼情況呢？它會將它們儲存在所謂的**緩衝區** (buffer) 的記憶體區段中。但是這個緩衝的動作只能夠解決一小批的湧入資料，如果資料還是蜂擁而來，最終會超過裝置的「防洪」能力。當記憶體被用完時，它就會開始丟掉後面再來的資料包了。

流量控制

因為封包**氾濫**和遺失資料都可能造成悲劇，所以必須有確保安全的**流量控制**措施。它可以讓系統間的應用程式請求可靠的資料傳輸，以確保傳輸層的資料完整性。流量控制能夠防止連線這端的傳送主機塞爆接收主機的緩衝區。系統間連線導向式通訊會談能提供可靠的資料傳輸，其中的協定能確保下列各項：

- 當傳送的資料段被接收時，傳送端會收到確認。
- 沒有收到確認的資料段會被重傳。
- 資料段抵達目的地時，會依順序重新排好。
- 維護可管理的資料流以避免壅塞、過載及資料遺失。

流量控制的目的是要提供一種方法，讓接收端可以管理發送端送出的資料量。

由於具有傳輸功能，網路洪水控制系統運作得不錯，在用盡資源並且丟棄資料之前，傳輸層可以送出「準備不及」的指示給可能湧出洪水的傳送端。這個機制的運作有點像匝道儀控管信號，通知傳送端停止傳送資料段給被「淹沒」的對方。當接收端處理掉緩衝區的資料段後，就會送出「準備好了」的指示。正等待傳送剩餘資料段的機器收到這個「繼續」的指示後，就會繼續傳輸。如圖 1.11 所示。

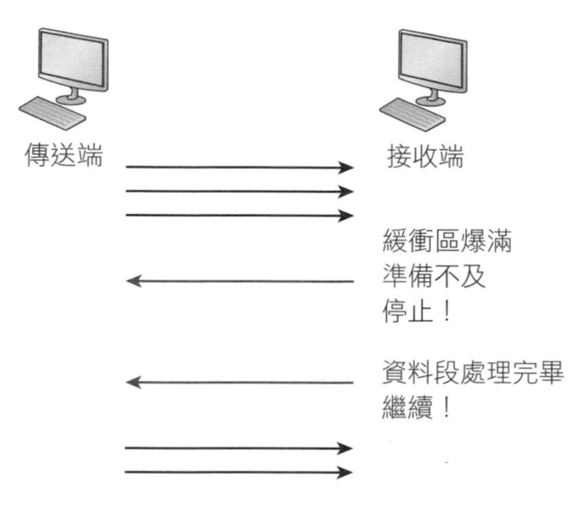

圖 1.11 流量控制下的資料段傳輸

基本上，在可靠的連線導向式資料傳輸中，遞送給接收端主機的資料包順序要與傳送時相同。如果這個順序錯亂，傳輸就算失敗。如果任何資料段遺失、重複或是在路上被破壞，都算傳送失敗。這個問題要靠接收主機在收到每個資料段時進行確認來解決。

如果有以下的特性，我們就稱它為連線導向的服務：

- 建立虛擬電路 (例如，三段式斡旋)
- 使用封包排序
- 運用確認機制
- 進行流量控制

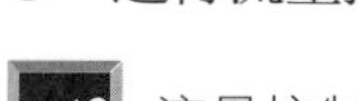

流量控制的種類有利用緩衝、視窗機制以及避免壅塞等。

視窗機制

理想上，資料的輸出應該是快速而有效率的。如果傳輸的機器在送出每個資料段後都必須等待確認，就會變得很慢。在傳送端接收到確認之前所能夠送出的資料量 (以位元組為單位)，就稱為**視窗** (window)。

視窗是用來控制已經送出、但尚未確認的資料段數量。

視窗的大小控制了資料從一端送往另一端的數量。有些協定是以封包的數目來計算，TCP/IP 則是使用位元組為單位來計算。

圖 1.12 中有 2 種視窗大小：一個設為 1，另一個則設為 3。當視窗大小為 1 時，傳送端機器在傳送下一筆之前，會先等待上一個資料段的確認回來；如果視窗是 3，則在收到確認前，可以先傳送 3 個資料段。

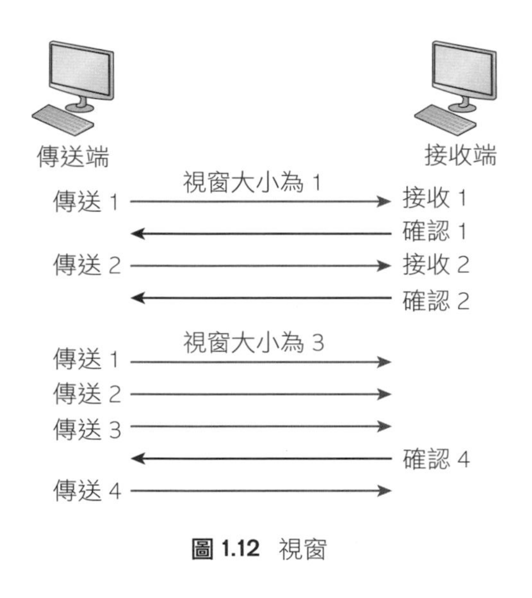

圖 1.12 視窗

在這個簡化範例中，收送兩端都是工作站。同時別忘了，在真實情況下，傳輸所根據的並不只是個數字，而是能夠傳送的位元組數量。

如果接收端主機沒能收到應該確認的所有資料段，它就會遞減視窗的大小，以改善這個通訊會談。

確認

可靠的資料傳輸能確保資料流從一台機器，經過功能完整的資料鏈結，抵達另一台機器，而且完整無缺。它能確保資料不會重複或遺失。這就稱為「能夠重傳的正向確認」(positive acknowledgement with retransmission) 技術。這種技術要求接收端主機在收到資料時傳送確認訊息給傳送端，傳送端會記錄所傳送的每個資料段，並且在傳送下個資料段前先等待確認。它在傳送前會先啟動計時器，如果計時器在接收端傳回確認之前已經超過時間限制，傳輸端就會重傳。如圖 1.13 所示。

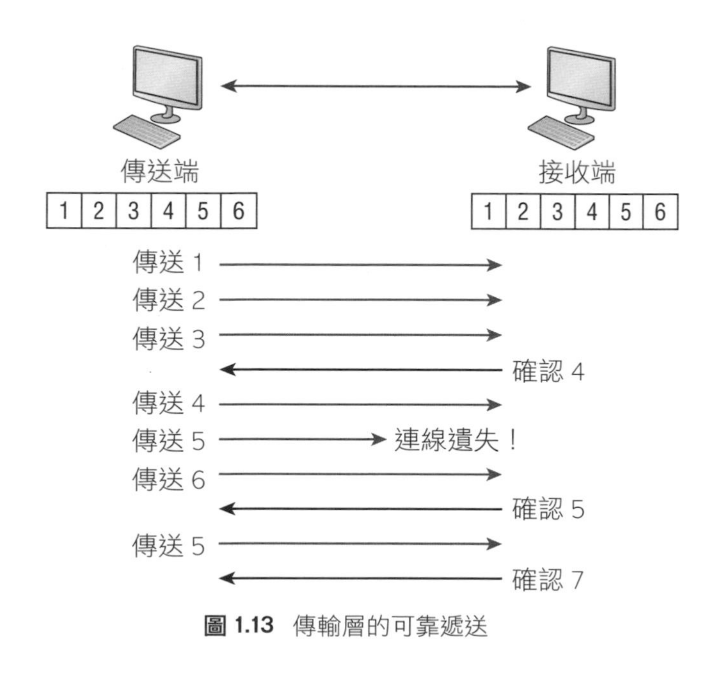

圖 1.13 傳輸層的可靠遞送

在圖中，傳送端主機先送出資料段 1、2、3，接收端則藉由送出資料段 4 的請求來確認已經收到它們。當傳送端收到確認後，它會接著傳送資料段 4、5、6。如果資料段 5 沒有抵達目的地，接收端就會請求需重傳之資料段來確認這個事件。傳送主機會重送遺失的資料段，並且等待確認，以繼續進行資料段 7 的傳輸。

傳輸層與會談層進行縱向的合作，將不同應用的資料區分出來，稱為**會談多工** (session multiplexing)，例如當客戶端開啟多個連到伺服器的瀏覽器會談的時候。這也就是當您連到 Amazon 之類網站，並且同時開啟多個連結，以進行購物比價時會發生的事情。當伺服器應用從瀏覽器會談中接收資料時，每個瀏覽器會談的客戶端資料都必須區分開來，這件事說起來輕鬆，其實背後就是靠傳輸層來承擔這個重責大任。

網路層

網路層 (Network layer) 也就是第 3 層，負責管理裝置的定址，追蹤網路裝置的位置，以及決定如何移動資料的最佳方式；這表示網路層得在沒有直接相連的裝置間傳送交通流。路由器 (第 3 層裝置) 就是在網路層提供互連網路的遶送服務。

它的運作如下：首先，當路由器從介面收到封包時，會檢查封包的目標 IP 位址。如果該封包的目的地不是該台路由器，路由器會在路徑表中尋找目標網路位址。一旦選定離開的介面，它會將封包送往該介面，封裝為訊框，並送入區域網路。如果路徑表中找不到封包目標網路的相關路徑，封包就會被丟棄。網路層中有 2 種封包，分別是「資料封包」與「路徑更新封包」。

- **資料封包 (Data Packet)**：用來將使用者資料傳送到互連網路。支援資料交通的協定就稱為**被遶送協定**(routed protocol)，例如 IP 與 IPv6。第 3 與第 4 章會討論 IP 的定址。
- **路徑更新 (Route Update Packet) 封包**：對鄰接路由器傳送網路的連結更新資訊，以勾勒出互連網路內所有路由器連結。傳送路徑更新封包的協定稱為**遶送協定** (routing protocol)。對 CCNA 而言，最重要的是 RIP、RIPv2、EIGRP、與 OSPF。路徑更新封包是用來協助每台路由器建立與維護路徑表。圖 1.14 是路徑表的範例。路由器使用的路徑表包含下列資訊：

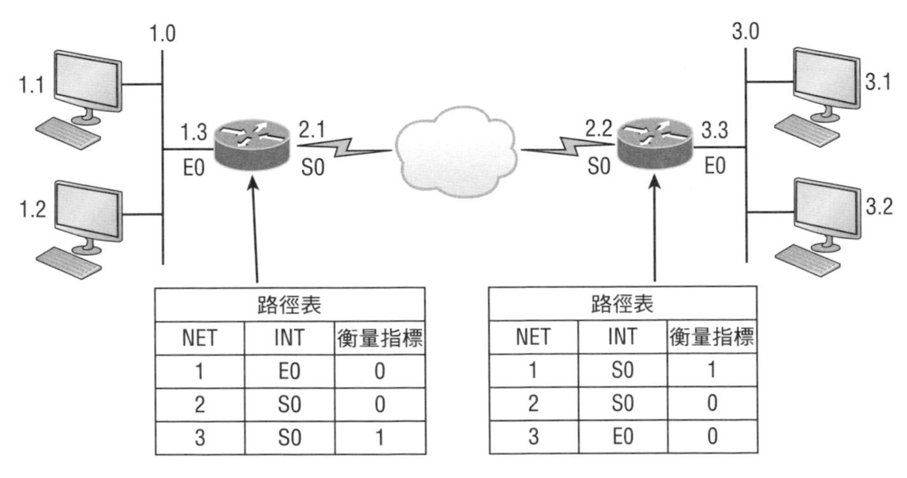

路徑表		
NET	INT	衡量指標
1	E0	0
2	S0	0
3	S0	1

路徑表		
NET	INT	衡量指標
1	S0	1
2	S0	0
3	E0	0

圖 1.14 路由器所使用的路徑表

- **網路位址 (Network Address)**：特定協定所用的網路位址。因為每種被遶送協定會使用不同的位址結構來追蹤網路 (例如 IP、IPv6 的路徑表就完全不同)，路由器必須分別維護一份路徑表，就好像是針對街道中不同國籍住戶所設計不同語言的街道標誌。

- **介面 (Interface)**：轉送封包至特定網路時採用的離開介面。

- **衡量指標 (Metric)**：到遠端網路的距離。不同的遶送協定使用不同方式來計算距離，遶送協定將在第 9 章討論，在此您僅需知道有些遶送協定 (如 RIP) 會使用所謂的「中繼站數」(hop count)，也就是封包前往遠端網路所經過的路由器數目，有些則使用頻寬、延遲或甚至於 tick (1/18 秒) 數。

如前所述，路由器會分割廣播網域，這意味著路由器將不會讓廣播通過。路由器也可以分割碰撞網域，但這也可以使用第 2 層 (資料鏈結層) 的交換器來完成。因為路由器的每個介面各代表一個獨立的網路，所以必須指定唯一的網路識別碼，且該網路上的每台主機都必須使用相同的網路識別碼。圖 1.15 示範路由器在互連網路中的作用。

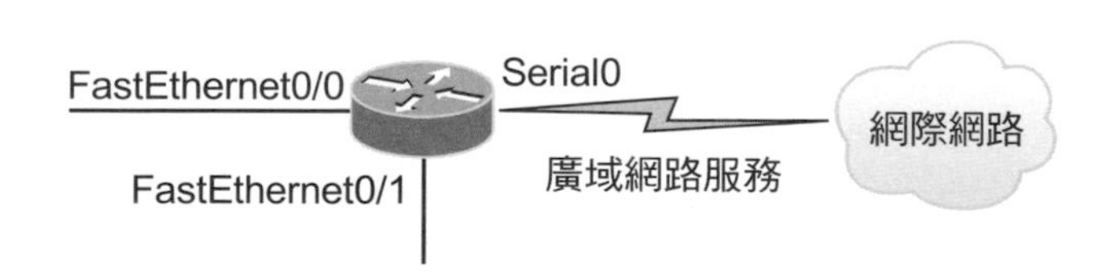

圖 1.15 互連網路中的路由器。路由器的每個 LAN 介面都是 1 個廣播網域。路由器預設會切割廣播網域，以及提供廣域網路服務。

下面是幾個必須牢記的路由器相關重點：

- 預設上路由器不會轉送任何廣播或多點傳播的封包。

- 路由器會使用網路層標頭中的邏輯位址，來決定封包的下一個轉送站。

- 路由器會使用管理者建立的存取清單，控制可以進出介面的封包類型，以維護安全。

- 路由器可以視需要提供第 2 層的橋接功能，並且透過相同介面進行遶送。

- 第 3 層裝置 (路由器) 能提供虛擬 LAN (VLAN) 間的連線。

- 路由器可以提供服務品質 (QoS) 給特定類型的網路交通。

資料鏈結層

資料鏈結層提供資料的實體傳輸，並且處理錯誤通知、網路拓樸與流量控制，這意味著資料鏈結層會使用硬體位址，遞送訊息給 LAN 上的適當裝置，並且將網路層的訊息轉換為位元，供實體層傳輸。

資料鏈結層會將訊息格式化為**資料訊框** (Data Frame)，並且加上包含目的與來源硬體位址的特製標頭。這些新增的資訊會形成特殊的包裹，圍繞著原始的訊息。它們只在特殊的階段有用，並且在該階段完畢後就會被丟棄。

圖 1.16 是乙太網路與 IEEE 規格中的資料鏈結層，其中 IEEE 802.2 標準必須與其他 IEEE 標準一同使用，以增加其他標準的功能。(您將在第 2 章了解更多重要的 IEEE 802 標準)

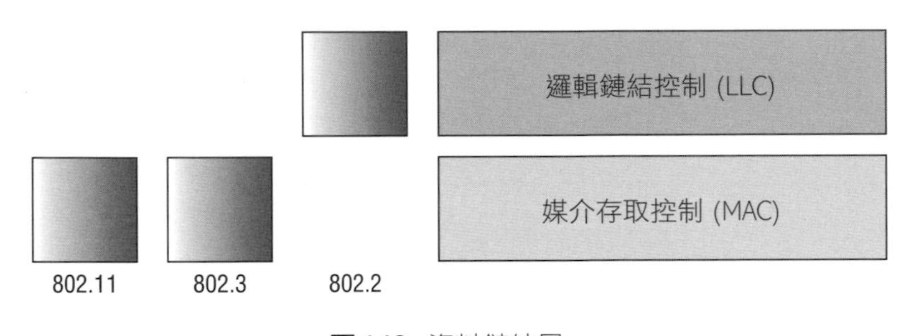

圖 1.16 資料鏈結層

當路由器在網路層運作時，並不關心特定主機的實際位置在哪，而只關心它所在網路的位置，以及如何抵達這些網路 (包括遠端的那些網路)；而識別本地網路上的各台裝置，則是資料鏈結層的責任。

當主機要傳送封包給本地網路上的各個主機，或是在路由器間轉送封包時，資料鏈結層會使用硬體定址。當封包在路由器間傳送時，資料鏈結層會加上控制資訊形成訊框，但是這些資訊會在接收的路由器中被移除，而保留原始的封包不受影響。這種將封包組成訊框的動作會不斷地在每個中繼站上演，直到該封包最終遞送到正確的接收主機為止。在整條路上，封包本身並沒有發生改變，只是封裝了在不同媒介上傳送所需的控制資訊。

IEEE 乙太網路的資料鏈結層有 2 個子層：

- **媒介存取控制 (Media Access Control，MAC) 802.3**：定義如何將封包放入媒介。**競爭式媒介存取** (contention media access) 是指所有裝置共享相同頻寬，並採取「先到先服務」(first come/first served) 的存取方式，因此而得名。實體位址與邏輯拓樸都是在此定義。所謂**邏輯拓樸** (logical topology)，是指信號通過實體拓樸的路徑。在這個子層中可以使用線路規律 (line discipline)、錯誤通知 (不是校正)、訊框的循序遞送與選擇性的流量控制。

- **邏輯鏈結控制 (Logical Link Control，LLC) 802.2**：負責辨識網路層協定，並且進行封裝。資料鏈結層收到訊框時會依據 LLC 標頭得知該如何處理封包，它的運作方式如下：主機接收訊框，檢視 LLC 標頭以找出該封包要送往哪裡 (例如網路層的 IP 協定)。LLC 也可以提供流量控制以及控制位元的排序。

下一節所要討論的交換器與橋接器都是在資料鏈結層運作，並且使用硬體位址 (MAC) 來過濾網路。

因為資料會在 OSI 模型的每一層中加上控制資訊編碼，所以這些資料被稱為 **PDU** (Protocol Data Unit，協定資料單元)。傳輸層的 PDU 稱為**資料段** (segment)，網路層是**封包** (packet)，資料鏈結層是**訊框** (frame)，而實體層就是**位元** (bit)。第 2 章中可以大量看到各層資料的命名。

資料鏈結層的交換器與橋接器

第 2 層的交換是以硬體為基礎的橋接，因為它使用的是稱為 ASIC (application-specific integrated circuit) 的專屬硬體。ASIC 最高能夠以 10 億位元 (gigabit) 的速度運作，並且具有很低的延遲率。

延遲 (latency) 是指訊框從某個埠進入，直到從某個埠離開的時間差距。

橋接器與交換器會讀取經過它的每個訊框，這些第 2 層裝置接著會將來源的硬體位址放入過濾表中，並且記錄該訊框的接收埠。這些記錄在橋接器或交換器過濾表中的資訊，能夠協助該機器判斷特定傳送裝置的位置。在圖 1.17 中的互連網路中有交換器。約翰正在傳送封包到網際網路，而處在不同碰撞網域的莎麗則沒有聽到他的訊框。目標訊框會直接送到預設的閘道路由器，而莎麗也很開心沒有看到約翰的通訊。

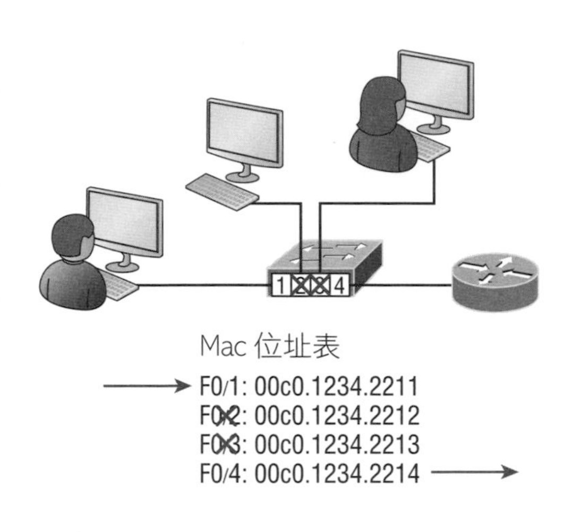

圖 1.17　互連網路中的交換器

第 2 層與第 3 層裝置最關鍵的就是位置，不過雖然兩者都必須協助讓網路暢通，但它們關心的是不同的部份。基本上，第 3 層的機器 (例如路由器) 必須找出特定的網路，而第 2 層的機器 (交換器與橋接器) 則必須找出特定的裝置。同樣地，路由器具有對應互連網路的路徑表，而交換器與橋接器則具有對應個別裝置的過濾表。

第 2 層裝置建立起過濾表之後，就只會將訊框轉送到目標硬體位址所在的網段。當交換器在過濾表中找不到訊框的目標硬體位址時，就會將該訊框轉送至所有相連的網段。如果該「神祕訊框」要前往的未知裝置回應了這個轉送行動時，交換器就更新過濾表中關於該裝置的位置。但是如果所傳送訊框的目的位址是廣播位址時，交換器的預設動作是轉送廣播到每個相連的網段上。

所有收到轉送廣播的裝置都被視為是位於相同的廣播網域，這可能會造成問題：第 2 層裝置所傳播的第 2 層廣播風暴會害慘網路的效能。唯一能夠阻止廣播風暴在互連網路中傳播的方式就是使用第 3 層裝置：路由器。

在網路中使用交換器來取代集線器的最大好處，就是每個交換埠通常都是一個碰撞網域 (反之，集線器會建立一個很大的碰撞網域)。但是即使有交換器的幫忙，仍舊無法分割廣播網域。交換器或橋接器都無法做到，它們只會轉送所有的廣播。

相對於以集線器為核心的實作而言，LAN 交換器的另一個好處是，連接交換器的各個網段上的每個裝置可以同時進行傳輸。至少，只要每個埠上只接 1 台主機，並且沒有集線器插到交換埠時就是如此。(如前所述，每個交換埠都是各自的碰撞網域) 您可能已經猜到，集線器在同一時間內，只允許每個網段上有 1 台裝置在傳輸。

實體層

終於要介紹最底下的**實體層**了。它負責 2 件事情：送出位元與接收位元；位元的值只有 0 或 1。實體層能直接與不同類型的通訊媒介溝通。不同類型的媒介使用不同的方式來表現這些位元值，有的使用不同音調，有的則使用狀態變化，也就是電壓從高變低或從低變高的變化。每種媒介需要特定的協定來描述所要使用的位元模式、資料轉成媒介信號的編碼方式以及實體媒介的介面品質。

實體層規範在端點系統間啟動、維護與結束實體電路的電氣性、機械性、程序性與功能性需求，DTE (data terminal equipment，資料終端設備) 與 DCE (data communication equipment，資料通訊設備) 間的介面也是在這一層規範。有些電話公司的老員工仍舊將 DCE 稱為資料電路終止設備 (data circuit-terminating equipment)。DCE 通常是位於服務供應商這一端，DTE 則是連結的裝置，DTE 所取得的服務通常是透過數據機或 CSU/DSU (channel service unit/data service unit) 來存取。

OSI 定義了實體層的接頭 (connector) 與不同實體拓樸的標準，讓異質系統間能夠互相通訊；CCNA 的目標則只在乎 IEEE 的乙太網路標準。

實體層的集線器

集線器其實是多埠的中繼器；**中繼器** (repeater) 接收數位信號，並將信號再生或重新放大，然後再從所有運作中的埠送出，而不檢視任何資料。集線器也是如此。從集線器埠的網段上收到的所有數位信號，都會再生或重新放大，並且從集線器的所有埠送出。這意味著所有連到集線器的裝置都是處於相同的碰撞網域與廣播網域。圖 1.18 是集線器網路；當一台主機傳輸時，其他所有主機都必須停止並且聆聽。

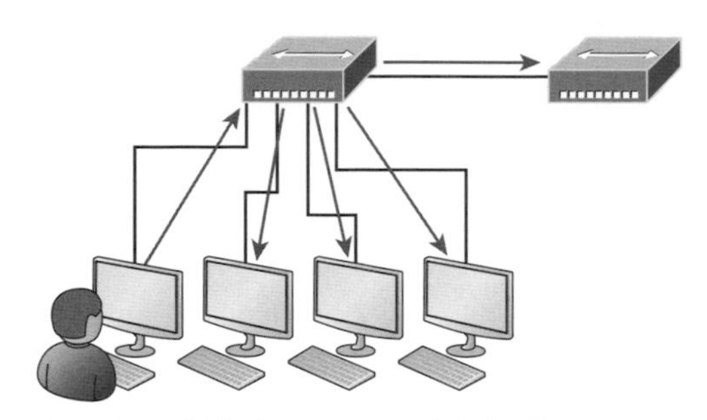

我很高興所有人都必須聽我在說什麼！

圖 1.18 網路中的集線器

集線器就像中繼器，並不會真的檢視任何進入的交通，而只會轉送到實體媒介的其他部份。每個連到集線器的裝置在傳輸時，都必須先聆聽是否已經有裝置在傳輸。集線器所建立的拓樸類型包括實體的星狀網路，也就是集線器位於中央的裝置，而纜線則從中央往各個方向延伸。從視覺上來看，這種設計真的很像星星。乙太網路屬於邏輯匯流排拓樸，這意味著信號必須從網路的一端流到另一端。

集線器與中繼器可用來擴大一個 LAN 網段所涵蓋的區域，不過筆者並不建議您這麼做。在大多數情況下，LAN 交換器通常都不會超出負擔，而且會讓您開心許多。

實體層的拓樸

最後我們要討論的是實體層上的實體與邏輯拓樸。您要瞭解每種網路都會有實體與邏輯拓樸。

- 網路的實體拓樸牽涉到設備的實體配置，幾乎也就是佈線和佈線的配置。
- 邏輯拓樸定義信號在實體拓樸上跑的邏輯路徑。

圖 1.19 顯示 4 種拓樸。

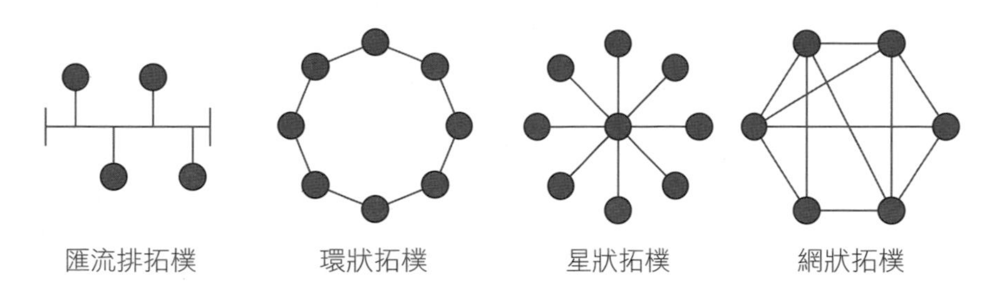

- 實體拓樸是設備和佈線的實體配置
- 主要的實體拓樸種類有匯流排、環狀、星狀、網狀

圖 1.19 實體與邏輯拓樸

以下是拓樸的種類，雖然目前網路最常用的是混合式的拓樸，亦即實體為星狀、邏輯為匯流排的技術 (例如乙太網路)：

- **匯流排拓樸**：在匯流排拓樸中，每部工作站會連到同一條纜線，這意味著每部主機會與網路中的其他所有工作站直接相連。
- **環狀拓樸**：在環狀拓樸中，電腦和其他網路設備連結在一起的方式是，最後 1 台會連到第 1 台，以形成一個圓形或環狀。
- **星狀拓樸**：最常見的實體拓樸就是星狀拓樸，這也是交換式乙太網路的實體配置。中央的佈線設備 (交換器) 將電腦和其他網路設備連結在一起。這類拓樸包括星狀和延伸式星狀拓樸。實體的接線通常是雙絞線。
- **網狀拓樸**：在網狀拓樸中，每部網路設備彼此之間都會有線連在一起。實體接線通常會用光纖或雙絞線。
- **混合式**：乙太網路使用實體的星狀配置 (從所有方向集中的纜線)，而信號則使用匯流排路徑，從一個端點跑到另一個端點 (end-to-end)。

1-4 摘要

哇！這章終於結束了，而且您也成功地堅持到這裡了。現在您已具備豐富的基本資訊，足以做為踏上認證征途的基礎。

本章從簡易的、基本的網路通訊開始，區分碰撞網域與廣播網域。接著討論 OSI 模型，OSI 是 7 層式的模型，用來協助程式開發人員設計出在任何系統或網路上都能執行的應用。模型的每一層都有獨特的任務和責任，以確保通訊能牢靠有效地進行。本章說明每一層的完整細節，並且討論 Cisco 對 OSI 模型規範的看法。

此外，OSI 模型的每一層規範了不同類型的裝置，我們也描述了每一層的裝置。集線器是實體層裝置，它會放大所接收到的數位訊號，送往來源以外的所有網段。交換器利用硬體位址來切割網路和分割碰撞網域，路由器則可分割廣播網域 (與碰撞網域)，並且使用邏輯位址在互連網路中傳送封包。

乙太網路與資料封裝

2
Chapter

本章涵蓋的主題

- 乙太網路
- 乙太網路佈線
- 資料封裝
- Cisco 三層式階層模型

在我們繼續往前探索 TCP/IP 與 DoD 模型、IP 定址、子網路切割與路由等主題之前，要先對 LAN 的觀念有個完整的輪廓，瞭解乙太網路在今日網路世界扮演的角色，以及什麼是 MAC 位址 (Media Access Control Address) 和它們的用途。本章會回答這些問題，不只討論乙太網路的基礎，以及乙太區域網路使用 MAC 位址的方式，還會討論乙太網路在「資料鏈結層」使用的協定。同時也會介紹各種乙太網路規格。

如前一章所述，OSI 模型的各個層級都指定了許多不同類型的裝置，所以您還必須瞭解這些裝置連上網路時所使用的各式纜線與連接頭。我們會檢視 Cisco 裝置的佈線，討論如何在乙太網路技術下連結路由器或交換器，並且說明如何使用控制台連線來連結路由器或交換器。

本章還會介紹封裝的概念。**封裝** (encapsulation) 是指資料往 OSI 堆疊下層移動時，對資料進行編碼的流程。

2-1 乙太網路

乙太網路 (Ethernet) 是採用競爭式媒介存取法 (contention-based media access method)，由網路上的所有主機共享鏈路上的頻寬。乙太網路非常普遍，因為它具有擴充性，很容易將新的技術整合到現有的網路基礎建設中 (例如 Fast Ethernet 與 Gigabit Ethernet)。此外，要從無到有架設全新的乙太網路相當容易，故障排除也很直接。

乙太網路使用的是「資料鏈結層」與「實體層」規範，所以本節將提供有效實作、檢修與維護乙太網路所需的「資料鏈結層」與「實體層」資訊。

碰撞網域 (Collision Domain)

如第一章所述，在乙太網路術語中，碰撞網域是指如果單一裝置在網段上傳送封包，相同實體網段上的其他裝置就不得不注意到它的情況。這不是好事，因為如果在同一實體網段上的兩台裝置同時進行傳送，就會發生碰撞事件，而且必須再重新傳送。碰撞事件就是纜線上不同裝置的數位信號發生相互干擾的情況。圖 2.1 是只包含單一碰撞網域的過時網路，一次只有一台主機可以進行傳輸。

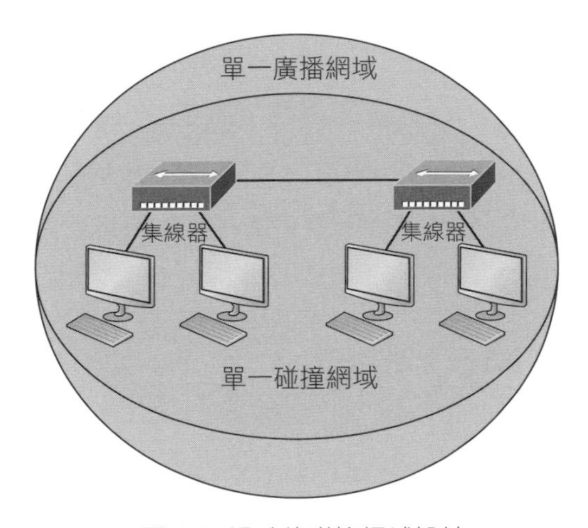

圖 2.1 過時的碰撞網域設計

連到集線器的所有主機都位於相同碰撞網域，所以如果其中一台進行傳輸，其它台都必須去聆聽並讀取它的數位信號。很容易就可以看出碰撞對網路的效能產生嚴重拖累，所以應該盡量避免！

回到圖 2.1，它不僅是只有 1 個碰撞網域，糟糕的是，它也只有 1 個廣播網域。圖 2.2 是目前仍在使用中的典型網路設計範例，讓我們來看看它會不會好些。

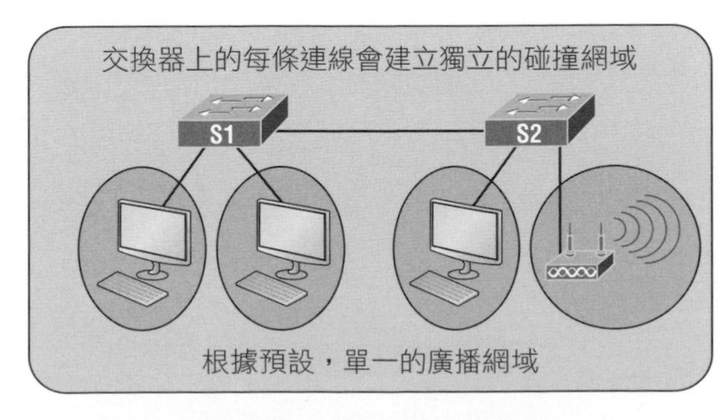

圖 2.2 今日可見的典型網路

因為交換器的每個通訊埠是一個單獨的碰撞網域，我們可以為使用者取得更多的頻寬 (這是個很好的開始)。但是根據預設，交換器不會去分割廣播網域，所以它仍然是單一廣播網域 (這可不太好)。在相當小的網路中，這還算可行，但是要再擴充，就必須將網路分割為較小的廣播網域，否則使用者會無法取得足夠的頻寬！

您可能會對圖 2.2 右下角的那個裝置感到好奇，這是**無線存取點** (wireless access point)，簡稱為 **AP** (access point)。這個無線裝置允許主機使用 IEEE 802.11 規範建立無線連線。在圖中，它被用來展示如何使用這類裝置來延伸碰撞網域。當然，AP 其實並不會分割網路，它們只是加以延伸；意思是我們的 LAN 只是變得更大，並且有不明數量的主機也成為這個可憐的廣播網域的一部分。這很清楚地讓大家知道廣播網域真的很重要，所以，現在正是詳細討論它們的時機了！

廣播網域 (Broadcast Domain)

根據正式的定義：廣播網域是指在同一網段中，會聆聽在網段上傳送之所有廣播的一組裝置。即使廣播網域通常是由交換器和路由器等實體媒介界定的一個範圍，但是它也可以是網段上的一個邏輯分割，包含能夠透過「資料鏈結層」(硬體位址) 廣播互相聯繫的所有主機。

圖 2.3 說明路由器如何建立廣播網域的邊界。

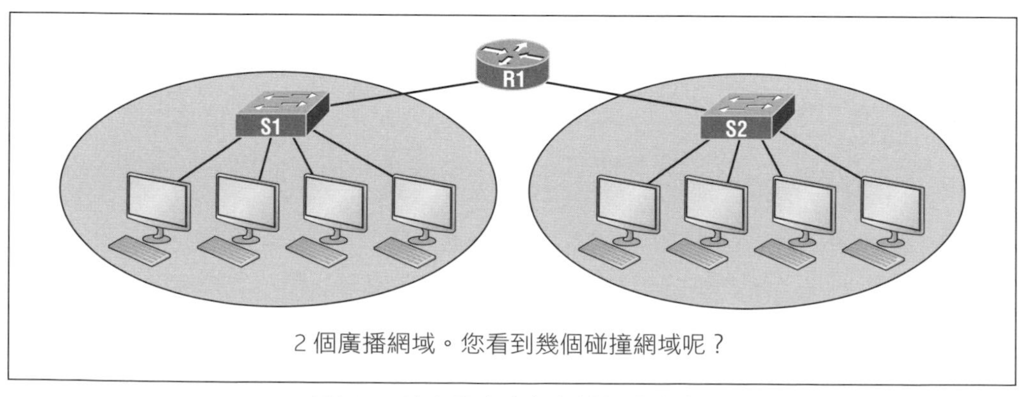

圖 2.3 路由器會建立廣播網域的邊界

您可以看到這邊有 2 個路由器介面，所以製造了 2 個廣播網域。此外，筆者還數到 10 個交換網段，代表我們有 10 個碰撞網域。

今日仍在使用圖 2.3 的設計，而且路由器仍會存活一段很長的時間，但是在目前最新的交換式網路中，重要的是建立小型的廣播網域。我們藉由在交換式網路中建立虛擬 LAN (VLAN) 來達成這個目標，稍後筆者將會說明它的做法。在今日的交換式環境中如果沒有使用 VLAN，每個使用者將不會有太多可用的頻寬。交換器使用通訊埠來分割碰撞網域，這當然很好，但是它們預設還是單一的廣播網域！這是設計網路要非常謹慎的另一個原因。

要謹慎規劃網路設計的關鍵，就是不要讓廣播網域成長的太大而失控。使用路由器和 VLAN 可以輕易地控制碰撞和廣播網域，所以當您的彈藥庫中還有許多工具的時候，沒有理由要讓使用者的頻寬慢到像蝸牛在爬。

本書存在的一個重要原因，是要確保您真的了解 Cisco 網路的基礎，然後能有效地設計、實作、設定組態、故障排除、甚至於提出讓您的同儕與上司瞠目結舌的優雅設計，提供使用者心滿意足的頻寬。

要登上這座山頂，前面這個基本的故事是不夠的。現在讓我們用半雙工的乙太網路，來探索碰撞偵測機制。

CSMA/CD

乙太網路使用的協定稱為 CSMA/CD (Carrier Sense Multiple Access with Collision Detection)，能協助裝置公平地共享頻寬，但不會有 2 個裝置同時在網路媒介上傳輸。CSMA/CD 的設計是要克服不同節點同時傳輸封包時所發生的碰撞問題。良好的碰撞管理非常重要，因為當 CSMA/CD 網路上的節點在傳輸時，網路上其他所有的節點都會接收並檢查這個傳輸。只有交換器與路由器能有效地防止傳輸傳播到整個網路。

CSMA/CD 協定是如何運作的呢？讓我們從圖 2.4 開始。

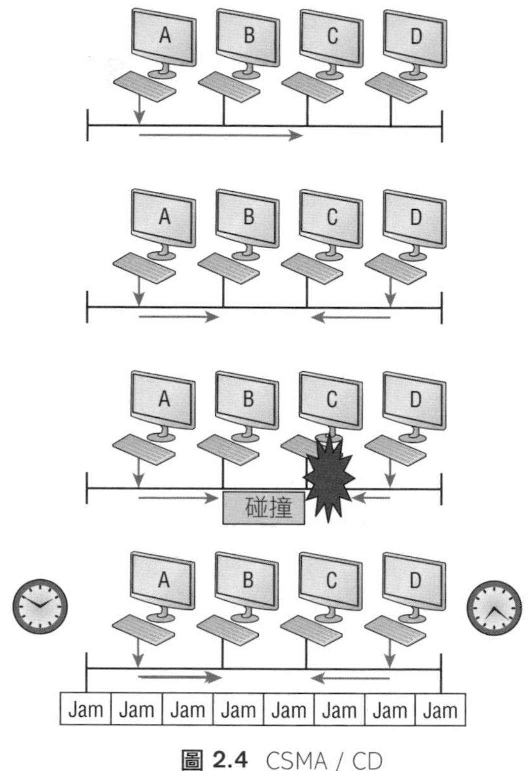

圖 2.4 CSMA / CD

當主機想要在網路上傳輸時，會先檢查線路上是否有出現數位信號。如果線路淨空，沒有主機在傳輸，則該主機就會開始它的傳輸動作，並且持續監聽線路，以確定沒有其他主機剛好也要傳輸。如果該主機偵測到線路上出現另一個信號，它會送出壅塞信號，讓該網段上的所有節點都暫停送出資料。

這些節點回應壅塞信號的方式是，在嘗試再度傳輸之前先等待一會兒，並且使用 backoff 演算法來決定這些碰撞的節點何時可以再度傳輸。如果在 15 次嘗試之後仍持續發生碰撞，節點就會發生逾時！

當乙太網路上發生碰撞時，會發生下列事件：

- 以壅塞信號通知所有裝置有碰撞發生。
- 這樣的碰撞會呼叫隨機的 backoff 演算法。
- 乙太網路網段上的每部裝置會暫停傳輸一小段時間，直到計時終了。
- 當計時截止時，每部主機都有相同的優先權來傳送資料。

CSMA/CD 網路如果發生大量碰撞，會產生延遲、低產出和壅塞的不良效應。

乙太網路上的 backoff 在碰撞發生後的重新傳輸延遲時間。當碰撞發生時，主機會經過這段延遲時間之後再恢復傳輸。經過延遲之後的所有主機都會有相同的優先權來傳送資料。

接著會討論乙太網路在資料鏈結層 (第 2 層) 與實體層 (第 1 層) 的細節。

半雙工與全雙工乙太網路

原始的 802.3 乙太網路規範定義了半雙工的乙太網路，這跟 Cisco 的說法略有不同。Cisco 表示，乙太網路的數位信號是在一對線路上，往兩個方向流動。雖然 IEEE 規範中的半雙工程序有些不同，但是在技術層面上並沒有那麼大的出入。Cisco 的說法只是代表一般對乙太網路的認知。

半雙工也是使用前述的 CSMA/CD 協定來預防碰撞，並且在發生碰撞時允許重傳。一台連到交換器的集線器就必須以半雙工的模式運作，因為終端工作站必須能夠偵測到碰撞。圖 2.5 的網路中有 4 台主機連到集線器。

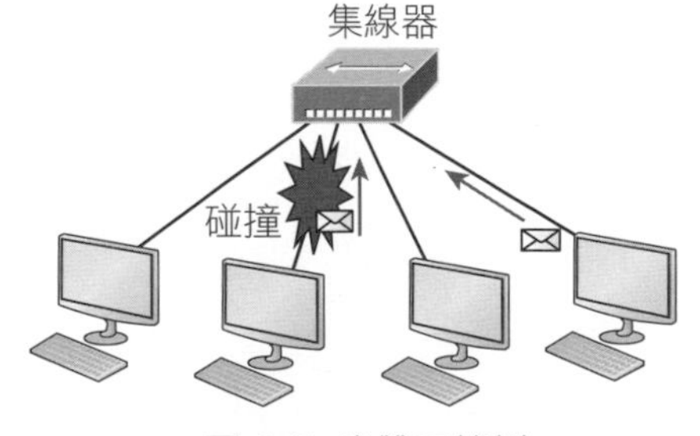

圖 2.5 半雙工範例

半雙工的問題在於如果 2 台主機同時進行通訊，就會發生碰撞。此外，半雙工的乙太網路大約只有 30% 到 40% 的效率，因為這些額外負擔，所以 100Base-T 的網路通常只能提供 30 到 40 Mbps 的頻寬。

相對於半雙工的一對線路，全雙工乙太網路則是使用兩對線路，而且全雙工也會在傳輸裝置的發射器與接收裝置的接收器之間構成點對點連線。這意味著全雙工的資料傳輸比半雙工快。此外，因為資料的傳輸與接收是位於不同組的線路上，所以不會互相碰撞。圖 2.6 有 4 台主機和 1 集線器連到交換器上。當然，如果情況許可的話，請盡量不要用到集線器。

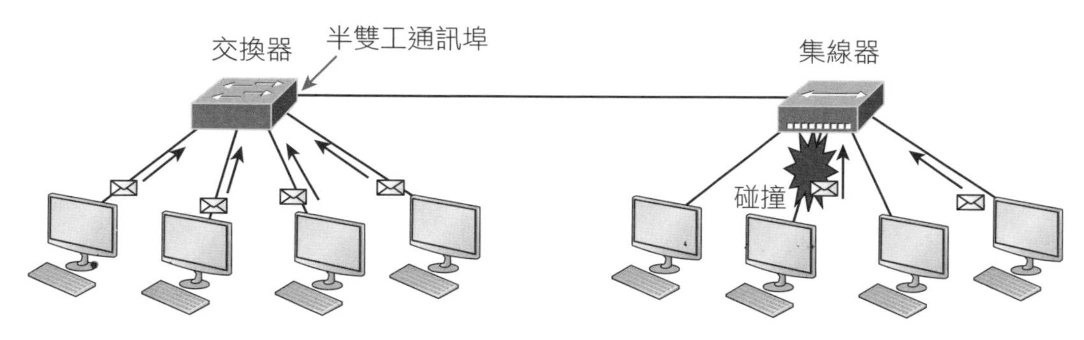

圖 2.6 全雙工範例

理論上，圖 2.6 中所有連到交換器的主機都可以進行全雙工，所以它們都可以同時進行通訊。請記住連到集線器的交換器通訊埠，就和所有連到那台集線器的主機一樣，必須以半雙工的方式執行。

半雙工像是只有一條車道的公路，而全雙工就好像是有多條車道的高速公路，所以比較不用擔心發生碰撞。全雙工乙太網路「應該」雙向都能提供 100% 的效率，例如在全雙工的 10Mbps 乙太網路上應該能夠達到 20Mbps，而在 FastEthernet 上能到 200Mbps。但是這個速率只是個總合的速率，網路就像真實人生一般，沒有絕對的保證。

下列 6 種情境都可以使用全雙工乙太網路：

- 由交換器連到主機。
- 由交換器連到交換器。
- 由主機連到主機。
- 由交換器連到路由器。
- 由路由器連到路由器。
- 由路由器連到主機。

當只有兩個節點存在時，全雙工乙太網路需要點對點的連線。前述任何裝置，除了集線器之外，都可使用全雙工。

您可能會覺得疑惑：「既然應該能到這樣的速率，為什麼實際上沒有呢？」，這是因為當全雙工乙太網路埠接上電源後，它會先連到遠端，與 FastEthernet 鏈結的另一端協商，稱為**自動偵測機制** (auto-detect mechanism)。這種機制會先決定交換能力，亦即先檢查看是要以 10、100 或甚至 1000Mbps 運作，然後再檢查是否能以全雙工方式運作，如果不行的話，就會自動降為半雙工。

請記住半雙工乙太網路是共享碰撞網域，有效產出比全雙工乙太網路低；而全雙工乙太網路的每個通訊埠通常有各自的碰撞網域，有效產出較高。

最後，請記住以下幾個重點：

- 全雙工模式沒有碰撞。
- 每個全雙工節點要有專屬的交換埠。
- 主機的網路卡和交換埠同時都要能夠在全雙工的模式下運作。
- 如果 10Base-T 和 100Base-T 主機的自動偵測機制失效時，它們的預設行為都是 10 Mbps 的半雙工。所以盡可能設定好交換器每個通訊埠的速率和雙工模式，是一個很好的習慣。

接下來，讓我們看看乙太網路如何在「資料鏈結層」工作。

乙太網路的資料鏈結層

乙太網路的「資料鏈結層」負責乙太網路的定址，通常稱為硬體位址或 MAC 位址。乙太網路也負責從網路層接收訊框，並且準備透過乙太網路的競爭式媒介存取方法在區域網路上傳送。

乙太網路定址

在此要介紹乙太網路的定址方式：使用燒在每片乙太網路介面卡 (network interface card，NIC) 中的 **MAC** 位址。MAC 位址又稱為硬體位址，是 48 位元 (6 位元組) 的位址，以十六進位格式表示。

圖 2.7 是 48 位元的 MAC 位址，以及其中的位元分割方式。

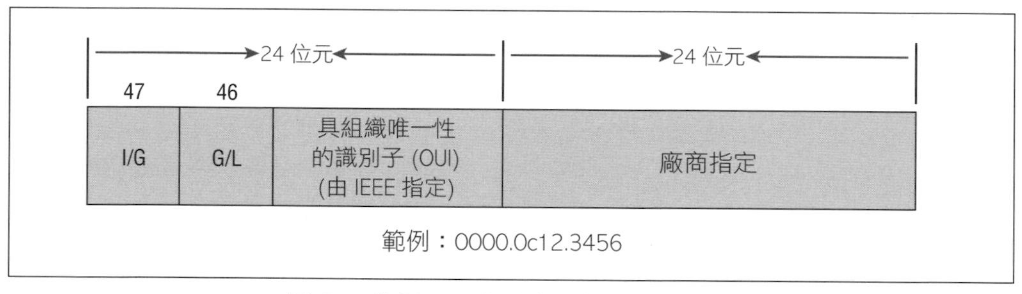

圖 2.7 使用 MAC 位址的乙太網路定址方式

組織唯一性的識別子 (organizationally unique identifier，OUI) 有 24 位元 (3 位元組)，是由 IEEE 指定給各組織，由每個組織統籌管理，並且為所製造的介面卡指定唯一的位址 (理想上，但不保證)，同樣為 24 位元。圖中的高階位元是個人/團體 (Individual/Group，I/G) 位元。當其值為 0 時，就可以假設該位址確實是某裝置的 MAC 位址，並且可以出現在 MAC 標頭的來源部份；當其值為 1 時，則可以假設該位址是乙太網路的廣播或多點傳播位址。

下一個位元是 G/L (Global/Local) 位元 (又稱為 U/L，其中的 U 代表 universal)。當此位元設為 0 時，代表這是由 IEEE 統籌管理的位址；當此位元設為 1 時，則代表這是本地管理的位址。乙太網路位址的低階 24 位元代表由製造商指定的編碼，通常生產的第 1 片卡是從 24 個 0 開始，到最後一片 (第 16,777,216 片) 則全部為1。實際上可以發現，許多製造商就使用這 6 個 16 進位數字來當作該介面卡序號的最後 6 個字元

現在我們要開始討論乙太網路世界一些重要的位址結構。

二進位與十進位及十六進位的轉換

在我們進入第 3 章的 TCP/IP 協定與 IP 定址之前，您必須要確實瞭解二進位、十進位及十六進位之間的區別，以及他們之間的轉換。因此，就讓我們從二進位開始吧！它真的非常簡單，其中的數字只有 1 或 0，每個數字稱為一個位元 (簡稱為二進位數字)。通常我們會將 4 或 8 個數字放在一起，並且分別稱他們為**半位元組** (nibble) 和**位元組** (byte)。

我們對二進位系統感興趣的是如何將它換算成十進位的值。典型的十進位是我們從幼稚園就開始使用，以 10 為基底的數字系統。我們從二進位數字的最右邊位置往左移動，每一格的值為前一格的 2 倍。

表 2.1 顯示每個位元在半位元組與位元組中所代表的十進位值，請記住，半位元組是 4 個位元，而位元組是 8 個位元。

表 2.1 二進位值

半位元組的值	位元組的值
8 4 2 1	128 64 32 16 8 4 2 1

這個表的意義如下：如果特定位置的數值是 1，就取半位元組或位元組中所對應的十進位值，然後將所有數值為 1 的對應值加總；數值為 0 的直接忽略。舉例來說，如果半位元組的每個位置都為 1，那麼 8 + 4 + 2 + 1 就可以得到最大值 15。如果半位元組的例子是 1010，表示數值為 8 與 2 的位元都是 1，也就相當於十進位的 10。如果半位元組的二進位值是 0110，因為對應 4 與 2 的位元是 1，則其十進位值是 6。

位元組的值加總後可能大於 15。如果位元組的每個位元都是 1，如下：

```
11111111
```

將每個位元的對應值加總：

```
128 + 64 + 32 + 16 + 8 + 4 + 2 + 1 = 255
```

可以得到 1 個位元組的最大值是 255。

二進位數字當然還可以表示許多其它的十進位值，以下舉一些例子：

```
10010110
```

對應 1 的值有那些呢？它們分別是 128，16，4 與 2，進行相加：128 + 16 + 4 + 2 = 150。

```
01101100
```

對應 1 的值有那些呢？它們分別是 64，32，8 與 4，進行相加：64 + 32 + 8 + 4 = 108。

```
11101000
```

對應 1 的值有那些呢？它們分別是 128，64，32 與 8，進行相加：128 + 64 + 32 + 8 = 232。

在研讀第 4 章的子網路切割之前，您應該要先記住表 2.2。

表 2.2 二進位與十進位轉換的記憶表

二進位值	十進位值
10000000	128
11000000	192
11100000	224
11110000	240
11111000	248
11111100	252
11111110	254
11111111	255

十六進位的位址與二進位或十進位完全不同，它的轉換是以半位元組為單位。藉由半位元組，我們可以非常容易地將這些位元轉換至十六進位。首先要瞭解十六進位的位址結構只能使用 0 到 9 的數字，而不能使用 10，11，12 等數字 (因為他們是 2 個數字)，所以分別以 A，B，C，D，E，F 來表示 10，11，12，13，14，15。

hex 是 hexadecimal (十六進位) 的縮寫，這是一種編號系統，利用英文字母的前 6 個 (A 到 F) 來延伸十進位系統可用的 10 個數字。十六進位總共有 16 個數字。

表 2.3 顯示每個十六進位數字的二進位與十進位值。

表 2.3 十六進位轉換成二進位與十進位的列表

十六進位值	二進位值	十進位值
0	0000	0
1	0001	1
2	0010	2
3	0011	3
4	0100	4
5	0101	5
6	0110	6
7	0111	7
8	1000	8
9	1001	9
A	1010	10
B	1011	11
C	1100	12
D	1101	13
E	1110	14
F	1111	15

您有注意到前 10 個十六進位數字 (0-9) 的值與十進位一樣嗎？這個簡單的事實使得那些值的轉換非常容易。

所以假設有個十六進位的數字 0x6A (Cisco 有時候會在字元前面放 0x，讓您知道它是十六進位，沒有其它特別的意義)，它的二進位與十進位值為何呢？所有您必須記住的就是，每個十六進位字元是一個半位元組，2 個十六進位字元一起組成一個位元組。為了算出二進位值，我們需要將十六進位字元放入 2 個半位元組中，以組成一個位元組。6 = 0110，而 A = 1010，所以整個位元組就是 01101010。

若要將二進位轉換成十六進位，只需將位元組分成半位元組即可。例如，假設有個二進位數字 01010101，首先將它分成半位元組 0101 與 0101，因為 1 與 4 的位元是開啟的，所以每個半位元組的值是 5，所以它的十六進位相當於 0x55。而二進位數字 01010101 的十進位格式則是 64 + 16 + 4 + 1 = 85。

以另一個二進位數字 11001100 為例，其十六進位值是 1100 = 12 與 1100 = 12 (因此轉換成十六進位的 CC)，而其十進位值是 128 + 64 + 8 + 4 = 204。

再舉個例子，然後我們就要開始討論 IP 定址了。假設有個二進位數 10110101，因為 1011 轉換成 B，而 0101 轉換成 5，所以其十六進位值是 0xB5，而其十進位值是 128 + 32 + 16 + 4 + 1 = 181。

乙太網路訊框

「資料鏈結層」要負責將位元 (bit) 組合成位元組 (byte)，並且將位元組組合成訊框 (frame)；「資料鏈結層」使用訊框來封裝從網路層傳下來的封包，以便在某種媒介存取中傳輸。

乙太網路工作站的功能是利用所謂 MAC 訊框格式的一組位元，在彼此之間傳送資料訊框。這個功能利用**循環冗餘檢查** (Cyclic Redundancy Check，CRC) 來提供錯誤偵測。請記住，僅僅是錯誤偵測，不是錯誤校正。802.3 訊框和乙太網路訊框的格式如圖 2.8 所示。

Ethernet_II

前置位元 7 位元組	SFD 1 位元組	目的位址 6 位元組	來源位址 6 位元組	類型 2 位元組	資料及填補 46-1500 位元組	FCS 4 位元組

封包

圖 2.8 典型的乙太網路訊框格式

將一個訊框封裝在不同類型的訊框中，稱為**隧道**技術 (tunneling)。

下面是 802.3 與乙太網路訊框的欄位細節：

- **前置位元 (Preamble)**：交錯的 1、0 模式，在每個封包開頭提供 5MHz 的時脈，以供接收裝置用來鎖定進入的位元流。
- **訊框的啟始符號/同步 (Start Frame Delimiter，SFD/Synch)**：前置位元是 7 個位元組，而 SFD 是 1 個位元組 (Synch)。SFD 是 10101011，其中最後一對 1 讓那些從中途才進入交錯之 1、0 交錯模式的接收端能夠達成同步，並且偵測到資料的開始。
- **目的位址 (Destination Address，DA)**：從最不重要位元 (least significant bit，LSB) 開始傳送的 48 個位元，供接收工作站用來判斷進入的封包是要送往哪個節點。目的位址可能是單機位址，或是廣播或多點傳播的 MAC 位址。請記住廣播位址是全部為 1 (亦即 16 進位的 F)，並且會送往所有的裝置，而多點傳播則只會送往網路上類似的子集合。
- **來源位址 (Source Address，SA)**：SA 是用來辨識傳送裝置的 48 位元 MAC 位址，也是從 LSB 開始傳送。在 SA 欄位中不得使用廣播與多點傳播的位址格式。
- **長度或類型欄位**：在 802.3 使用長度欄位，但是 Ethernet_II 訊框則是使用類型欄位，來辨識網路層協定。原始的 802.3 無法辨識上層協定，只能用在專屬的 LAN 中 (例如 IPX)。
- **資料**：從網路層向下送給「資料鏈結層」的封包，長度可能從 46 到 1500 位元組。
- **訊框檢查序列 (Frame Check Sequence，FCS)**：位於訊框結尾，用來儲存循環冗餘檢查 (cyclic redundancy check，CRC)。

現在讓我們來檢視一些用網路分析儀所捕捉到的訊框。下面的訊框中只有 3 個欄位：目的、來源與類型 (在分析儀上顯示為 Protocol Type)：

```
Destination:   00:60:f5:00:1f:27
Source:        00:60:f5:00:1f:2c
Protocol Type: 08-00 IP
```

這是 Ethernet_II 訊框，請注意類型欄位為 IP，亦即十六進位的 08-00 (通常表示為 0x800)。

下個訊框具有相同的欄位，所以也是 Ethernet_II 訊框：

```
Destination:   ff:ff:ff:ff:ff:ff Ethernet Broadcast
Source:        02:07:01:22:de:a4
Protocol Type: 08-00 IP
```

您有注意到這個訊框是個廣播訊框嗎？因為它的目的硬體位址都是二進位的 1，亦即十六進位的 F。

讓我們再舉個例子。您是否發現下例同樣是 Ehternet_II 訊框，只是當我們用 IPv4 協定時，協定欄位是 0x0800，而當我們使用 IPv6 時，類型欄位是 0x86dd。

```
Destination: IPv6-Neighbor-Discovery_00:01:00:03 (33:33:00:01:00:03)
Source: Aopen_3e:7f:dd (00:01:80:3e:7f:dd)
Type: IPv6 (0x86dd)
```

這就是 Ehternet_II 訊框的美妙之處。因為有協定欄位，讓我們不論執行任何網路層遶送協定，訊框仍能運送資料，因為它能辨識所使用的網路層協定。

乙太網路的實體層

乙太網路最早是由稱為 DIX 的團體 (Digital，Intel 與 Xerox) 實作出來。他們建立並實作了第一份的乙太網路規格，之後由 IEEE 用來建立 IEEE 802.3 委員會。它是在同軸電纜上運作的 10Mbps 網路，後來又加上雙絞線與光纖的實體媒介。

IEEE 將 802.3 委員會延伸為 3 個新委員會，分別是 802.3u (Fast Ethernet)、802.3ab (類別 5 纜線上的 Gigabit Ethernet)，最後還有 802.3ae (光纖與同軸電纜上的 10Gbps)。現在幾乎每天都有更多的標準出現，例如新的 100Gbps 乙太網路 (802.3ba)！

在設計 LAN 的時候，必須要先瞭解有哪些可以用的乙太網路類型。當然，如果每台桌上型電腦都有 Gigabit 乙太網路，並且在交換器間為 10Gbps，那當然很棒，但是別忘了您還是必須考慮網路的成本。不過，如果能混合使用目前的各種乙太網路媒介，就能夠得到具有成本效益，且運作良好的網路解決方案。

EIA/TIA (電子產業聯盟：Electronic Industries Alliance，與較新的電信產業協會：Telecommunications Industry Association) 是建立乙太網路實體層規範的標準單位，EIA/TIA 規定乙太網路要在**無遮蔽雙絞線** (UTP, Unshielded Twisted-Pair) 上使用 RJ-45 接頭。

EIA/TIA 所指定的每種乙太網路纜線都會**衰減** (attenuation)。它的定義是信號經過特定長度纜線後所減弱的強度，以 dB 為單位。企業與家用市場所使用的纜線是以類別 (category) 來衡量；越高品質的纜線會具有較高的類別等級和較低的衰減。例如類別 5 就比類別 3 要好，因為類別 5 纜線每呎的繞線密度較高，因此產生的**串音**干擾 (crosstalk) 也較少。串音是指纜線中相鄰的成對銅線間造成的信號干擾。

下面是原始的 IEEE 802.3 標準：

- **10BaseT(IEEE 802.3)**：10 Mbps，使用類別 3 的 UTP 線材。與 10Base2 及 10Base5 網路不同的是，每個裝置都必須連到集線器或交換器，且每個網段或纜線上只能有一台主機。使用 RJ-45 接頭，實體是星狀拓樸與邏輯拓樸則是匯流排。
- **100Base-TX(IEEE 802.3u)**：一般稱為 Fast Ethernet，使用 EIA/TIA 類別為 5、5E 或 6 的兩對 UTP。每個網段 1 個用戶；最大長度 100 米。使用 RJ-45 接頭，實體星狀拓樸與邏輯匯流排。
- **100Base-FX(IEEE 802.3u)**：使用 62.5/125 微米的多模態光纖 (multimode fiber)，點對點拓樸，最長可達 412 米。使用 ST 或 SC 接頭，屬於媒體介面接頭 (MIC, Media-interface connector)。

- **1000Base-CX(IEEE 802.3z)**：使用稱為 twinax 的雙絞銅線 (平衡的同軸對偶)，最多只有 25 米長。使用特殊 9 個腳位的連接頭 HSSDC (High Speed Serial Data Connector)。應用於 Cisco 的資料中心技術中。
- **1000Base-T(IEEE 802.3ab)**：使用類別 5，共 4 對的 UTP。最長可達 100 米，最高速率為 1 Gbps。
- **1000Base-SX(IEEE 802.3z)**：使用多模態光纖來取代雙絞銅線的 1 Gigabit 乙太網路實作，搭配短波雷射。多模態光纖 (MMF) 使用 62.5 與 50 微米芯線，搭配 850 奈米的雷射；62.5 微米的長度可達 220米，50 微米的長度則可達 550 米。
- **1000Base-LX(IEEE 802.3z)**：使用 9 微米芯線的單模態光纖，以及 1300 奈米的雷射，長度能夠從 3 公里到 10 公里。
- **1000BASE-ZX(Cisco 標準)**：1000BaseZX (也寫做 1000BASE-ZX) 是 Cisco 指定的 gigabit 乙太網路通訊標準。1000BaseZX 在一般單模態的光纖鏈路上運作，最遠範圍為 43.5 英里 (70 公里)。
- **10GBase-T(802.3an)**：10GBase-T 是由 IEEE 802.3an 委員會所提出的標準，在傳統 UTP (類別 5e、6、7) 上提供 10Gbps 的連線。10GBase-T 讓乙太網路可以使用傳統的 RJ-45。並且支援區域網路所指定的 100 米距離內的信號傳輸。

如果您希望實作的是不易受電磁干擾 (EMI，electromagnetic interference) 的網路媒介，光纖是最安全的長距離線材，在高速傳輸下也不易受到電磁干擾。

有了本章的基礎，您已經可以邁向下個等級，並且使用不同乙太網路佈線方式來架構乙太網路了。

真實情境

是干擾？或是主機距離問題？

幾年前筆者在洛杉磯地區一家很大的航太公司擔任顧問。在它們繁忙的倉庫中，包含數百台主機提供許多不同的服務給在該區工作的各個部門。

然而，其中有一小組主機時常有間歇性的 "罷工"，但沒有人知道原因。因為該區的其他主機都一直沒有什麼問題。所以我決定要嘗試去看看能發現什麼。

首先，我追蹤主交換器連接到倉庫各交換器的骨幹。我假設那些有問題的主機是連到相同的交換器，並且追蹤每條纜線，但讓我意外的是，它們是連到不同的交換器！現在我真的開始感到好奇，因為最簡單的問題已經被排除在嫌犯清單之外了。看來，這不只是個簡單的交換器問題而已。

我繼續追蹤每一條纜線，下面是我的發現：

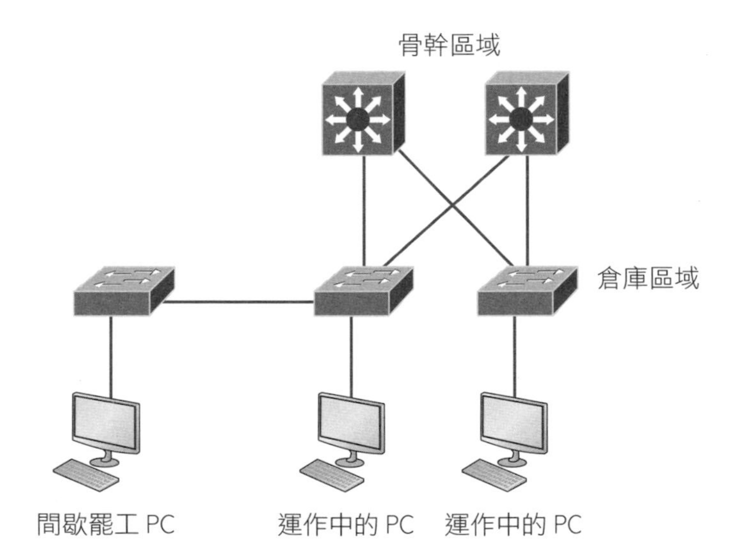

當我畫出網路之後，我發現它們安裝了許多中繼器，但這並不是個明顯的嫌犯，因為頻寬不是這裡的最主要議題。此時，我決定來測量其中 1 台間歇罷工主機連到集線器/中繼器的距離。

接下頁

下面是我量到的數值。你可以看出問題所在了嗎？

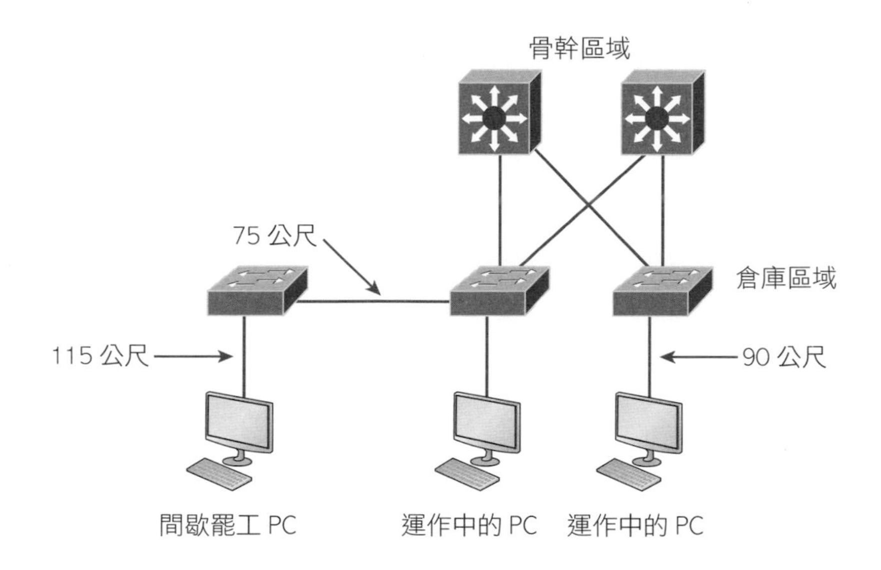

在網路中安裝集線器或中繼器並不會是個問題，除非您需要更好的頻寬 (但不是本例的情況)，但是距離會是個問題！在一片很大的區域中，很難知道主機的連線有多遠，所以這些主機最終的連線距離超過了乙太網路規範的 100 公尺，造成這些主機的問題。要知道這並不會讓這些主機完全無法運作，但是工人們會覺得這些主機老是在一天中壓力最大的時候 "罷工"。當然囉！當我的主機罷工的時候，它馬上就會成為我一天當中壓力最大的時候了！

2-2 乙太網路佈線

乙太網路的佈線是十分重要的課題，特別是要進行 Cisco 考試的時候。現有的乙太網路纜線種類包括：

- **直穿式** (Straight-Through) 纜線
- **交叉式** (Crossover) 纜線
- **滾製式** (Rolled) 纜線

稍後會分別討論這些纜線。但首先，讓我們瞭解一下今日最常見的乙太網路纜線：類別 5(CAT5，category 5) 加強型無遮蔽雙絞線，如圖 2.9。

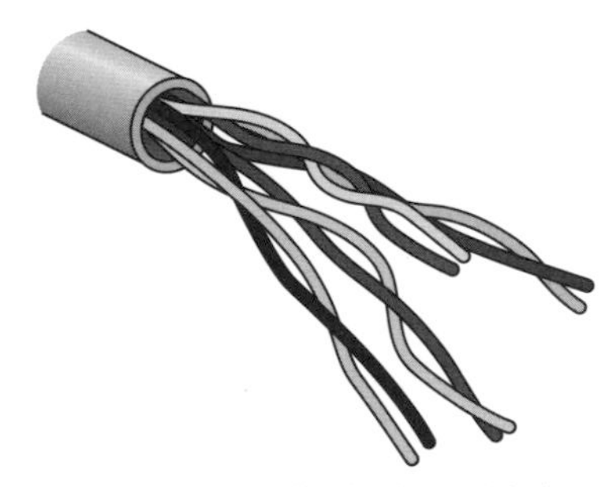

圖 2.9 CAT 5 加強型 UTP 纜線

類別 5 的加強型 UTP 纜線可以應付 Gigabit 的速度，以及最高 100 公尺的距離。一般來說，它通常是用於 100 Mbps，而類別 6 則是用於 gigabit，但其實類別 5 加強型可以用在 gigabit 的速度，而 CAT 6 則可高達 10 Gbps！

直穿式纜線

直穿式 (straight-through) 纜線是用來連結：

- 主機到交換器或集線器
- 路由器到交換器或集線器

直穿式纜線中使用 4 條導線來連結乙太網路裝置。要建構這種線材相當簡單。圖 2.10 是在直穿式乙太網路纜線中所使用的 4 條導線。

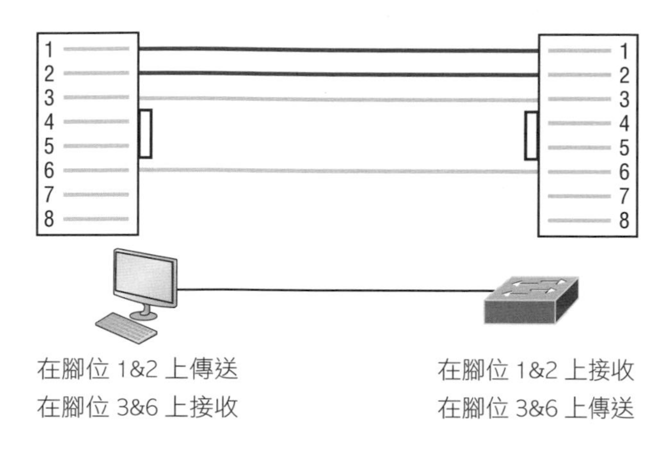

圖 2.10 直穿式乙太網路線

請注意其中只用到腳位 1、2、3、6，將「1 連到 1」，「2 連到 2」，「3 連到 3」，「6 連到 6」，網路就可以用了。不過這種線只能用於乙太網路，而不能用在語音或其它的 LAN 或 WLAN 技術中。

交叉式纜線

交叉式 (crossover) 纜線可以用來連接：

- 交換器到交換器
- 集線器到集線器
- 主機到主機
- 集線器到交換器
- 路由器直接連到主機
- 路由器到路由器

這種纜線跟直穿式同樣使用 4 條導線，但是腳位的連結方式不同。圖 2.11 顯示這 4 條線在交叉式乙太網路線中的用法。

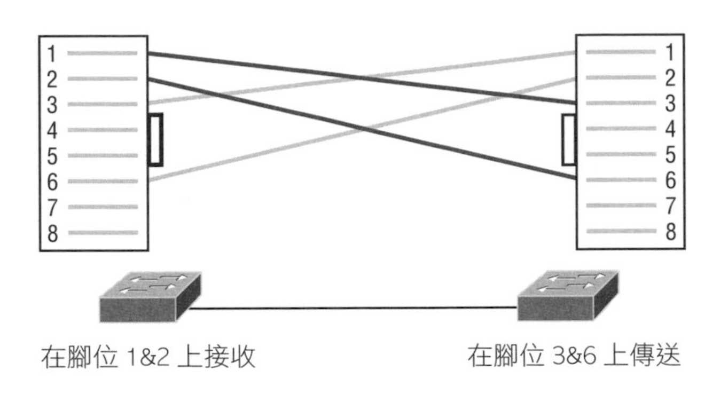

圖 2.11 交叉式乙太網路纜線

請注意它不再將相同腳位相連，而是將纜線兩端的腳位「1 連到 3」，「2 連到 6」。圖 2.12 是直穿式及交叉式纜線的一些典型用法。

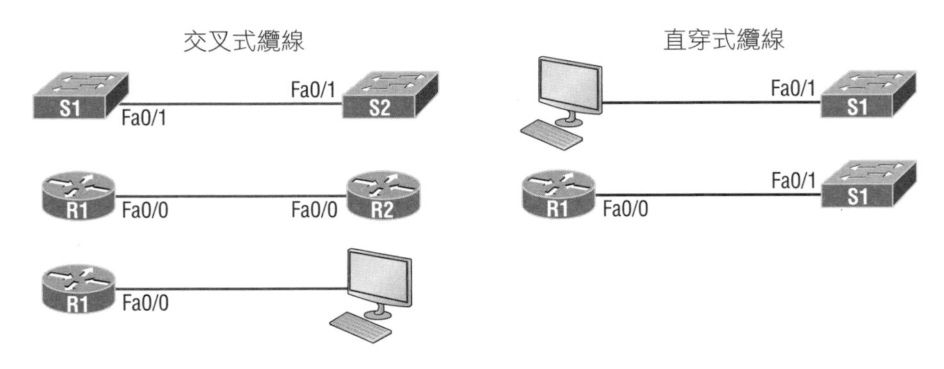

圖 2.12 直穿式及交叉式纜線的典型用法

圖 2.12 的交叉式範例是交換器埠到交換器埠，路由器乙太網路埠到路由器乙太網路埠，以及 PC 乙太網路到路由器乙太網路埠。在直穿式範例中，包含 PC 乙太網路到交換器埠，以及路由器乙太網路埠到交換器埠。

在 2 台交換器間，可能因為存在有稱為 auto-mdix 的自動偵測機制，讓直穿式纜線也有可能運作。但是在 CCNA 的認證中，通常假設裝置間不存在有效的自動偵測機制。

UTP Gigabit 佈線 (1000Base-T)

在前述 10Base-T 和 100BaseT 中的 UTP，都只有使用 2 對導線，但是這對 Gigabit 的 UTP 傳輸而言，並不夠完善。

1000Base-T 的 UTP (圖 2.13) 需要 4 對導線，並且使用更先進的電子技術，讓纜線中的每對導線都可以同時傳輸。即使如此，Gigabit 纜線跟稍早的 10/100 範例仍舊非常相似，只是會用到另外 2 對線。

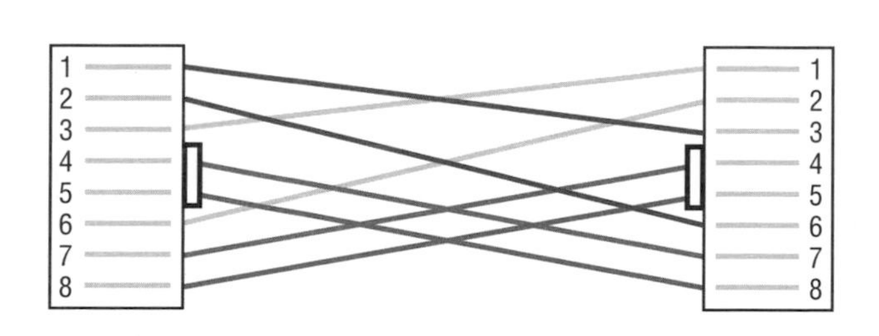

圖 2.13 UTP Gigabit 交叉式乙太網路纜線

在直穿式纜線方面，仍舊是「1 對 1」、「2 對 2」、直到「8 對 8」。在建立 Gigabit 的交叉式纜線時，也還是將「1 連到 3」、「2 連到 6」，只是加上了「4 到 7」以及「5 到 8」。

滾製式纜線

雖然滾製式 (rolled) 纜線並沒有用在任何乙太網路連線，但是可以用來將主機連到路由器控制台的序列通訊 (com) 埠。

如果你有使用 Cisco 的路由器或交換器，就會用這種纜線將 PC、Mac 或 iPad 等設備連到 Cisco 硬體上。這種纜線使用 8 條導線來連結序列裝置，並非全部都用來傳送資訊。圖 2.14 是在滾製式纜線中使用的 8 條線。

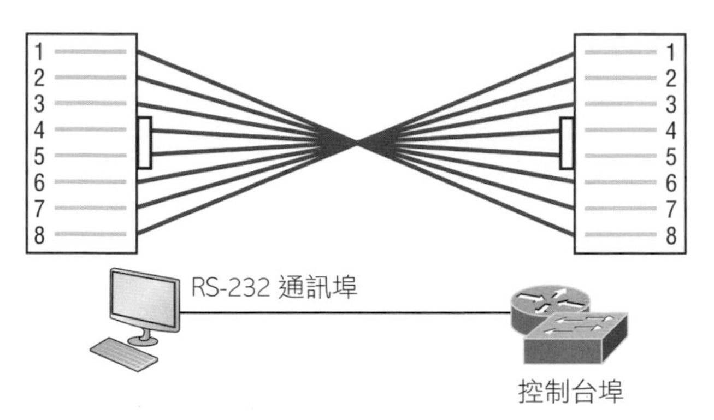

圖 2.14 滾製式乙太網路線

這可能是最容易做的一種纜線，因為您只要把直穿式纜線的一個端點切掉，再反轉過來即可 (當然，需要做一個新的連接頭)。

一旦用正確的纜線將 PC 連到 Cisco 路由器或交換器後，就可以啟動模擬程式如 PuTTY 或 SecureCRT，來建立控制台連線，並且設定裝置組態。要找到 Windows 在使用的通訊埠 (com por)，可以利用**裝置管理員**。組態的設定畫面如圖 2.15。

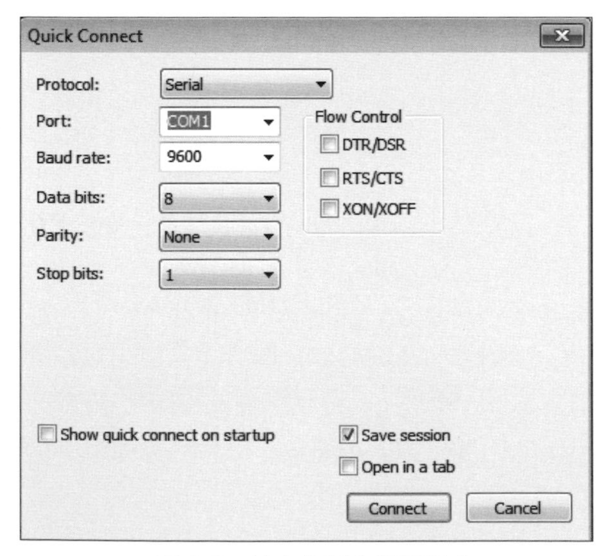

圖 2.15 設定控制台模擬程式

將位元速率設為 9600，資料位元設為 8，同位檢查設為 None，流量控制也設成 None。按下『**Connect**』鈕或『Enter』鍵，應該就能連上 Cisco 裝置的控制台埠了。

圖 2.16 是 1 台具有 2 個控制台埠的全新 2960 交換器。

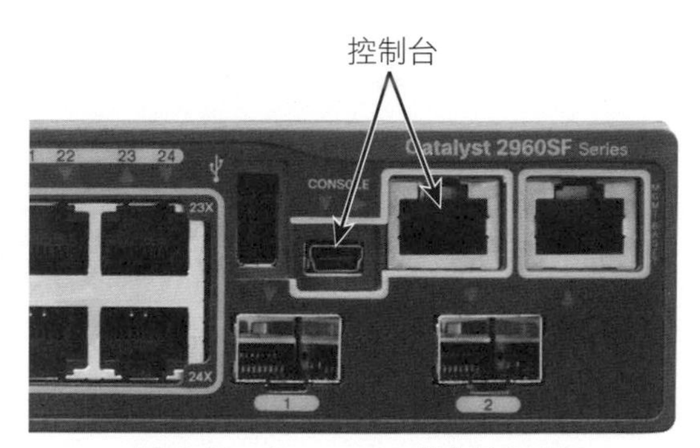

圖 2.16 Cisco 2960 控制台連線

請注意這台新的交換器提供 2 種控制台連線方式，分別是傳統的 RJ-45 和較新的迷你 Type-B USB 控制台。如果您剛好同時插入這 2 條連線，請記得新的 USB 埠性能要優於 RJ-45 埠，而且可以達到 115,200 Kbps 的速度。如果必須使用 Xmodem 來升級 IOS 時，這可好用了。筆者甚至看過一些纜線可以在 iPhones 及 iPads 上運作，並且連上這些迷你 USB 埠。

在見過各種 RJ-45 的 UTP 纜線之後，您知道圖 2.17 中的交換器之間要用哪一種纜線嗎？

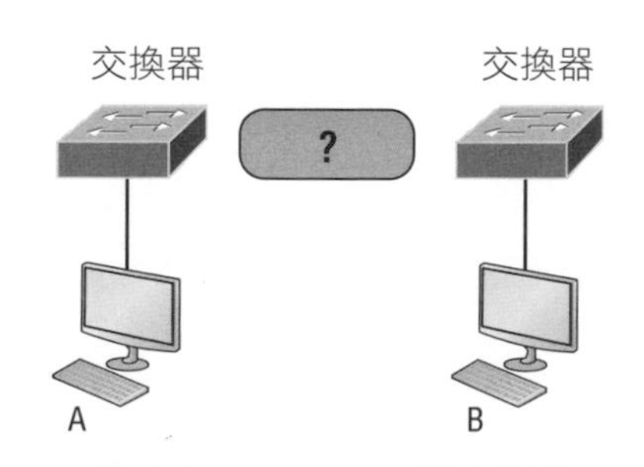

圖 2.17 RJ-45 UTP 纜線問題 1

為了讓 A 主機能 ping 得到 B 主機，兩部交換器之間需要用交叉式纜線連接。那圖 2.18 中的網路又要用到哪一種纜線呢？

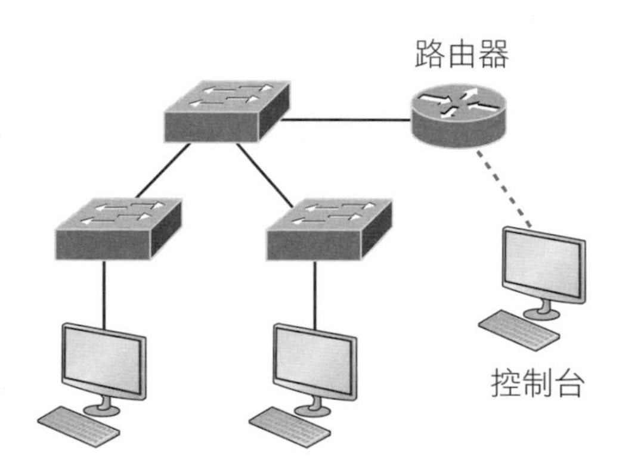

圖 2.18 RJ-45 UTP 纜線問題 2

其實圖 2.18 中用到的網路線不只一種。交換器之間的連線要用交叉式纜線，就像圖 2.13 那樣。麻煩的是，控制台連線要用滾製式纜線。而路由器與交換器的連線，以及主機與交換器的連線，則要用直穿式纜線。雖然這張圖的網路沒有用到序列連線，但如果有的話，就要用 V.35 來連接 WAN。

光纖

光纖纜線已經出現多年，並且已經有一些很不錯的標準了。這種以玻璃 (或甚至塑膠) 製成的纜線可以進行高速的資料傳輸。光纖非常的細，在 2 個端點間扮演光的導波管。如跨國連線等非常長距離的連線很早就已經在使用光纖，但是因為它所提供的速度，加上沒有 UTP 的干擾問題，現在在乙太網路的 LAN 中也越來越常見到光纖。

這種纜線的主要組成包括核心 (core) 及外殼 (cladding)。光線在核心中傳導，外殼則會將光線限制在核心中。外殼越緊核心越小，傳送的光線也越少，但是就可以傳得更快、更遠。

在圖 2.19 中，可以看到一個 9 微米 (micron)、非常小的核心。相對來說，人的頭髮有 50 微米。

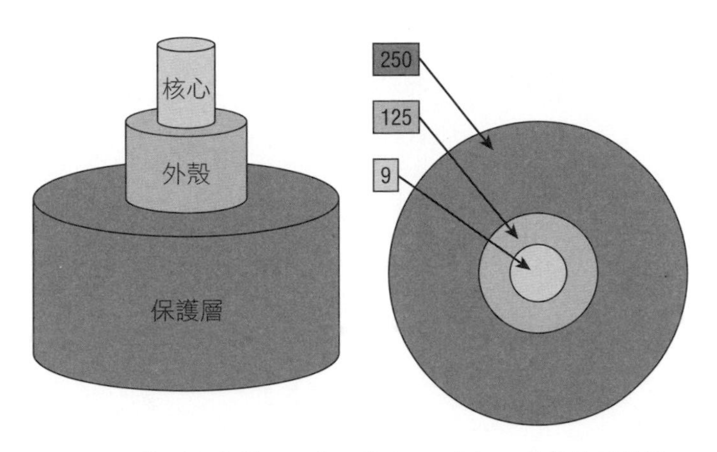

圖 2.19 典型的光纖，單位：微米 (10^{-6}米) *非等比例縮放

外殼是 125 微米，這是光纖的標準規格，讓製造商可以為所有光纖纜線製造連接頭。最後的保護層則是用來保護脆弱的玻璃。

光纖主要有 2 種：單模態及多模態光纖。圖 2.20 是多模態及單模態光纖間的差異。

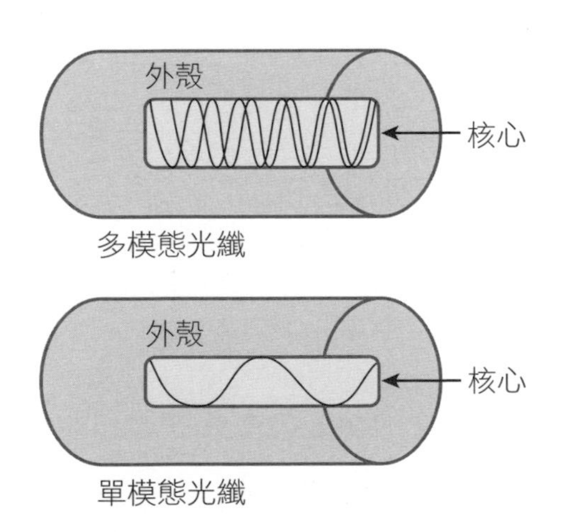

圖 2.20 多模態及單模態光纖

單模態比較昂貴，具有較緊的外殼，而且傳送距離比多模態更遠。兩者的差異來自於外殼的緊密度；較小的核心只允許光以單一模態沿著光纖傳播。多模態具有較大的核心，可以讓多重的光線粒子沿著玻璃前進。接收端必須再把這些光子聚在一起，所以它的距離小於只允許少量光子前進的單模態光纖。

目前大約有 70 種不同的光纖連接頭，而 Cisco 使用其中幾種不同的接頭。回頭看看圖 2.16，最底端的 2 個埠稱為 SFP (Small Form-Factor Pluggable) 或 SFPs。

2-3 資料封裝

當主機透過網路傳送資料到另一裝置時，這些資料會先經過封裝 (encapsulation)：在 OSI 模型的每一層，加上該層協定的資訊。每一層只會與接收端的對等層級溝通。

每個層級會使用 PDU (Protocol Data Units，協定資料單元) 來溝通與交換資訊。PDU 包含模型中每一層附加在資料上的控制資訊。這些資訊通常是加在資料欄位前面的標頭中，但是也可能位於資料的尾端。

OSI 模型中的每一層都會封裝一個 PDU，而且根據每個標頭所提供的資訊內容，PDU 的名稱也不同。這些 PDU 資訊只會被接收裝置中的對等層級讀取，讀取之後，PDU 就會被剝除，資料則會再送往上一層。

圖 2.21 是這些 PDU 如何附加控制資訊的方法。圖中展示了上層的使用者資料如何經過轉換，以便在網路上傳輸。資料串流會向下傳給「傳輸層」，由它傳送同步封包，以建立連結接收裝置的虛擬電路。資料串流在此會被分解為更小的片段，並且建立傳輸層標頭 (一種 PDU)，附加到資料欄位的標頭上，現在這個資料稱為**資料段** (segment)。每一資料段會加上序號，以便在接收端依照傳輸的順序重組起來。

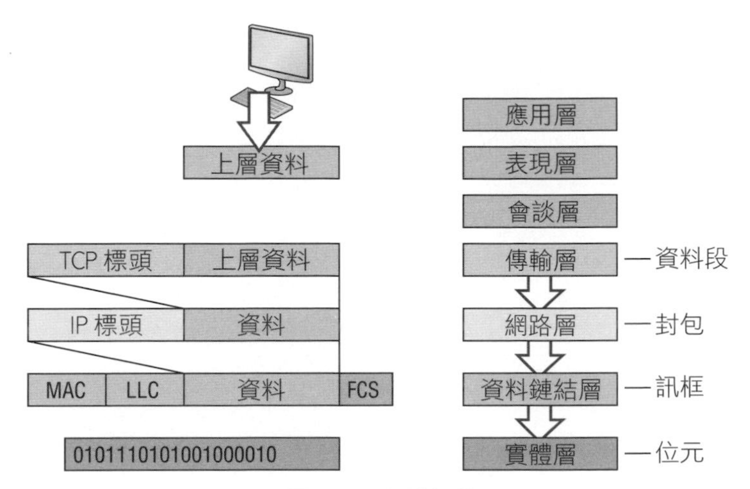

圖 2.21 資料封裝

接著，每個資料段被送往網路層進行互連網路的定址與遶送。邏輯位址 (例如 IP 與 IPv6) 讓每個資料段都能抵達正確的網路。網路層協定會將傳輸層送下來的資料段加上控制標頭，現在這個資料形式稱為**封包** (packet) 或**資料包** (datagram)。請記住，接收端的傳輸層與網路層會一同運作以重建資料串流，但是將它們的 PDU 放在本地的網段上 (這是將資訊送達路由器或主機的唯一方式) 則不是它們的工作。

「資料鏈結層」負責從網路層取得封包，並且將它們放到網路媒介 (纜線或無線) 上。它會將每個封包封裝為**訊框** (frame)，且訊框的標頭中包含來源與目的主機的硬體位址。如果目的裝置是位於遠端網路，則訊框會被送往路由器進行遶送，以穿越互連網路。一旦訊框抵達目的網路，會用新的訊框將封包送到目的主機。

要將訊框放到網路上，首先必須將它變成數位訊號。訊框其實上是 1 與 0 的邏輯組合，由實體層負責將這些數字編碼為數位訊號，供位於同一網路上的裝置讀取。接收的裝置會對數位訊號進行同步，並且從中擷取 (解碼) 出 1 與 0。此時，這些裝置會建立訊框，執行**循環冗餘檢查** (CRC，cyclic redundancy check)，然後將其結果與訊框的 FCS 欄位比對。

如果結果相符，則從訊框中取出封包，並且丟棄訊框的其餘部份，這個過程稱為**解封裝** (de-encapsulation)。封包會傳給網路層檢查位址；如果符合，則自封包中取出資料段，並且丟棄封包中的其餘部份。資料段是在傳輸層處理，由它重建資料串流，並且傳送確認給傳輸端工作站，表示資料已經收到。最後傳輸層就可以很快樂地將資料串流傳給上層的應用了。

在傳輸裝置中，資料的封裝方式如下：

1. 轉換使用者資訊，成為網路上傳輸的資料。
2. 將資料轉換成資料段，並且在傳輸主機與接收主機間建立可靠的連線。
3. 將資料段轉換成封包，並且將邏輯位址放在標頭中，讓每個封包能夠在互連網路中遶送。
4. 將封包轉換成訊框，在本地網路上傳輸，使用硬體 (乙太網路) 位址作為本地網段各主機的唯一識別碼。
5. 將訊框轉換成位元，並且使用數位編碼與時脈結構。

接下來我們利用圖 2.22，藉由各層的位址，更詳細地說明資料封裝的整個運作流程。

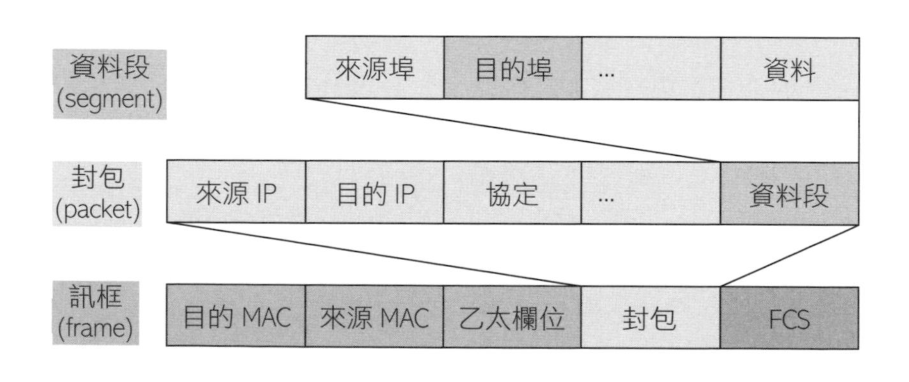

圖 2.22 PDU 與各層的位址

資料串流由上層處理，然後往下傳給傳輸層。我們身為技師，其實並不在乎資料串流從何處來，因為那是程式設計師的問題。我們的工作是要可靠地重建資料串流，並交給接收裝置的上層。

在我們進一步討論圖 2.22 之前，先來討論埠號，確定我們確實瞭解它們。傳輸層利用埠號來定義虛擬電路與上層的程序，如圖 2.23 所示。

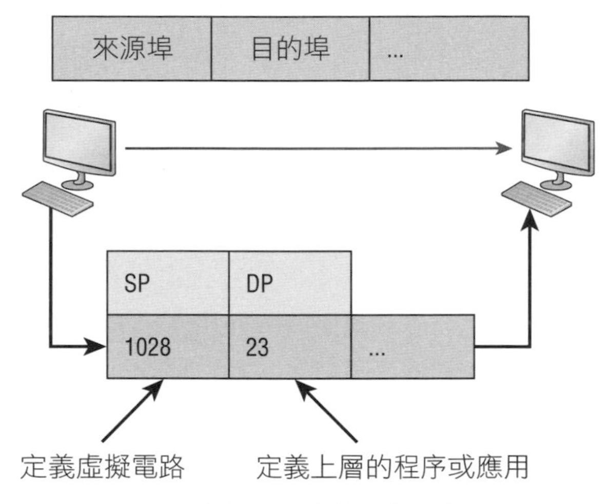

圖 2.23 傳輸層的埠號

當使用 TCP 之類連線導向式協定，傳輸層會接收資料串流，將它們分成資料段，並且藉由產生虛擬電路來建立可靠的會談。接著對每個資料段編號，並進行確認與流量控制。虛擬電路是靠來源埠來定義，主機會從 1024 開始，往上遞增來源埠的號碼 (0 到 1023 是要保留給眾所周知的應用埠號)。當接收主機重建資料串流時，會利用目的埠號來定義處理資料串流的上層程序 (應用程式)。

瞭解埠號，以及傳輸層如何使用它們之後，讓我們再回到圖 2.22。片段的資料一旦加上傳輸層標頭之後，就成為**資料段** (segment)，並和 IP 位址一起往下傳給網路層 (IP 位址是上層連同資料串流一起往下送給傳輸層的，它是透過上層的名稱解析方法找出來的，這個方法可能是 DNS)。

網路層在每個資料段的前面加上一個標頭和邏輯位址 (IP 位址)，一旦加上標頭之後，該 PDU 就稱為**封包** (packet)。封包會有一個稱為協定的欄位，用來描述該封包來自何處 (可能是 TCP 或 UDP)。這讓網路層能夠在封包抵達接收主機時，將資料段交給正確的傳輸層協定。

網路層要負責找出目的硬體位址，決定封包應該要送往區域網路的何處。這個工作要用到**位址解析協定** (Address Resolution Protocol，ARP)，在第 3 章會更詳細地討論。網路層的 IP 協定會檢視目的 IP 位址，並與它自己的來源 IP 位址及子網路遮罩進行比較。如果是區域網路的請求，則透過 ARP 請求找出區域主機的的硬體位址。如果封包的目的地是遠端主機，則尋找預設閘道 (路由器) 的 IP 位址。

然後將封包和目的區域主機或預設閘道的硬體位址，一起往下交給資料鏈結層。「資料鏈結層」在封包的前面加上標頭，與資料片段結合成訊框 (因為同時將標頭與標尾一起加到封包，看起來像加上書檔或框框，所以稱之為**訊框**)。總之，如圖 2.22 所示。訊框使用 Ether-Type 欄位描述封包是來自網路層的哪個協定，而且會對整個訊框執行循環冗餘檢查，並將結果放在訊框標尾中的訊框檢查序列 (FCS) 欄位。

現在訊框已經準備好可以一次一個位元地往下傳送給實體層了，實體層會使用位元的計時規則，將資料編碼為數位信號。網段上的裝置是利用時脈進行同步，從數位信號中擷取 0 與 1，並且建構出訊框。重建訊框之後，就執行 CRC，確定該訊框資料正確。如果一切都沒問題，主機就會檢查目的位址，看是否是要送給它的訊框。

如果以上的解說讓您暈頭轉向，別著急，我們會在第 9 章仔細地說明資料是如何封裝，以及如何在互連網路中遞送。

2-4 Cisco 三層式階層模型

我們絕大多數人在生命的早期都是生活在階層中，任何有兄姊的人都知道位於階層最底部是什麼滋味。無論您是在何處開始發現階層的存在，大概都會有這樣的經驗。階層協助我們了解事物的歸屬、彼此要如何配合、以及哪裡有什麼功能。它能夠為原本相當複雜的模型帶來秩序與瞭解。假設您希望調薪，階層會要求您去找老闆商量而非找屬下商量，老闆的角色就是要同意 (或拒絕) 您的請求。因此，基本上，對階層的了解能協助我們分辨要去哪裡獲取所需。

階層對網路設計有許多好處。當使用得宜時，它能夠讓網路更有可預測性，並且協助我們定義哪些區域應該執行哪些功能。同樣地，您也可以在階層式網路的特定階層使用諸如存取清單等工具，然後在其他階層避開它們。

老實說，大型網路可能極端複雜，使用多種協定、精細的組態設定與分歧的技術。階層能協助我們將一堆複雜的細節摘要為易瞭解的模型，然後模型會根據特定的組態需要，指示適當的應用方式。

Cisco 階層式模型能協助您設計、實作與維護一個可擴充、穩定且具成本效益的階層式互連網路。Cisco 定義了三層的階層，如圖 2.24 所示，每層各有其特定的功能。

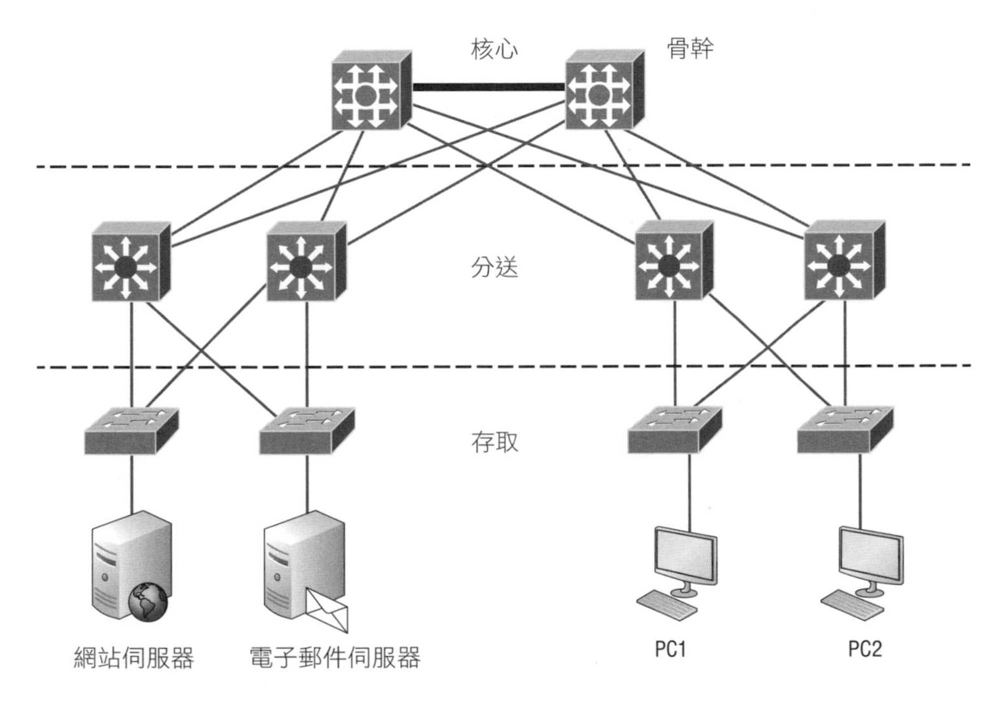

圖 2.24 Cisco 階層式模型

Cisco 階層式模型可以協助您設計、實作及維護一個可靠、可擴充且具有成本效益的階層式互連網路。Cisco 的階層定義了圖 2.24 的 3 個層級，各自具有特定的功能。

每一層有其特定的責任，不過請務必記住：這 3 層是邏輯性，而未必是實體性的裝置，就像 OSI 模型也是邏輯性的階層，它的 7 層描述了功能，但未必是協定。有時一個協定對應到 OSI 模型的好幾層，有時一層中有多個協定在溝通。同樣地，建立階層式網路的實體實作時，可能在一層中有許多裝置，也可能有一個裝置執行 2 層的功能。再強調一遍：階層的定義是邏輯性、而非實體性的。

現在，讓我們更詳細地檢視每一層吧！

核心層

核心層就是網路的核心，位於階層的最上方，負責可靠且迅速地傳送大量的交通。網路核心層的唯一目的就是要盡快地交換交通。大多數使用者的交通傳輸都會經過核心，但是請記住，使用者資料是在分送層處理，由它視需要將請求轉送到核心層。

如果核心層發生問題，每個使用者都可能受到影響。因此，容錯能力是這一層的重要議題。核心層可能會遇到大量的交通，所以速度與延遲是它的主要考量。根據前述的核心層功能，我們現在可以開始考慮一些設計細節。下面是我們不希望在核心層進行的一些事情：

- 不做任何會減緩交通的事，包括使用存取清單、在虛擬區域網路 (VLAN) 間進行遶送、實作封包過濾等。
- 不要在此支援工作群組的存取。
- 當互連網路長大時，要避免擴充核心層 (例如新增路由器)。如果核心層的效能發生問題，升級會比擴充好。

下面是我們在設計核心層時希望做到的事，包括：

- 設計高可靠性的核心層。考慮能同時促進速度與冗餘的資料鏈結技術，例如具有冗餘鏈路的高速乙太網路、甚至是 10Gigabit 乙太網路。
- 設計時要將速度謹記在心，核心層的延遲應該要非常小。
- 選擇收斂時間較短的遶送協定。如果路徑表壞了，即使有快速與冗餘的資料鏈路也幫不上忙。

分送層

分送層有時又稱為**工作群組層** (workgroup layer)，是存取層與核心層之間的通訊點。分送層的主要功能是提供遶送、過濾與 WAN 的存取，以及根據需要來判斷封包該如何存取核心層。分送層必須決定出處理網路服務請求的最快方式，例如如何將檔案請求轉送給伺服器。在分送層決定最佳路徑後，如果有需要，它會將請求轉送給核心層。核心層接著會快速地將請求傳送給正確的服務。

分送層是實作網路政策 (policy) 的地方。此處的網路運作可以有很大的彈性。分送層通常應該提供下列幾種行動：

- 遶送
- 實作工具 (例如存取清單)、封包過濾與佇列
- 實作安全與網路政策，包括位址轉換與防火牆
- 遶送協定 (包括靜態遶送) 間的重分送 (redistribution)
- VLAN 與其他工作群組功能間的遶送
- 定義廣播與多點傳播網域

在分送層要避免的事，就是那些屬於其他 2 層的功能。

存取層

存取層會控制使用者與工作群組對互連網路資源的存取，有時又稱為**桌面層** (desktop layer)。大多數使用者需要的網路資源都可以在本地取得，而遠方服務的交通則是由分送層處理。下面是存取層必須包含的功能：

- 延續分送層的存取控制與政策
- 建立獨立的碰撞網域 (網路分割)
- 將工作群組連到分送層
- 連結設備
- 復原性與安全性服務
- 高階技術能力 (例如語音/視訊等)

存取層常見的技術包括 Gigabit 與快速乙太網路交換。如前所述，3 個獨立的階層並不意謂著 3 台獨立的裝置，可能更多或是更少。

2-5 摘要

本章介紹了乙太網路基礎原理，主機在網路上互相通訊的方式，以及 CSMA/CD 在乙太網路的半雙工網路上的運行。

我們也討論了半雙工與全雙工模式之間的差異，以及 CSMA/CD 的碰撞偵測機制。本章也描述了目前網路常用的乙太網路線。您不妨多多熟悉這一節。

本章也簡介了封裝的概念，封裝就是資料往 OSI 堆疊的下層行進時，對資料進行編碼的程序。最後，本章討論了 Cisco 的三層式階層模型，詳細描述這三層的特性，以及如何使用各層來協助設計與實作 Cisco 互連網路。

TCP/IP 簡介

3

Chapter

本章涵蓋的主題

- TCP/IP 簡介
- TCP/IP 與 DoD 模型
- IP 定址
- IPv4 位址型態

TCP/IP (Transmission Control Protocol/Internet Protocol) 這個協定組是由美國國防部 (DoD) 設計與實作，目的是為了確保資料的完整性，以及在戰爭中還能維持通訊的能力。所以只要能正確地設計與實作，TCP/IP 網路其實是一種非常可靠、復原能力很強的網路。

本章先帶您了解 TCP/IP 協定，透過全書的完整介紹，您將學會利用 Cisco 路由器和交換器，建立可靠的 TCP/IP 網路。首先我們要探討美國國防部版本的 TCP/IP，並將它的協定與前面介紹的 OSI 參考模型進行比較。

接著會討論今日網路中所用的 IP 位址，與各種不同級別 (class) 的位址。因為不同類型的 IPv4 位址，對於瞭解 IP 定址及子網路切割非常重要，所以本章將詳細討論這些重要主題。

3-1 TCP/IP 簡介

TCP/IP 是網際網路與企業內網路運作的核心成員，所以一定要詳細深入地研究。我們先說明 TCP/IP 的背景知識，以及它的誕生過程。然後描述其原始設計者定義的重要技術目標，並進行 TCP/IP 與理論模型 OSI 的比較。

TCP/IP 簡史

TCP/IP 首先出現於 1973 年。在 1978 年被分割成兩個不同的協定：TCP 與 IP。在 1983 年，TCP/IP 取代了網路控制協定 (NCP，Network Control Protocol)，並且被授權為連結到 ARPAnet 上任何裝置的正式資料傳輸方法。ARPAnet 是美國國防部先進研究專案處於 1957 年，為了因應蘇聯發射人造衛星所建立的網路。ARPA 很快被重新命名為 DARPA，並且於 1983 年分割為 ARPAnet 與 MILNET；不過，兩者最後都在 1990 年煙消雲散。

然而，TCP/IP 大多數的開發工作都是由北加州的柏克萊大學負責。與此同時，有一組科學家也正在開發 UNIX 的柏克萊版本，也就是不久後眾所周知的 BSD UNIX 版本。當然，因為 TCP/IP 實在運作得很好，所以被放入 BSD UNIX 後續的版本中，並且提供給購買這套系統的大學與機構。因此，BSD Unix 最初是以共享軟體的形式，將 TCP/IP 提供給學術圈，最終則成為今日網際網路以及私有的企業網路大幅成長與成功的基礎。

和往常一樣，一開始只是一小群 TCP/IP 的愛好者發起一些演進，接著美國政府制定了一個計劃來測試新公布的標準，並且確保它能通過某些規範條件。這是為了保護 TCP/IP 的完整性，並且確保沒有開發人員做太大幅度的改變，或是加入任何專屬性功能。這種開放系統的做法，讓 TCP/IP 家族可以確保它的協定品質，保證各種硬體與軟體平台間的堅強連結，也維持了它的普及性。

3-2 TCP/IP 與 DoD 模型

DoD 模型基本上是 OSI 模型的濃縮版，它包括 4 層，而非 7 層：

- 處理/應用 (Process/Application) 層
- 主機對主機 (Host-to-Host) 層
- 網際網路 (Internet) 層
- 網路存取 (Network Access) 層

圖 3.1 顯示 DoD 模型與 OSI 參考模型的對照，這兩種模型在觀念上非常相似，但層級的數目與名稱都不一樣。Cisco 有時候會對同一層級使用不同的名稱，例如「主機對主機層」或「傳輸層」都是指網際網路層上面那層；而「網路存取層」或「鏈結層」都是用來描述最底層。

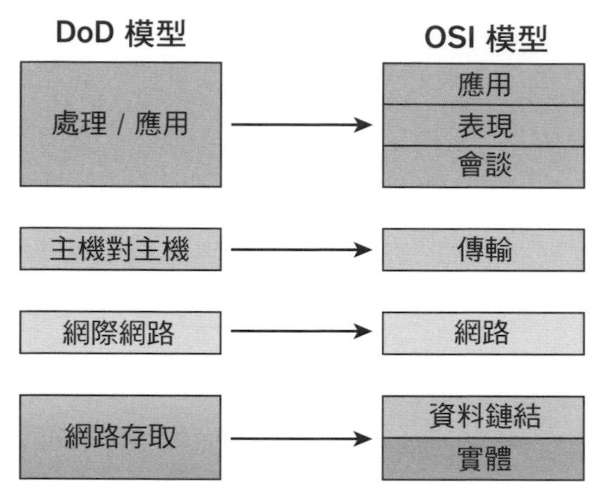

圖 3.1 DoD 與 OSI 模型

DoD 模型的「處理/應用層」結合了大量的協定，以整合那些分布於 OSI 最上面 3 層 (應用、表現、會談) 的各種活動與任務。我們會專注在其中與 CCNA 相關的一些重要應用。總之，「處理/應用層」定義了節點對節點 (node-to-node) 的應用通訊，並且控制使用者介面的規格。

「主機對主機層」類似 OSI「傳輸層」的功能，定義協定以建立應用的傳輸服務等級，它所面臨的議題包括建立可靠的端點對端點 (end-to-end) 通訊，以及確保資料正確無誤地傳遞等。它會處理封包的順序，並維護資料的完整性。

「網際網路層」對應 OSI 的「網路層」，其主要任務是如何在整個網路上進行封包的邏輯傳輸。它靠 IP 位址來為主機定址，而且要處理封包在多個網路中的**遶送** (routing) 活動。

DoD 模型的底部是「網路存取層」，負責監督主機與網路之間的資料交換。它在 OSI 模型對應的是「資料鏈結層」與「實體層」，「網路存取層」管理硬體的定址，並且定義資料的實體傳輸協定。TCP/IP 如此普及的原因在於它並沒有設定實體層的規格，所以可以執行在任何現有或未來的實體網路上。

DoD 與 OSI 模型在設計與觀念上是相似的，而且在類似的層級上也有相似的功能。圖 3.2 顯示 TCP/IP 協定組，以及這些協定與 DoD 模型各層級的關連。

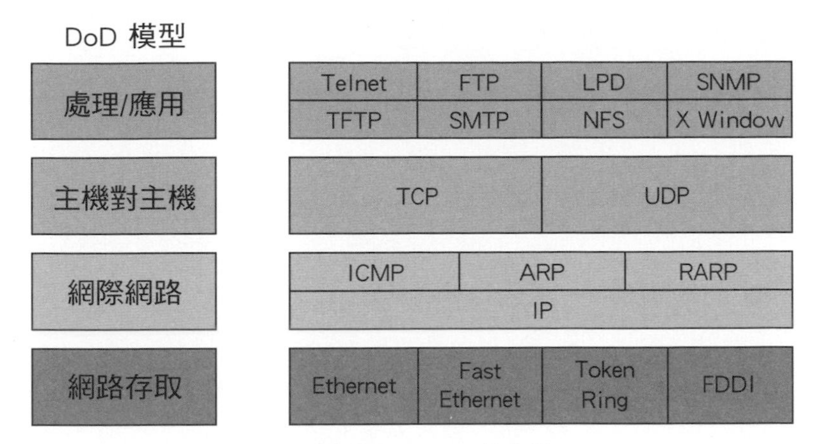

圖 3.2 TCP/IP 協定組

以下各節從「處理/應用層」的協定開始，更仔細地討論這些協定。

處理/應用層協定

本節將描述 IP 網路中經常使用的各種應用與服務。這裡的協定很多，但我們將只討論與 CCNA 認證最相關的協定與應用，包括：

- Telnet
- SSH
- FTP
- TFTP
- SNMP
- HTTP
- HTTPS
- NTP
- DNS
- DHCP/BootP
- ARIPA

Telnet

開發於 1969 年的 Telnet，是網際網路標準中的元老之一，而且是協定中的變色龍，它的專長為終端機模擬。它讓一個在遠端客戶端機器 (稱為 Telnet 客戶端) 的使用者可以存取另一部機器 (Telnet 伺服器) 的資源，以取得命令列的介面存取。它的做法是透過 Telnet 伺服器，讓客戶端機器看起來就好像是直接連到本地網路的終端機。它投射出來的其實是軟體影像，可以與遠端主機互動的虛擬終端機。Telnet 協定的缺點是沒有內含加密技術，所以所有東西都是以明文傳送，就連密碼也不例外。圖 3.3 是 Telnet 客戶端嘗試連線到 Telnet 伺服器端的範例。

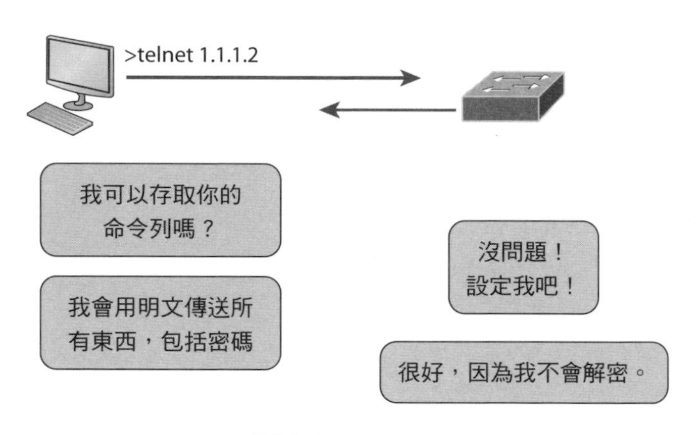

圖 3.3 Telnet

這些模擬的終端機屬於文字模式，但可以執行預先定義的程序，如顯示功能選單 (menu)，讓使用者能夠選擇功能選項，並存取伺服器上的應用。使用者執行 Telnet 客戶端軟體，以開啟一個 Telnet 會談，然後登入 Telnet 伺服器。Telnet 在 TCP 上使用位元組 (8 位元) 導向的資料連線。因為它非常簡單易用，額外的傳輸負擔低，所以直到今日都還在使用。但是因為它的明文特性，不建議使用在企業的正式工作環境中。

SSH (Secure Shell)

SSH 協定會在標準 TCP/IP 連線上建立一條安全的 Telnet 會談，並且用來進行諸如登入系統、在遠端系統上執行程式、在系統間移動檔案等工作。它可以在執行這些任務的同時，維持一條強固、加密的良好連線。圖 3.4 是 SSH 客戶端嘗試連線到 SSH 伺服器端的範例，客戶端必須傳送經過加密的資料！

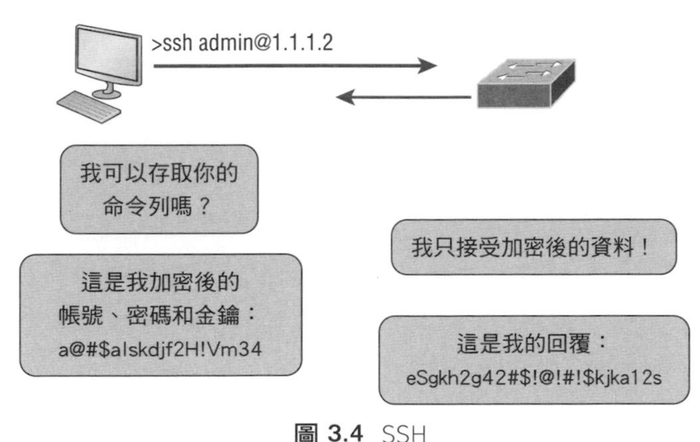

圖 3.4 SSH

它可以視為是用來取代 rsh 與 rlogin，甚至是 Telnet 的新一代協定。

FTP

檔案傳輸協定 (File Transfer Protocol，FTP) 是真正能讓我們傳送檔案的協定，兩台機器可以使用它來互相傳送檔案。但 FTP 不只是一個協定，它也是一支程式。當作協定時，FTP 是被應用服務使用；當作程式時，FTP 供使用者手動執行檔案的傳輸工作。FTP 可以用來存取目錄與檔案，以及完成特定類型的目錄動作，例如重新配置於不同的位置等 (如圖 3.5)。

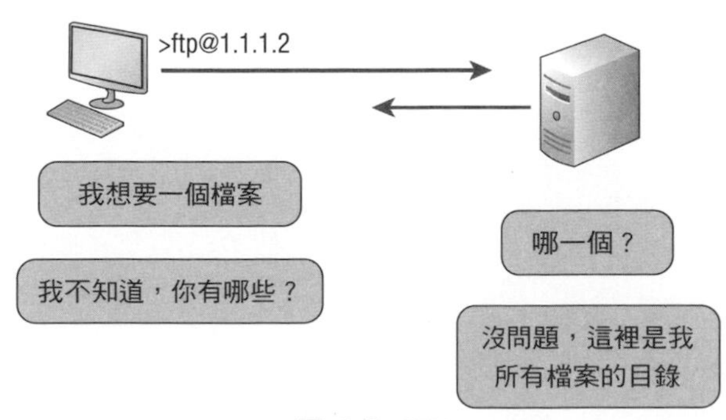

圖 3.5 FTP

雖然透過 FTP 存取主機只是第一步，使用者必須受到驗證登錄的管制，這可能是靠密碼與使用者名稱來保護的，也是系統管理員所建置出來限制存取用的。您也可能藉由接受匿名的使用者名稱 "anonymous" 來規避這個管制，不過所得到的存取權將會有所限制。

即使將 FTP 當作程式供使用者運用時，FTP 的功能也只能用來列出與操縱目錄、列出檔案內容以及在主機之間複製檔案，而不能把遠端的檔案當作程式來執行。

TFTP

簡易檔案傳輸協定 (Trivial File Transfer Protocol，TFTP) 是精簡版 FTP。TFTP 非常容易使用，而且也非常快速，如果您已經很明確地知道所想要的檔案以及它的位置，這時 TFTP 將會是上上之選。

TFTP 不像 FTP 提供那麼豐富的功能，它沒有瀏覽目錄的能力，只能進行檔案的傳送與接收 (如圖 3.6)。然而，它仍被廣泛使用在 Cisco 裝置上做為檔案管理之用 (請參見第 7 章)。

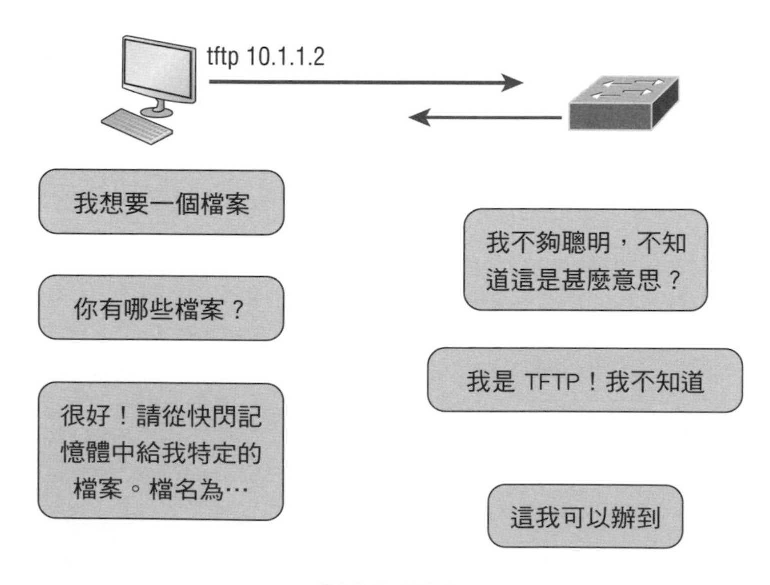

圖 3.6 TFTP

這個精簡的小協定在資料量方面也比較節省，它傳送的資料區塊也比 FTP 小，而且不像 FTP 有驗證的機制，所以它是不安全的。因為安全風險的關係，所以很少有網站支援它。

真實情境

何時應該使用 FTP？

如果您的舊金山辦公室需要您馬上傳送 50MB 的檔案過去，該怎麼辦？大部分的電子郵件伺服器都會拒絕這種郵件，因為他們通常都有大小的限制。而且即使伺服器沒有限制郵件的大小，要傳送這麼大的檔案也得花一段相當長的時間。解救的方法就是 FTP！

如果您需要與某人傳送或接收大型檔案，FTP 是不錯的選擇。如果您有 DSL 或纜線數據機 (Cable Modem) 的頻寬，那麼比較小的檔案 (小於 5MB) 可以靠電子郵件來傳送，但是大部分的 ISP 都不容許您在電子郵件中附加大於 5MB 的檔案。所以如果您需要收送大檔案 (現在誰不是這樣？)，那麼 FTP 會是您應該要考慮的選擇。如果選擇 FTP，就需要在網際網路上建置一部 FTP 伺服器，以便分享檔案。

FTP 比電子郵件快，這也是用 FTP 來收送大檔案的另一個理由。此外，因為它使用 TCP 而且是連線導向式，所以如果會談曾經中斷，FTP 有時可以從它剛剛停止的地方繼續。試試您的電子郵件客戶端是否能辦到！

SNMP

SNMP (Simple Network Management Protocol，簡易網路管理協定) 會收集並處理可貴的網路資訊。SNMP 可以在固定間隔或任意的時間，從網路管理工作站 (NMS，Network Management Station) 輪詢 (polling) 網路上的裝置來收集資料，要求他們揭露特定的資訊。此外，網路裝置也可以在發生問題時通知 NMS，以便對網路管理者示警。

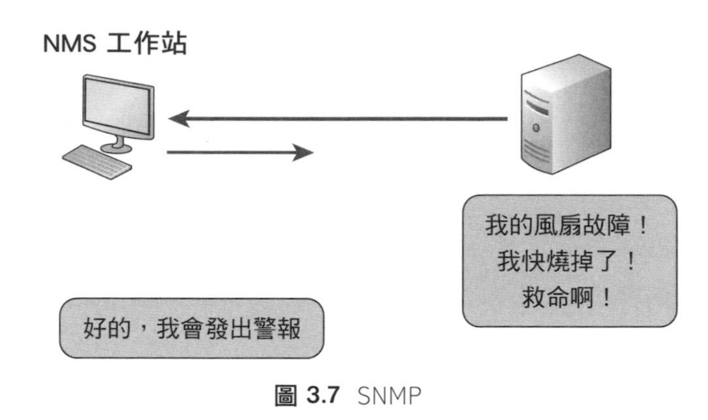

圖 3.7 SNMP

當狀況正常時，SNMP 所接收的資料稱為**基準** (baseline)，用來界定網路健康時的運作特徵。這個協定也扮演網路看門狗的角色，有突然的事件發生時會立刻通知管理員。這些網路看門狗稱為**代理者** (agent)，當有異常發生時，代理者會傳送稱為 trap 的警告給管理工作站。

真實情境

SNMP 第 1、2、3 版

SNMP 的第一版與第二版都已經過時了。這並不表示未來您再也不會看到它們，但是 v1 真的很老舊。SNMPv2 做了些改善，特別是在效能方面。但是最好的改進則是提供了 GET-BULK 功能，讓主機能一次擷取大量的資料。不過 v2 其實從未在網路世界中真正受到採用。SNMPv3 是現在的標準，它可以使用 TCP 與 UDP，不像 V1，只能使用 UDP。V3 新增更多安全性、訊息完整性、認證以及加密功能。

HTTP (Hypertext Transfer Protocol)

所有漂亮的網站都包含了圖形、文字與鏈結等的組合，這些都有賴 HTTP 的幫忙。它是用來管理網站瀏覽器與網站伺服器間的通訊，並且在您點選鏈結時，開啟正確的資源，而不論該資源的實際位置在哪裡。

瀏覽器為了要顯示網頁，必須能找到有正確網頁的那台伺服器，還需要足以識別所請求資訊的精確細節，之後，還必須將該資訊送回瀏覽器。現在，應該已經沒有只能顯示單一網頁的伺服器了。

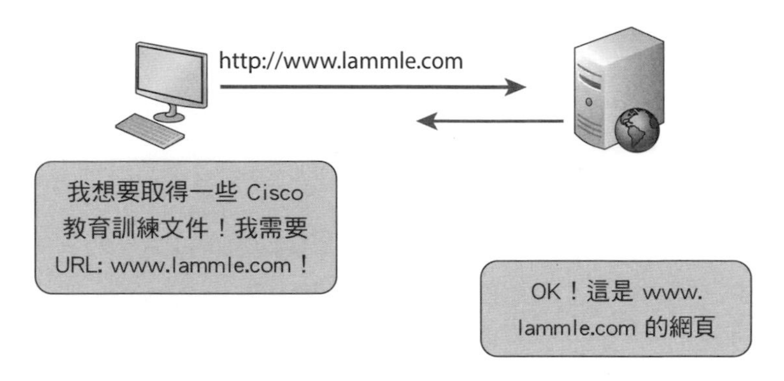

圖 3.8 HTTP

URL (Uniform Resource Locator，統一資源定位器) 通常用來指網頁位址，例如 http://www.lammle.com/Forum 或 http://www.lammle.com/blog。基本上，每個 URL 定義了用來傳輸資料的協定，伺服器的名稱，以及伺服器上的特定網頁。因此，當您輸入 URL 時，瀏覽器可以瞭解您需要的是什麼。

HTTPS (Hypertext Transfer Protocol Secure)

HTTPS 也稱為 Secure Hypertext Transfer Protocol，使用了 SSL，有時又稱為 SHTTP 或 S-HTTP (這其實是略為不同的協定)，但是因為微軟支援 HTTPS，所以它已經成為網站通訊安全的業界標準。HTTPS 是 HTTP 的安全版本，配備有一些安全性工具，來保障網站瀏覽器與網站伺服器間交易 (transaction) 的安全。

當您在線上訂位、存取銀行戶頭或購物時，是由瀏覽器來填寫表單、簽入、驗證並且為 HTTP 訊息加密。

NTP (Network Time Protocol)

NTP 這個簡便的協定是用來將電腦上的時鐘，與標準的時間來源 (通常是個原子鐘) 進行同步 (如圖 3.9)。

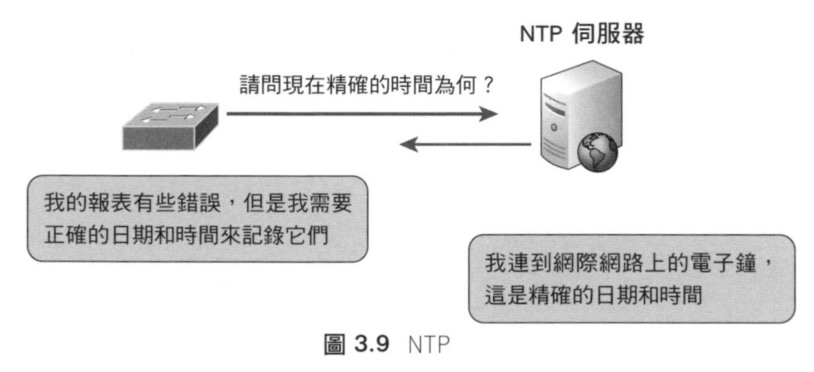

圖 3.9 NTP

NTP 藉由將裝置同步，以確保特定網路上的所有電腦都有相同的時間。這聽起來簡單，但是非常重要，因為今日世界裡的許多交易都包含有時間與日期戳印。例如您寶貴的資料庫。如果它與連線主機無法保持同步，即使只差幾秒 (例如當機)，也可能會把伺服器搞得很亂。當伺服器將交易發生時間記錄為 1:45AM 時，您就無法在 1:50AM 輸入這筆交易。因此，基本上 NTP 的運作是要防範因為 "時間倒轉" 造成的網路當掉，這點真的非常重要！

DNS

網域名稱服務 (Domain Name Service，DNS) 是要解析主機名稱，特別是網際網路名稱，例如 www.lammle.com。您不一定得用 DNS，也可以只鍵入要連線裝置的 IP 位址，或是使用 Ping 程式來找出某個 URL 的 IP 位址。例如 **>ping www.cisco.com** 會回傳由 DNS 解析出來的 IP 位址。

IP 位址可以用來識別網路與網際網路上的主機，然而 DNS 的設計是為了讓我們的生活更容易。想想看以下這種情況，如果您想要將網頁移到不同的網路服務供應商，會發生什麼事？IP 位址會異動，然後沒有人會知道新的位址。DNS 允許人們使用網域名稱來指定 IP 位址，然後您就能如願地改變 IP 位址，而且人們不需要知道這個改變。

要在主機上解析 DNS，通常是在瀏覽器中輸入 URL。瀏覽器會將資料送到應用層介面，以透過網路傳輸。它會查詢 DNS 位址，並且傳送 UDP 請求給 DNS 伺服器，以解析這個名稱，如圖 3.10。

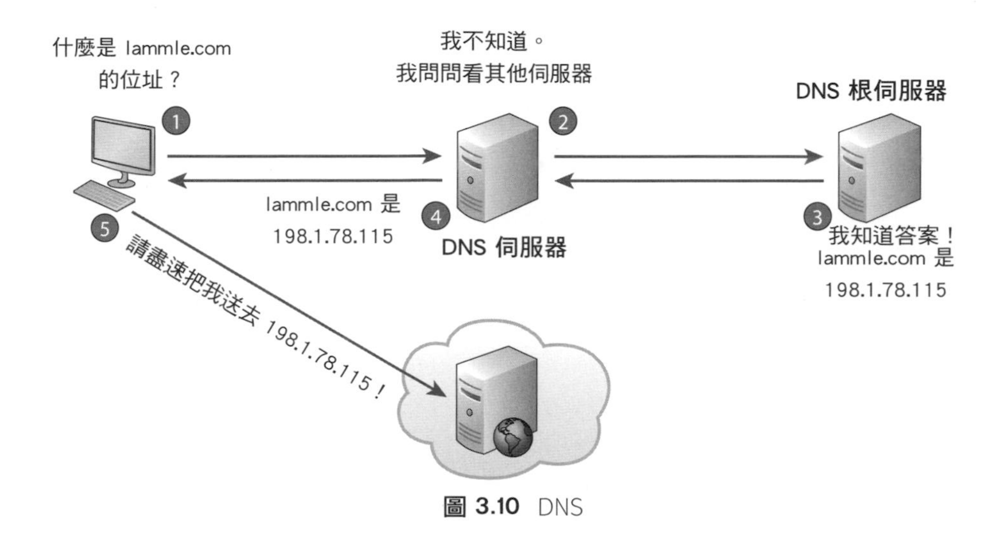

圖 3.10 DNS

如果您的第 1 台 DNS 伺服器不知道查詢的答案，它會轉送 TCP 請求給它的根 DNS 伺服器。一旦查詢解析完成，答案會送回最初的主機，主機現在可以向正確的網站伺服器請求資訊了。

DNS 被用來解析 FQDN(fully qualified domain name，完整網域名稱)，例如 www.lammle.com 或 todd.lammle.com。FQDN 是階層式，可以根據它的網域識別碼地分析出系統的邏輯位置。

如果您想要解析 "todd"，可以鍵入整個 FQDN——todd.lammle.com，或是要求裝置 (PC 或路由器) 幫您加上網域名稱的尾綴。例如，在 Cisco 路由器上使用 **ip domain-name lammle.com** 命令，為每個解析的請求附加 lammle.com 網域，否則您就得鍵入整個 FQDN，才能讓 DNS 解析。

關於 DNS，有件值得注意的重點是，如果您利用 IP 位址可以 ping 某個裝置，而用它的 FQDN 卻 ping 不到，這表示 DNS 的某些設定有問題。

DHCP/BootP

DHCP (Dynamic Host Configuration Protocol，動態主機組態協定) 會指定 IP 位址給主機。它讓位址管理更容易，從小型到大型的網路環境都可運作得很好。可以當作 DHCP 伺服器的硬體很多，包括 Cisco 路由器。

DHCP 與 BootP 不同之處是，BootP 也會傳 IP 位址給主機，但主機的硬體位址必須手動輸入到 BootP 表格中。您可以將 DHCP 想成是動態的 BootP，但 BootP 可以傳送主機在開機時所需的作業系統，而 DHCP 不行。

當主機跟 DHCP 伺服器要求 IP 位址時，DHCP 同時可以提供許多的資訊給主機，包括：

- IP 位址
- 子網路遮罩
- 網域名稱
- 預設閘道 (路由器)
- DNS 伺服器位址
- WINS 伺服器位址

要發出「尋找 DHCP」訊息以請求 IP 位址的客戶端，會同時送出第 2 層與第 3 層的廣播。

- 第 2 層的廣播是全部為十六進位的 F，看起來類似 ff:ff:ff:ff:ff:ff。
- 第 3 層的廣播是 255.255.255.255，代表所有的網路與主機。

DHCP 是無連線式，亦即它使用的是「傳輸層」(亦即「主機對主機層」) 的 UDP。假如您不相信，請看以下這份由分析儀產生的輸出：

```
Ethernet II，Src: 0.0.0.0 (00:0b:db:99:d3:5e)，Dst: Broadcast(ff:ff:ff:ff:ff:ff)
Internet Protocol，Src: 0.0.0.0 (0.0.0.0)，Dst: 255.255.255.255(255.255.255.255)
```

「資料鏈結層」與「網路層」都送出全方位的廣播，並且說：「幫幫忙啊，我不知道我的 IP 位址！」。

第 7 章與第 9 章將更仔細地討論 DHCP，以及它在 Cisco 路由器和交換器上的設定。

圖 3.11 展示的是 DHCP 連線的主從關係流程。

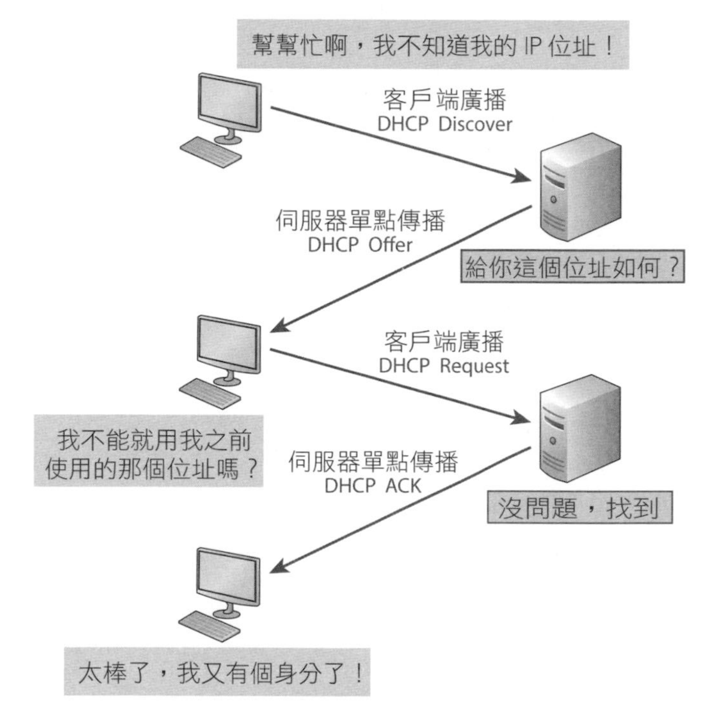

圖 3.11 DHCP 客戶端的四步驟流程

下面是客戶端從 DHCP 伺服器接收 IP 位址的四步驟流程：

1. DHCP 客戶端廣播 DHCP Discover 訊息來搜尋 DHCP 伺服器 (埠碼 67)。
2. 接收到 DHCP Discover 訊息的 DHCP 伺服器，回傳 DHCP Offer 的單點傳播訊息給主機。
3. 客戶端接著廣播 DHCP Request 訊息給伺服器，請求提供的 IP 位址和其他資訊。
4. 伺服器透過單點傳播的 DHCP 確認訊息來結束整個交換流程。

DHCP 衝突

當兩台主機使用相同的 IP 位址時，就會發生 DHCP 位址衝突。DHCP 伺服器在指派 IP 位址之前，會先使用 ping 程式來檢查衝突情況，以測試位址的可用性。這可幫助伺服器知道它所提供的是否是良好的位址，而主機則可以廣播自己的位址，以加強確保沒有發生 IP 衝突。

主機使用稱為「免費 ARP」(Gratuitous ARP) 來協助避免可能重複的位址。DHCP 客戶端會使用新指派的位址，在本地 LAN 或 VLAN 中送出 ARP 廣播，以便在衝突發生前先加以解決。

因此，如果偵測到 IP 位址衝突，這個位址會從 DHCP 池 (pool) 中移除，並且在管理者人工解決衝突之前，該位址將不會再被指派。

自動私有 IP 定址 (APIPA，Automatic Private IP Addressing)

如果有數台主機透過交換器或集線器相連，但您沒有 DHCP 伺服器時，要怎麼辦呢？您可以手動加入 IP 資訊 (稱為固定 IP 定址)，但是較新版本的 Windows 作業系統中，也提供了自動的私有 IP 定址 (APIPA) 功能。當沒有 DHCP 伺服器時，客戶端可以藉由 APIPA 自我設定 IP 位址與子網路遮罩 (主機通訊所需的基本 IP 資訊)。APIPA 的 IP 位址範圍是 169.254.0.1 到 169.254.255.254。客戶端還會將自己設定為預設的 B 級子網路遮罩 255.255.0.0。

然而，當您的企業網路有 DHCP 伺服器在運作，但是主機的 IP 位址卻落在上述範圍時，表示主機上的 DHCP 客戶端並沒有運作，或是 DHCP 伺服器已經當機，或是因為網路問題而無法連線。出現這種 IP 位址就表示有麻煩了。

接下來要討論的是「傳輸層」，也就是 DoD 所謂的「主機對主機層」(host-to-host layer)。

主機對主機層協定

「主機對主機層」的主要目的是要隔離上層的應用服務，以免受到網路複雜性的影響。這一層會跟它的上層協定說：「只要給我你的資料流和指令，我就會整理這些資訊準備傳送。」

以下描述這一層的 2 個協定：

- **TCP (Transmission Control Protocol，傳輸控制協定)**
- **UDP (User Datagram Protocol，使用者資料包協定)**

此外，我們也會檢視幾個關於主機對主機層協定的重要觀念，以及埠號 (port number) 的觀念。

記住，這仍然被認為是第 4 層，而且 Cisco 很喜歡第 4 層可以使用確認、封包排序、流量控制的方式。

TCP (傳輸控制協定)

TCP(Transmission Control Protocol) 從應用程式接收很大一段的資訊，然後切割成**資料段** (segment)，並依序編號，讓目的端的 TCP 協定可以重新再將資料段組成應用程式所需要的順序。當資料段傳送出去之後，傳送端主機的 TCP 會等待接收端 TCP 回應確認，並重新傳送那些沒有收到確認的資料段。

傳送端主機在開始傳送資料段給模型的下一層之前，傳送端的 TCP 堆疊會聯繫目的端的 TCP 堆疊，以建立一條連線，也就是所謂的**虛擬電路** (virtual circuit)。這類通訊稱為**連線導向式** (connection-oriented) 通訊。在一開始的斡旋階段，兩端的 TCP 層還會協議出，傳送端在收到接收端回應的確認之前，可以傳送多少的資訊量。藉由事先就協議好所有事情，架設出一條能進行可靠通訊的邏輯線路。

TCP 是全雙工、連線導向式、可靠以及準確的協定，但要建立這些特性與條件，再加上錯誤檢查等工作，並不是小工程。TCP 非常複雜，而且無疑地會增加不小的網路負擔 (overhead)。因為今日的網路比以前可靠許多，所以未必需要它所增加的可靠性。大部分的程式設計師都使用 TCP，因為這樣可以節省大量的程式，可是即時視訊與 VoIP 卻使用 UDP，因為它們受不了 TCP 的額外負擔。

TCP 資料段格式

因為網路上層只是將**資料流** (data stream) 傳送給「傳輸層」的協定，所以這裡將展示 TCP 如何切割資料流，準備成資料段給「網際網路層」，再由「網際網路層」將這些資料段裝成封包，在互連網路間遶送。這些資料段交給接收端主機的主機對主機層協定後，該協定會重建資料流，再交給其上層的應用程式或協定。

圖 3.12 是 TCP 資料段的格式，顯示 TCP 標頭內的各個欄位。在 Cisco 認證目標中並不需要背誦這些欄位，但是它是非常基礎的資訊，您必須要真正地瞭解。

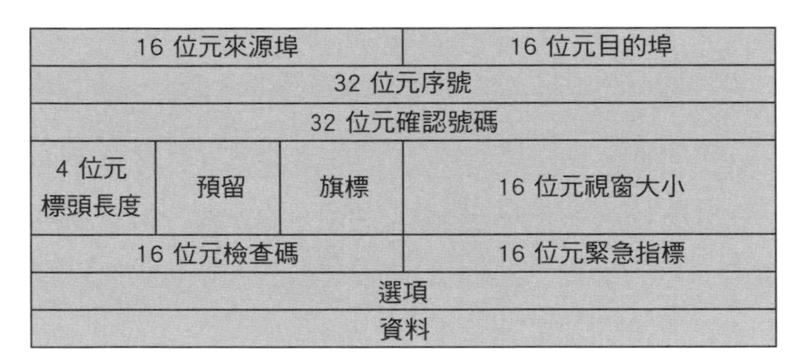

圖 3.12 TCP 資料段格式

TCP 標頭的長度是 20 位元組，如果有選項存在的話，最多可達 24 位元組。您必須瞭解 TCP 資料段中每個欄位的意義，以建構堅實的知識基礎：

- **來源埠 (source port)**：資料傳送端主機應用程式的埠號 (本節稍後會解釋埠號的意義)。
- **目的埠 (destination port)**：目的主機上應用程式的埠號。

- **序號 (sequence number)**：TCP 藉由這個號碼，將資料組合回正確的順序，或重送遺失、損壞的資料。這是一種稱為序列化 (sequencing) 的程序。
- **確認編號 (acknowledgement number)**：下次預期會收到的 TCP 位元組。
- **標頭長度 (header length)**：以字組 (32 個位元) 為單位的 TCP 標頭長度，顯示資料開始位置。TCP 標頭的長度一定是 32 位元的整數倍 (即使包括選項欄位)。
- **預留 (reserved)**：總是設為 0。
- **代碼位元 (code bits)/旗標**：用來控制會談的建立與終結。
- **視窗 (window)**：傳送端願意接收的視窗大小，以位元組為單位。
- **檢查碼 (checksum)**：循環冗餘檢查。因為 TCP 並不信任下層，所以會檢查所有東西。此處的 CRC 會檢查標頭與資料欄位。
- **緊急 (urgent)**：只有當代碼位元欄位中的緊急指標位元有設定時，這個欄位才有效；此時這個值表示非緊急資料的第一個資料段位置距離目前序號的位移 (以位元組為單位)。
- **選項 (option)**：可能是 0 或 32 位元的倍數。這表示選項不一定要出現 (長度為 0)，但如果有選項存在，且總長度不是 32 位元的倍數時，也要補 0，以確保後頭的資料會從 32 位元的邊界開始。這些邊界被稱為字組 (word)。
- **資料 (data)**：交給傳輸層 TCP 協定的資料，包括上層的標頭。

以下是從網路分析儀中複製出來的 TCP 資料段範例：

```
TCP - Transport Control Protocol
Source Port: 5973
Destination Port: 23
Sequence Number: 1456389907
Ack Number: 1242056456
Offset: 5
Reserved: %000000
Code: %011000
Ack is valid
Push Request
```

```
Window: 61320
Checksum: 0x61a6
Urgent Pointer: 0
No TCP Options
TCP Data Area:
vL.5.+.5.+.5.+.5 76 4c 19 35 11 2b 19 35 11 2b 19 35 11
2b 19 35 +. 11 2b 19
Frame Check Sequence: 0x0d00000f
```

您是否注意到以上所陳述的內容都已涵括在這個資料段中。如同您所看到的，標頭欄位的數目這麼多，讓 TCP 產生了不少的額外負擔。但應用程式的開發者也可能會想要縮減這些負擔，以取得較高的效率，而非可靠性。因此，傳輸層也定義了另一種替代的協定——UDP。

UDP(使用者資料包協定)

若是拿 UDP 與 TCP 相比，基本上 UDP 可以說是 TCP 縮減後的經濟版，有時我們稱它為精簡型協定。就像長板凳上的瘦子一樣，精簡型協定不會佔用很大的空間，或者說它不會在網路上佔據太大的頻寬。

UDP 不像 TCP 提供那麼豐富的功能，但對於傳送那些不需要保證可靠遞送的資訊時，它可是運作得很好，而且耗費較少的網路資源 (有關 UDP 的完整說明，請參考 RFC (Request for Comments) 768) 。

在某些情況下，開發者以 UDP 來取代 TCP 其實是比較明智的選擇。例如當「應用層」已經處理了可靠性問題的情況。以網路檔案系統 (NFS) 為例，它已經自行處理了它的可靠性議題，此時再使用 TCP 就不太實際且多餘。不論如何，最終主導要使用 UDP 或 TCP 的還是應用程式開發人員，而不是想要更快速傳送資料的使用者。

UDP 不會為資料段排序，也不管資料段抵達目的地的順序。UDP 將資料段傳送出去之後就馬上遺忘它的存在，不會再去追蹤、檢查或是提供安全抵達的確認機制——完全放任。也因為這樣，所以我們稱它為不可靠 (unreliable) 的協定。這並不表示 UDP 沒有效率，只是說它不處理可靠性的議題罷了。

UDP 甚至也不建立虛擬電路，或是在傳送資訊之前先聯繫目的端。因此，我們稱它為**無連線式** (connectionless) 協定。因為 UDP 假設應用程式會自行處理可靠性，所以它並不採取任何措施。這讓應用程式的開發者在運用網際網路協定堆疊時能有所選擇：選擇 TCP 的可靠性或 UDP 的快速傳輸。

因此，您要記住它是如何運作的。因為如果資料段沒有依序抵達 (這在 IP 網路是很常見的)，UDP 卻只是將資料段傳給下一層，而不管它們抵達的順序，則會產生嚴重的亂碼。另一方面，TCP 會安排它所收到的封包，依照它們原來的順序組回去，這是 UDP 做不到的。

UDP 資料段格式

從圖 3.13 可以很清楚地看出 UDP 耗費的額外負擔遠比 TCP 要少。仔細檢視這張圖，可以發現 UDP 標頭中並沒有使用視窗或確認的機制。

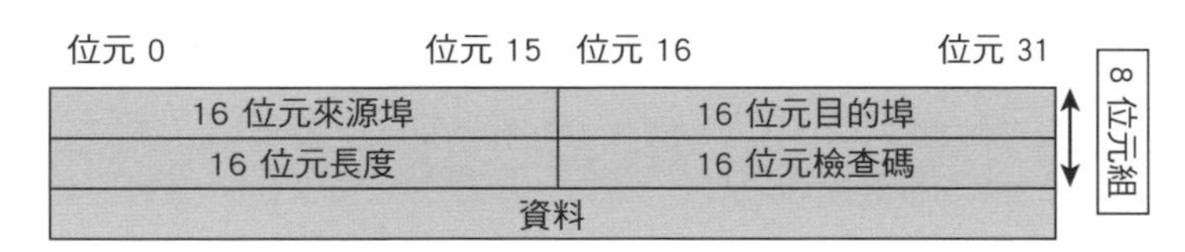

圖 3.13 UDP 資料段

您必須瞭解 UDP 資料段中的每個欄位，這點很重要。UDP 資料段包含以下的欄位：

- **來源埠 (source port)**：傳送資料之主機上的應用程式埠號。
- **目的埠 (destination port)**：在目的主機上接收資料的應用程式埠號。
- **長度 (length)**：UDP 標頭與 UDP 資料的長度。
- **檢查碼 (checksum)**：UDP 標頭與 UDP 資料欄位的檢查碼。
- **資料 (data)**：上層資料。

就像 TCP 一樣，UDP 並不信任下層，所以會執行它自己的 CRC 檢查。

以下是在網路分析儀上捕捉到的 UDP 資料段：

```
UDP - User Datagram Protocol
Source Port: 1085
Destination Port: 5136
Length: 41
Checksum: 0x7a3c
UDP Data Area:
..Z......00 01 5a 96 00 01 00 00 00 00 00 11 0000 00
...C..2._C._C  2e 03 00 43 02 1e 32 0a 00 0a 00 80 43 00 80
Frame Check Sequence: 0x00000000
```

您不妨注意一下，它的額外負擔多麼少啊！您可以試著在 UDP 資料段中尋找序號、確認編號以及視窗大小，但肯定找不到，因為它們不會出現在這裡！

主機對主機協定之重要觀念

說明 TCP 與 UDP 的運作之後，在此做個總結。表 3.1 是有關這兩個協定的一些重要觀念，請您熟記。

表 3.1 TCP 與 UDP 的重要特色

TCP	UDP
循序的	非循序的
可靠的	不可靠的
連線導向式	無連線式
虛擬電路	低額外負擔
確認	無確認
視窗流量管制	無視窗機制或流量管制

以電話來比喻，也許可以幫助您瞭解 TCP 的運作。我們都知道要跟某人講電話之前，不管他在哪裡都必須先與他建立一條連線，這就像 TCP 協定的虛擬電路一樣。如果您在對話中想要跟某人表達重要的資訊，您可能會說「您知道了嗎？」或者問「您聽到了嗎？」這些問法就像 TCP 的確認機制，它的目的都是為了讓您能確認資訊有正確地傳達。有時 (特別是用手機時) 人們也會問「您還在嗎？」他們以「再見」之類的話語來結束對話，然後掛斷電話。TCP 也會執行這類的功能。

相對地，使用 UDP 就像寄明信片一樣，您不需要先跟對方連線，而只要寫下您的訊息，在明信片上寫好地址，就可寄出去了。這很類似 UDP 的無連線式特性。因為明信片的訊息不是那麼重要，您不需要確認它是否有被收到。同樣地，UDP 也不包含確認的機制。

接下來讓我們來檢視圖 3.14 ，其中包含了 TCP 與 UDP，以及對應到每個協定的應用 (將在下一節討論)。

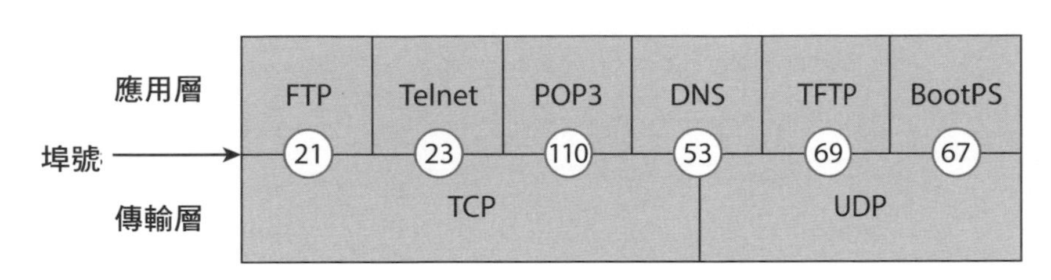

圖 3.14 供 TCP 與 UDP 使用的埠號

埠號

TCP 與 UDP 都必須使用埠號 (port number) 來與上層溝通，因為他們會同時追蹤各個不同的對話。發起者的來源埠號是由來源主機動態指定，是從 1024 開始往上遞增的某個號碼。而 RFC 3232 (參考 www.iana.org) 中定義了 1023 及其以下的號碼，它們是保留給已知的特定應用，一般稱為 well-known 埠號。

不是搭配 well-known 埠號應用的虛擬電路，會從特定範圍中隨機指定一個埠號給它。TCP 資料段中的這些埠號可以用來識別來源及目標的應用程式。

圖 3.14 列出 TCP 與 UDP 利用埠號的方式。下面是埠號範圍的說明：

- 1024 以下的號碼即所謂的 well-known 埠號，定義於 RFC 3232。
- 1024 及其以上的號碼供上層與其他主機建立會談時使用，也供 TCP 在資料段中用來當作來源與目的位址。
- 1024 及其以上的號碼通常也稱為**臨時埠** (Ephemeral ports)。

TCP 會談：來源埠

以下是利用分析儀所捕捉的一段 TCP 會談：

```
TCP - Transport Control Protocol
Source Port: 5973
Destination Port: 23
Sequence Number: 1456389907
Ack Number: 1242056456
Offset: 5
Reserved: %000000
Code: %011000
Ack is valid
Push Request
Window: 61320
Checksum: 0x61a6
Urgent Pointer: 0
No TCP Options
TCP Data Area:
vL.5.+.5.+.5.+.5 76 4c 19 35 11 2b 19 35 11 2b 19 35 11
2b 19 35 +. 11 2b 19
Frame Check Sequence: 0x0d00000f
```

來源埠是由來源主機決定，在此例中是 5973。而目的埠 23，是用來告訴接收端主機這次連線的目標 (Telnet)。

檢視這個會談，可以發現來源主機會使用 1024 到 65535 間的一個數字來當作來源埠。為什麼來源端需要產生一個埠號呢？這是為了要區分連到不同主機的不同會談，對伺服器而言，如果沒有不同的號碼，它怎麼分辨資訊是從哪台主機傳送過來的呢？TCP 與其上層並不會像「資料鏈結層」與「網路層」協定那樣使用硬體與邏輯位址來解釋傳送端主機的位址，他們使用的是埠號。

TCP 會談：目的埠

有時候當您檢視分析儀時，會發現只有來源埠大於 1024，而目的埠是眾所周知的埠號，例如下面的例子：

```
TCP - Transport Control Protocol
Source Port: 1144
Destination Port: 80 World Wide Web HTTP
Sequence Number: 9356570
Ack Number: 0
Offset: 7
Reserved: %000000
Code: %000010
Synch Sequence
Window: 8192
Checksum: 0x57E7
Urgent Pointer: 0
TCP Options:
Option Type: 2 Maximum Segment Size
Length: 4
MSS: 536
Option Type: 1 No Operation
Option Type: 1 No Operation
Option Type: 4
Length: 2
Opt Value:
No More HTTP Data
Frame Check Sequence: 0x43697363
```

來源埠必定超過 1024，但目的埠是 80，表示這是 HTTP 服務。伺服器(或者接收主機) 可能會視需要變更目的埠。

在上面的輸出中，有個 "SYN" 封包被傳給了目的裝置。輸出裡面的 **Synch Sequence** 就是用來告訴遠端的目的裝置，它想要建立會談。

TCP 會談：Syn 封包的確認

下面這段是對 SYN 封包的確認：

```
TCP - Transport Control Protocol
Source Port: 80 World Wide Web HTTP
Destination Port: 1144
Sequence Number: 2873580788
Ack Number: 9356571
Offset: 6
Reserved: %000000
Code: %010010
```

```
Ack is valid
Synch Sequence
Window: 8576
Checksum: 0x5F85
Urgent Pointer: 0
TCP Options:
Option Type: 2 Maximum Segment Size
Length: 4
MSS: 1460
No More HTTP Data
Frame Check Sequence: 0x6E203132
```

請注意裡面的 **Ack is valid**，這表示來源埠已經被接受，而且該裝置同意與啟始主機建立虛擬電路。同樣地，從伺服器回應的封包顯示來源埠是 80，而目的埠是當初從啟始主機傳來的 1144。

表 3.2 列出 TCP/IP 協定組中常見的應用程式，它們的 well-known 埠號，以及每個應用程式所使用的傳輸層協定。

表 3.2 使用 TCP 與 UDP 的重要協定

TCP	UDP
Telnet 23	SNMP 161
SMTP 25	TFTP 69
HTTP 80	DNS 53
FTP 20, 21	BootP/DHCP 67
DNS 53	
HTTPS 443	NTP 123
SSH 22	
POP3 110	
IMAP4 143	

請注意 DNS 同時用到 TCP 與 UDP，至於要選擇哪一個，得依據它當時要做什麼而定。雖然用到兩種傳輸層協定的應用不只是 DNS，不過它值得您特別記住。

讓 TCP 變成可靠的機制包括封包排序、確認和流量控制 (視窗機制)。UDP 不提供可靠的服務。

在往下討論「網際網路層」之前，我們先來討論**會談多工**(session multiplexing) 這個觀念。TCP 和 UDP 都會用到會談多工。基本上會談多工是要讓主機能對單一 IP 位址同時進行多個會談。例如，你到 www.lammle.com 網站瀏覽網頁，然後點選鏈結連到另一個網頁，這樣會在你的主機上開啟另一個會談。現在你從另一個視窗連到 www.lammle.com/forum，而這個網站又開啟了另一個視窗。於是現在你對單一 IP 位址開啟了 3 個不同的會談。會談層會根據傳輸層埠號來區分不同的請求，會談層的任務就是要區隔應用層資料！

網際網路層協定

在 DoD 模型中，「網際網路層」的存在有 2 個主要目的：遶送以及提供單一的網路介面給上層協定。

其他任何層級的協定都沒有遶送的功能，這個複雜且重要的工作完全屬於「網際網路層」。「網際網路層」的第 2 項任務是，提供上層協定單一的介面。如果沒有這一層，則應用程式設計者就得在他們的應用程式中，為每個不同的網路存取協定撰寫掛鉤 (hook) 程式。這樣不只痛苦，而且每個應用程式都會有很多版本，例如：Ethernet 版、Token Ring 版等等。為了避免這種情況發生，IP 會提供單一的網路介面給其上層協定，並且與不同的網路存取協定一起合作來達成這項任務。

條條網路不是通羅馬，而是通往 IP！這一層的所有其他協定，以及上層的所有協定都會使用 IP。請記住：DoD 模型的每條路徑都一定會經過 IP。以下是「網際網路層」的重要協定，包括：

- **IP (Internet Protocol)**
- **ICMP (Internet Control Message Protocol)**
- **ARP(Address Resolution Protocol)**

IP (Internet Protocol)

「網際網路層」最主要的協定就是 IP，這裡的其他協定都只是為了支援它而存在。IP 掌握了網路的整體大局。這是因為網路上的所有機器都會有稱為 IP 位址的軟體或邏輯位址，本章稍後會更仔細地討論。

IP 檢視各個封包的位址，然後利用**路徑表** (routing table) 決定封包的下一站，選出最佳路徑。DoD 模型底層的網路存取層協定並不處理 IP 所面對的整體網路，它們只處理實體鏈路 (區域網路)。

要識別網路上的裝置，必須回答以下 2 個問題：它在哪個網路上？它在該網路上的 ID 是什麼？第一個答案是軟體位址或邏輯位址 (正確的街道)，而第二個答案是硬體位址 (正確的信箱)。網路上的所有主機都有一個稱為 IP 位址的邏輯位址，這是一種軟體位址，包含有用的編碼資訊，以簡化遶送的複雜工作 (關於 IP 的討論，請參考 RFC 791)。

IP 從主機對主機層接收資料段，視需要將他們分割為資料包 (封包)，然後在接收端將資料包重組成資料段。這些資料包會指定傳送端與接收端的 IP 位址，收到資料包的路由器 (第 3 層裝置) 則根據封包的目的 IP 位址來決定要如何遶送。

圖 3.15 是 IP 的標頭，藉此可以對上層送出使用者資料之後，傳送到遠端網路之前，IP 協定會做些什麼有個比較通盤的了解。

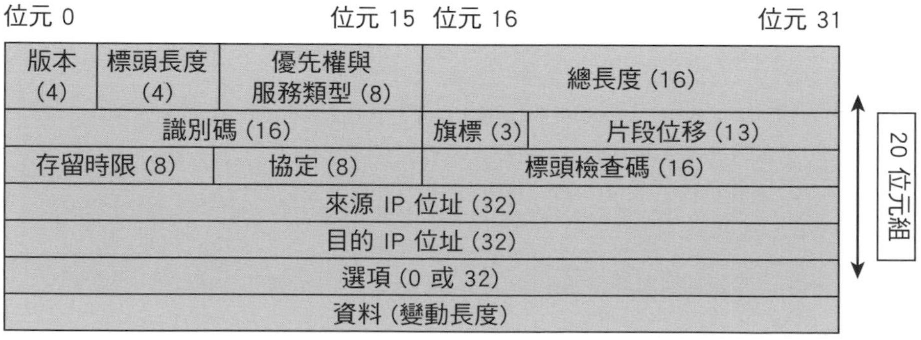

位元 0　　位元 15　位元 16　　位元 31

版本 (4)	標頭長度 (4)	優先權與服務類型 (8)	總長度 (16)	
識別碼 (16)			旗標 (3)	片段位移 (13)
存留時限 (8)		協定 (8)	標頭檢查碼 (16)	
來源 IP 位址 (32)				
目的 IP 位址 (32)				
選項 (0 或 32)				
資料 (變動長度)				

20 位元組

圖 3.15 IP 標頭

IP 標頭由以下的欄位組成：

- **版本 (version)**：IP 的版本號碼。
- **標頭長度 (header length)**：以 32 位元的字組為長度單位。
- **優先權與服務類型 (Priority and Type of Service)**：服務類型 (Type of Service，ToS) 告訴我們要如何處理該資料包。這個欄位的前 3 個位元是優先權位元。
- **總長度 (total length)**：封包的長度，包括標頭與資料。
- **識別碼 (identification)**：具唯一性的 IP 封包值，用來區分從不同資料包切割出來的封包。
- **旗標 (flags)**：指示是否有做切割。
- **片段位移 (fragment offset)**：如果封包太大無法填入一個訊框中，就會進行切割與重組。這樣可以容許網際網路上有不同的最大傳輸單位 (Maximum Transmission Unit，MTU)。
- **存留時限 (TTL)**：封包一開始產生時會設定一個存留時限 (Time to Live，TTL)。如果封包無法在超出 TTL 之前抵達目的地，就會消失。這樣可避免封包在網路上無止境地繞來繞去。
- **協定 (protocol)**：上層協定編號；例如 TCP 是 6，UDP 是 17。這個欄位也支援網路層協定，例如 ARP 與 ICMP。有些分析儀稱它為類型 (Type)，稍後我們會再討論這個欄位。
- **標頭檢查碼 (header checksum)**：只作用在標頭上的 CRC。
- **來源 IP 位址 (source IP address)**：傳送端工作站的 32 位元 IP 位址。
- **目的 IP 位址 (destination IP address)**：封包所要前往之工作站的 32 位元 IP 位址。
- **選項 (option)**：供網路測試、偵錯、安全等功能使用。
- **資料 (data)**：IP 選項欄位之後就是上層的資料。

以下是從網路分析儀捕捉到的一個 IP 封包 (上述的標頭資訊全都在此)：

```
IP Header - Internet Protocol Datagram
Version: 4
Header Length: 5
Precedence: 0
Type of Service: %000
Unused: %00
Total Length: 187
Identifier: 22486
Fragmentation Flags: %010 Do Not Fragment
Fragment Offset: 0
Time To Live: 60
IP Type: 0x06 TCP
Header Checksum: 0xd031
Source IP Address: 10.7.1.30
Dest. IP Address: 10.7.1.10
No Internet Datagram Options
```

Type 欄位非常重要 (我們通常稱它為「協定欄位」，但這部分析儀稱它為 IP Type)，如果標頭沒有次一層的協定資訊，那麼 IP 就不知道要如何處理封包中的資料。這個例子告訴 IP 要將資料段交給 TCP。圖 3.16 說明了當網路層需要將封包交給上層協定時，它是如何看待傳輸層協定。

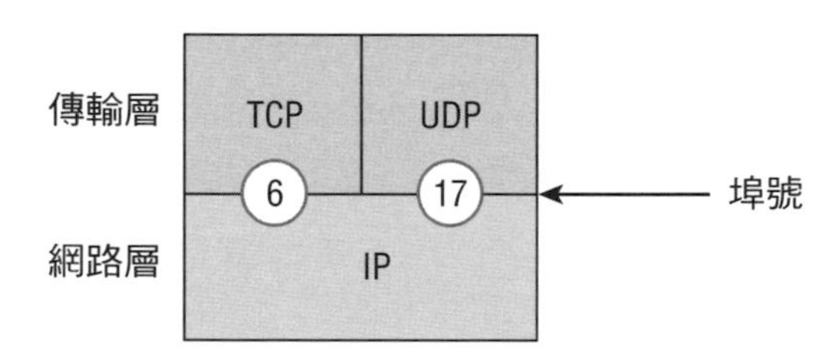

圖 3.16 IP 標頭中的協定欄位

在此例子中，協定欄告訴 IP 要將資料傳送給 TCP (6 號埠) 或 UDP (17 號埠)。如果該資料屬於上層服務或應用程式資料流的一部份，則協定欄只會是 UDP 或 TCP。但它也可能是 ICMP、ARP 或其它網路層協定。

表 3.3 是協定欄位中一些常見的協定清單。

表 3.3 IP 標頭協定欄位中一些常見的協定

協定	協定號碼
ICMP	1
IP 內的 IP（隧道）	4
TCP	6
UDP	17
EIGRP	88
OSPF	89
IPv6	41
GRE	47
L2TP	115

若要查詢完整的協定欄位號碼清單，請連到 www.iana.org/assignments/protocol-numbers 網站。

ICMP (Internet Control Message Protocol)

ICMP 在網路層運作，供 IP 用來提供許多不同的服務。ICMP 是為 IP 設計的管理協定與訊息服務提供者，它的訊息是以 IP 資料包來運送。RFC 1256 是 ICMP 的附件，它提供主機尋找通往閘道路徑的擴充能力。

ICMP 封包具有以下的特徵：

- 它們能提供網路問題的相關資訊給主機。
- 它們被封裝在 IP 資料包內。

以下是一些 ICMP 相關的常見事件與訊息：

- **目的地無法抵達 (destination unreachable)**：如果路由器無法再繼續向前傳送特定 IP 資料包，就會利用 ICMP 回傳訊息給封包的傳送端，告訴它這個情況。例如，在圖 3.17 中的 Lab_B 路由器的 E0 介面當掉了。

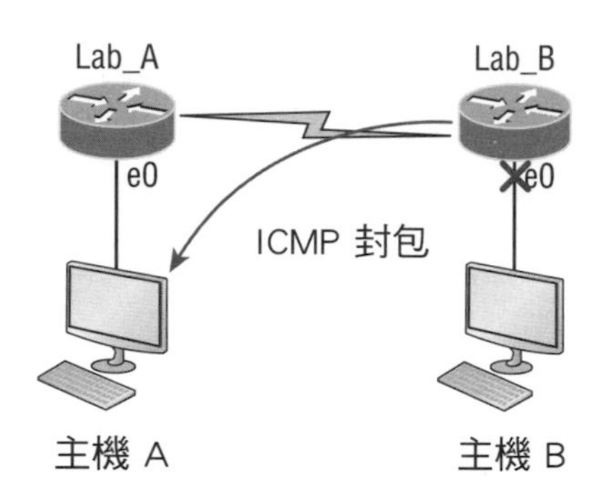

圖 3.17 從遠端路由器傳回 ICMP 錯誤訊息給傳送端主機

當 A 主機送出目的地為 B 主機的封包後，Lab_B 路由器會傳回目的地無法抵達的 ICMP 訊息給傳送端裝置 (A 主機)。

- **緩衝區已滿/來源端抑制 (buffer full/source quench)**：如果路由器接收進入之資料包的記憶體緩衝區滿溢時，就會利用 ICMP 送出這個訊息，直到擁擠的情況緩和為止。
- **超出中繼站/時間 (hops/time exceeded)**：IP 資料包中都會指定最多可以經過多少部路由器。如果資料包在抵達目的地之前就已經超過這個限制，則收到該資料包的路由器就會將它丟棄，然後透過 ICMP 傳送死亡訊息給封包的傳送端機器。
- **Ping**：Ping 會利用 ICMP 的回聲 (echo) 訊息，來檢查互連網路上某部機器的實體與邏輯連線。
- **Traceroute**：Traceroute 利用 ICMP 的逾時 (timeout) 訊息來找出封包穿越互連網路時所經過的路線。

Traceroute 通常簡稱為 Trace。Microsoft Windows 的 tracert 讓您可以檢查互連網路的位址組態。

以下是從網路分析儀捕捉下來的 ICMP 回聲請求：

```
Flags: 0x00
Status: 0x00
Packet Length: 78
Timestamp: 14:04:25.967000 12/20/03
Ethernet Header
Destination: 00:a0:24:6e:0f:a8
Source: 00:80:c7:a8:f0:3d
Ether-Type: 08-00 IP
IP Header - Internet Protocol Datagram
Version: 4
Header Length: 5
Precedence: 0
Type of Service: %000
Unused: %00
Total Length: 60
Identifier: 56325
Fragmentation Flags: %000
Fragment Offset: 0
Time To Live: 32
IP Type: 0x01 ICMP
Header Checksum: 0x2df0
Source IP Address: 100.100.100.2
Dest. IP Address: 100.100.100.1
No Internet Datagram Options
ICMP - Internet Control Messages Protocol
ICMP Type: 8 Echo Request
Code: 0
Checksum: 0x395c
Identifier: 0x0300
Sequence Number: 4352
ICMP Data Area:
abcdefghijklmnop  61 62 63 64 65 66 67 68 69 6a 6b 6c 6d 6e 6f 70
qrstuvwabcdefghi  71 72 73 74 75 76 77 61 62 63 64 65 66 67 68 69
Frame Check Sequence: 0x00000000
```

您是否注意到，雖然 ICMP 是在「網際網路層」(網路層) 運作，但它仍然是用 IP 來進行 Ping 請求。IP 標頭中的類型欄位是 0x01，表示所攜帶的資料是屬於 ICMP 協定。請記住，就像條條大路通羅馬一樣，所有的資料段或資料都必須經過 IP！

Ping 程式使用封包中的英文字母資料部份當作它的有效負載 (Payload)，預設是大約 100 個位元組。如果您是從 Windows 裝置送出 Ping，則它的資料會停在 W 字母，摒除 X、Y、Z，再回到 A。請參考前面的輸出畫面。

如果您還記得第 2 章中的「資料鏈結層」與各種訊框類型，應該有能力從以上的記錄知道它是屬於哪一種乙太網路訊框。這裡的相關欄位是目的硬體位址、來源硬體位址以及 Ether-Type。唯一使用 Ether-Type 欄位的訊框就是 Ethernet_II 訊框。

在討論 ARP 之前，讓我們再看看另外一個 ICMP 的運作情況。圖 3.18 是一個互連網路，它包含了路由器，所以是互連網路，不是嗎？。

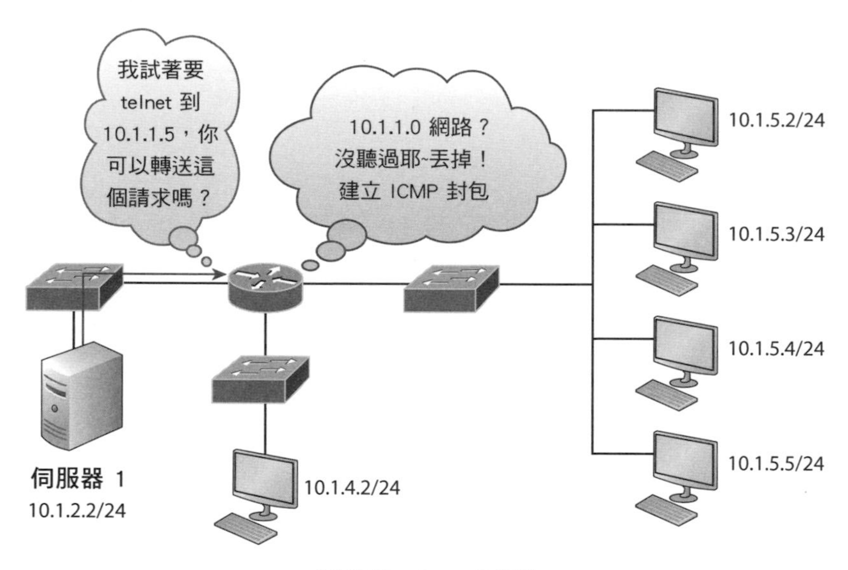

圖 3.18 ICMP 的運作

我們從 Server1 (10.1.2.2) 的 DOS 提示列 telnet 到 10.1.1.5，您認為 Server1 會收到回應嗎？因為 Server1 會傳送 telnet 資料給預設閘道，也就是圖中的路由器，而由於路徑表中沒有 10.1.1.0 網路，所以路由器會丟掉該封包。因此，Server1 會收到路由器送出來的 ICMP 回應："目的地無法抵達"。

ARP (Address Resolution Protocol)

位址解析協定 (ARP) 根據主機的 IP 位址來尋找它的硬體位址。當 IP 有資料包要傳送時，它必須告訴網路存取層協定 (例如乙太網路或無線網路)，在區域網路上的目標硬體位址。別忘了，上層協定已經告知了目標 IP 位址。如果 IP 無法在 ARP 快取中找到目的主機的硬體位址，就會使用 ARP 來找尋這項資訊。

ARP 扮演 IP 的小偵探，會送出廣播來詢問區域網路上具有指定 IP 位址的機器，回應它的硬體位址。因此基本上，ARP 是要將軟體 (IP) 位址轉換成硬體位址，例如目的機器的乙太網路卡位址。所以藉由廣播該位址來找出它在區域網路上的位置。圖 3.19 說明了 ARP 如何在區域網路上運作。

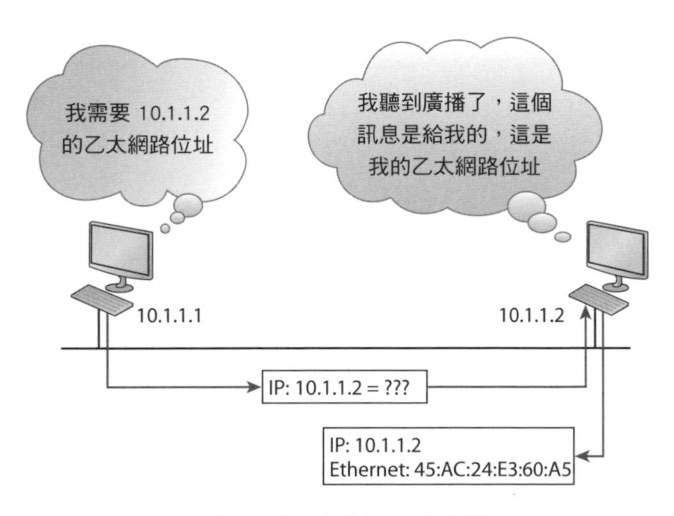

圖 3.19 本地的 ARP 廣播

ARP 會將 IP 位址解析成乙太網路 (MAC) 位址。

下面是一個 ARP 廣播，請注意目的硬體位址未知，所以都是十六進位的 F，代表硬體廣播位址：

```
Flags: 0x00
 Status: 0x00
 Packet Length: 64
 Timestamp: 09:17:29.574000 12/06/03
Ethernet Header
 Destination: FF:FF:FF:FF:FF:FF Ethernet Broadcast
 Source: 00:A0:24:48:60:A5
 Protocol Type: 0x0806 IP ARP
ARP - Address Resolution Protocol
 Hardware: 1 Ethernet (10Mb)
 Protocol: 0x0800 IP
 Hardware Address Length: 6
 Protocol Address Length: 4
 Operation: 1 ARP Request
 Sender Hardware Address: 00:A0:24:48:60:A5
 Sender Internet Address: 172.16.10.3
 Target Hardware Address: 00:00:00:00:00:00 (ignored)
 Target Internet Address: 172.16.10.10
 Extra bytes (Padding):
 ................ 0A 0A 0A 0A 0A 0A 0A 0A 0A 0A 0A 0A 0A
  0A 0A 0A 0A 0A
Frame Check Sequence: 0x00000000
```

3-3 IP 定址

IP 定址是 TCP/IP 的討論中非常重要的主題之一，IP 位址是指定給 IP 網路上每部機器的一個數值識別碼，標示裝置在網路上的特定位置。

IP 位址是個軟體位址，而非硬體位址——後者是燒錄在網路介面卡，用來尋找區域網路上的主機。IP 位址的設計是要讓網路上的主機，可以和位於不同網路上的其他主機互相通訊，而不管參與通訊的主機是位於哪種區域網路中。

在我們討論有關 IP 定址中比較複雜的觀念之前，您必須先瞭解一些基本的觀念。首先是一些 IP 位址的基礎及專用術語，然後是十六進位的 IP 位址結構與私有 IP 位址。

IP 術語

讀完本章後，您將瞭解 IP 相關的一些重要術語，讓我們從以下幾個開始：

- **位元 (Bit)**：一個位元就是一個 0 或 1 的數字。
- **位元組 (Byte)**：位元組是 7 或 8 個位元，取決於是否用到同位 (parity) 位元。以下我們都假設 1 個位元組是 8 個位元。
- **八位元 (Octet)**：Octet 由 8 個位元所組成，它就只是一般的 8 位元二進位數字。在本章中，這個術語與位元組完全可以互換使用。(譯註：本書會一律將它們意譯成位元組)。
- **網路位址**：遶送機制將封包傳送到遠端網路時所使用的目標網路位址，例如 10.0.0.0、172.16.0.0 與 192.168.10.0。
- **廣播位址**：應用程式與主機想要傳送資訊給網路上所有節點時所用的位址，稱為廣播位址。例如 255.255.255.255 包括所有網路與所有節點，172.16.255.255 則是 172.16.0.0 網路中的所有子網路與主機，而 10.255.255.255 則是 10.0.0.0 網路中的所有子網路與主機。

階層式的 IP 位址結構

IP 位址包含 32 位元的資訊，這些位元可切分成 4 段，每段包含 1 個位元組 (8 個位元)。您可利用以下的任何一種方法來描寫 IP：

- 以點號隔開的十進位，如 172.16.30.56。
- 二進位，如 10101100.00010000.00011110.0011100。
- 十六進位，如 AC.10.1E.38。

這些例子都代表同一個 IP 位址，當我們在討論 IP 位址時，十六進位比較不常用，但您還是可能在一些程式中發現 IP 位址是以十六進位的形式儲存。

32 位元的 IP 位址是結構化 (亦即階層式) 的位址。階層式位址架構的優點是它可以處理很大量的位址，也就是 43 億個位址。(32 位元位址空間，每個位置有 2 個可能的值，不是 0 就是 1，所以有 2^{32}，也就是 4,294,967,296 個)。非階層式 (亦即扁平式) 位址架構的缺點，與遶送有關。如果網路上都是唯一性的 IP 位址，則網際網路上的每一台路由器都需要儲存所有機器的位址。這會造成遶送無法有效率地進行，即使只用到部份的位址也不可行。

這個問題的解決方式就是使用 2 或 3 層的階層式定址結構，也就是分成網路與主機，或者網路、子網路與主機。

這種 2 或 3 層的結構可比擬成電話號碼，第一個部份是區碼，代表非常大的區域；第二個部份則將範圍縮小到地方局，最後一部份則是用戶碼，代表連接特定線路的位置。IP 位址使用相同的分層結構，而非像扁平式位址那樣將 32 位元看成一個唯一的識別碼。IP 位址其中一部份代表網路位址，其它部份則代表子網路與主機，或者只是代表節點位址。

以下討論 IP 的位址與級別。

網路位址

網路位址 (network address，又稱為「網路號碼」) 唯一地識別每個網路。同一個網路上的每部機器共享相同的網路位址，作為他們 IP 位址的一部份。例如在 172.16.30.56 的 IP 位址中，172.16 就是網路位址。

節點位址 (node address) 是要指派給網路上的各個機器，做唯一性地識別。它要識別的是特定的機器，而非一個網路。這個號碼也稱為主機位址，例如在 172.16.30.56 的 IP 位址中，30.56 就是節點位址。。

網際網路的設計者當初決定要依據網路的規模來建立網路的級別 (class)。針對少數需要非常大量節點數目的網路，他們建立了 A 級網路。而在另一個極端則是 C 級網路，它保留了眾多含有少量節點的網路。在這兩類極大與極小網路之間的是 B 級網路。

IP 位址分割成網路與節點位址的方式，是依據網路的級別，圖 3.20 摘要了 3 個網路級別的定址方式，這也是本章接下來要詳細說明的主題。

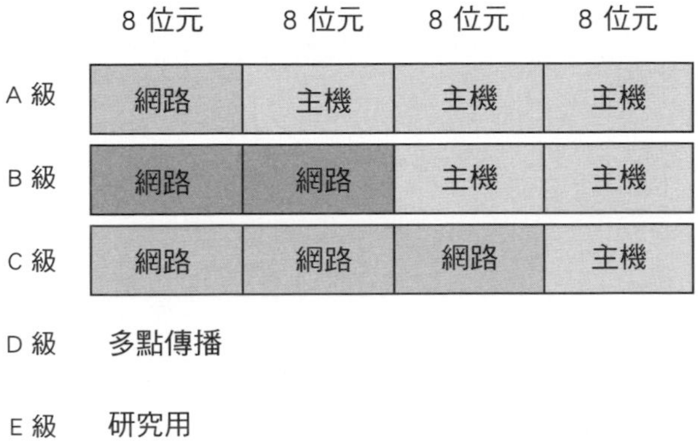

	8 位元	8 位元	8 位元	8 位元
A 級	網路	主機	主機	主機
B 級	網路	網路	主機	主機
C 級	網路	網路	網路	主機
D 級	多點傳播			
E 級	研究用			

圖 3.20 3 個網路級別的摘要

為了確保遶送的效率，網際網路設計者針對每個不同的網路級別，規範了位址前面幾個位元的特定模式。例如，因為 A 級網路位址的第一個位元一定是 0，所以路由器只要讀到這種位址的第一個位元，就可能加速該封包的遶送工作。這也是位址結構所定義的 A 級、B 級、C 級位址的不同之處。下一節我們將討論這 3 個級別的差異性，並討論 D 與 E 級網路位址。

網路位址範圍：A 級

IP 位址結構設計者規定：A 級網路位址第一個位元組的第一個位元一定要是 0，這表示 A 級位址的第一個位元組一定是介於 0 與 127 之間。

考量以下的網路位址：

```
0xxxxxxx
```

如果將其餘的 7 個位元全設為 0，然後全部設為 1，就可以得到 A 級網路位址的範圍：

```
00000000 = 0
01111111 = 127
```

所以 A 級網路的第一個位元組是介於 0 到 127 之間，不能更多，也不能更少。不過，0 和 127 並不是 A 級位址中的有效位址，這兩個是保留位址。稍後將會說明。

網路位址範圍：B 級

根據 RFC 的定義，B 級網路位址第一個位元組的第一個位元一定要為 1，而第二個位元一定要為 0。所以如果將其餘 6 個位元全設為 0，然後全部設為 1，就可找出 B 級網路的範圍：

```
10000000 = 128
10111111 = 191
```

所以 B 級網路的第一個位元組是介於 128 與 191 之間。

網路位址範圍：C 級

根據 RFC 的定義，C 級網路位址第一個位元組的前 2 個位元一定要為 1，而第 3 個位元一定要為 0。使用前面的算法，C 級網路的範圍是：

```
11000000 = 192
11011111 = 223
```

因此，如果有個 IP 位址的第一個位元組值在 192 到 223 之間，我們就知道它是個 C 級 IP 位址。

網路位址範圍：D 與 E 級

224 與 255 之間的網路位址是保留給 D 與 E 級網路使用。D 級 (224-239) 是要用來進行多點傳播，而 E 級 (240-255) 則是作為科學用途，本書將不會討論這些位址，它們也超過 CCNA 檢定的範圍。

網路位址：特殊用途

有些 IP 位址是要保留做特殊用途，所以網路管理員不可以將這些位址分配給節點。表 3.4 列出這些號碼，以及為什麼會被列入的理由。

表 3.4 保留的 IP 位址

位址	功能
網路位址全部為 0	代表 "這個網路或網段"
網路位址全部為 1	代表 "所有網路"
127.0.0.1 網路	保留給 loopback 測試使用，代表本地節點，讓節點能傳送測試封包給它自己，而不會產生網路流量
節點位址全部為 0	代表 "網路位址" 或特定網路上的任何主機
節點位址全部為 1	代表特定網路上的 "所有節點"，例如 128.2.255.255 表示 128.2 網路上的所有節點 (B 級位址)
整個 IP 位址都設成 0	Cisco 路由器用它來代表預設路徑，也可解釋成 "任何網路"
整個 IP 位址都設成 1	廣播給目前網路上的所有節點；有時候又稱為 "全部為 1 的廣播" 或本地廣播

A 級位址

在 A 級網路位址中，第一個位元組是要分配給網路位址，其餘 3 個位元組則是作為節點位址。A 級的格式是：

```
網路.節點.節點.節點
```

例如，在 IP 位址 49.22.102.70 中，49 是網路位址，而 22.102.70 是節點位址。在這個網路上的每部機器都會有網路位址 49。

A 級網路位址的長度是 1 個位元組，而且第一個位元已經固定住了，能運用的只剩下其餘的 7 個位元，因此，最多只能產生 128 個 A 級網路。因為 7 個位元的每個位元各有 0 或 1 兩種可能性，所以共有 2^7，也就是 128 種。

更精確地說，全部為 0 的網路位址 (0000 0000) 是要保留給預設路徑用的 (請參考表 3.4)，而 127 的位址則是要保留給網路診斷用，也不能使用。也就是說，我們只能使用 1 到 126 的號碼來分配給 A 級網路位址，因此可用的 A 級網路位址實際上只有 128 － 2 = 126 個。

IP 位址 127.0.0.1 是用來測試個別節點上的 IP 堆疊，所以不可以當做有效的主機位址。不過這個 loopback 位址也提供了一個捷徑，讓那些在同一部裝置上運行的 TCP/IP 應用程式與服務可以彼此溝通。

每個 A 級位址都有 3 個位元組 (24 個位元) 可以用來做為機器的節點位址，這表示共有 2^{24}，也就是 16,777,216 個組合，因此每個 A 級網路確實有非常多的節點位址可用。因為全部為 0 或全部為 1 的位址是保留的節點位址，所以每個 A 級網路實際可用的節點數目是 16,777,214 個。不管怎麼說，這種網段的主機數目實在非常龐大！

A 級網路的有效主機 ID

接下來是計算 A 級網路位址中可以有多少有效主機 ID 的例子。

- 所有主機位元都為 0 的網路位址：10.0.0.0。
- 所有主機位元都為 1 的廣播位址：10.255.255.255。

有效的主機位址是落在網路位址與廣播位址之間的數字，也就是 10.0.0.1 到 10.255.255.254。請注意，0 與 255 都可以是有效的主機 ID，只要不是全部為 0 或全部為 1 即可。

B 級位址

在 B 級網路位址中，前 2 個位元組是要分配給網路位址，剩餘的 2 個位元組才是供節點位址使用。其格式為：

```
網路.網路.節點.節點
```

例如，在 IP 位址 172.16.30.56 中，網路位址是 172.16，節點位址是 30.56。

因為網路位址有 2 個位元組 (16 個位元)，因此會有 2^{16} 個組合。但因為 B 級網路位址應該要使用二進位的數字 10 開頭，所以實際上能運用的只有 14 個位元，也就是 2^{14} (即 16,384) 個唯一的 B 級網路位址。

B 級位址使用 2 個位元組當作節點位址，因此，每個 B 級網路的節點位址數目是 2^{16} - 2 (扣掉全部為 0 與全部為 1 的情況)，也就是 65,534 種可能。

B 級位址的有效主機 ID

以下是計算 B 級網路位址中有多少有效主機 ID 的例子。

- 所有主機位元都為 0 的網路位址：172.16.0.0。
- 所有主機位元都為 1 的廣播位址：172.16.255.255。

有效的主機是在網路位址與廣播位址之間的數字，也就是 172.16.0.1 到 172.16.255.254 之間。。

C 級位址

C 級網路位址的前 3 個位元組是位址的網路部份，只留一個位元組給節點位址。其格式為：

```
網路.網路.網路.節點
```

以 192.168.100.102 為例，其網路位址是 192.168.100，節點位址是 102。

在 C 級網路位址中，最前面的 3 個位元一定是 110，所以共有 3 * 8 - 3 = 21 個位元可以運用。因此，總共有 2^{21}，即 2,097,152 個 C 級網路。

每個 C 級網路都有一個位元組供節點位址使用，因此每個 C 級網路總共會有 2^{8} - 2，也就是 254 個節點位址。

C 級網路的有效主機 ID

以下是計算 C 級網路位址中有多少有效主機 ID 的例子。

- 所有主機位元都為 0 的網路位址：192.168.100.0。
- 所有主機位元都為 1 的廣播位址：192.168.100.255。

有效的主機是在網路位址與廣播位址之間的數字，也就是 192.168.100.1 到 192.168.100.254 之間。

私有 IP 位址 (RFC 1918)

建立 IP 位址架構的那些人，也同時定義了所謂的私有 IP 位址。這些位址只能用在私有網路上，無法在網際網路上遶送。它的設計目的是為了安全性，但同時也節省了寶貴的 IP 位址空間。

如果每個網路上的每部主機都擁有真實可遶送的 IP 位址，我們幾年前就已經耗盡可用的 IP 位址了。但藉由私有 IP 位址的運用，ISP、公司以及家庭用戶都只需要相當少量的真實 IP 位址就可連結到網際網路上。他們可以在他們的內部網路使用私有 IP 位址，並且運作得很好。

為了達成這樣的任務，ISP 與用戶需要利用稱為**網路位址轉換** (Network Address Translation，NAT) 的技術。基本上，NAT 技術就是接受私有 IP 位址，將它轉換成網際網路上可用的位址，讓許多人可以使用相同的真實 IP 位址來傳送封包到網際網路上。這樣可以節省非常可觀的位址空間——對大家都好！

表 3.5 是被保留的私有位址。

表 3.5 保留的 IP 位址空間

位址級別	保留的位址空間
A 級	10.0.0.0 至 10.255.255.255
B 級	172.16.0.0 至 172.31.255.255
C 級	192.168.0.0 至 192.168.255.255

真實情境

我應該使用何種私有 IP 位址呢？

這真是個好問題：您應該使用 A 級、B 級或 C 級私有位址來建立您的網路？讓我們以舊金山的 Acme 公司為例。這家公司正要遷移至新大樓，而且需要一個全新的網路 (真難得！)。他們有 14 個部門，每個部門大約有 70 個員工，您可以很節省地使用 1 或 2 個 C 級網路，或是隨您高興地使用 1 個 B 級網路，甚至是 A 級網路。

在顧問界的經驗法則是這樣的，當您在建置企業網路時，無論它有多小，都應該使用 A 級網路，因為它提供最大的彈性與擴充性。例如，假設您使用 /24 遮罩的 10.0.0.0 網路位址，那麼您將會有 65,536 個網路，每個網路可容納 254 部主機。這種網路會有很大的成長空間！

但假設您正在建置的是家庭網路，那麼最好使用 C 級位址，因為這一種是最容易瞭解與設定。利用預設的 C 級遮罩可提供您一個容納 254 部主機的網路，這對家庭網路而言，已經非常足夠了。

以 Acme 公司而言，/24 遮罩的 10.1.x.0 (x 是每個部門的子網路)，會讓它非常容易設計、安裝與除錯。

3-4 IPv4 位址型態

大多數的人們把廣播 (broadcast) 當作一般性的術語，而且我們也大致能瞭解他們的意思，但有時候卻不然。例如，您可能說：「主機透過路由器廣播給 DHCP 伺服器」。但這其實不大可能發生。您真正的意思如果用專業方式來表達，可能是：「主機透過廣播尋找一個 IP 位址，然後路由器用單點傳播的封包轉送這個訊息給 DHCP 伺服器」。而且，請記住在 IPv4 中，廣播是非常重要的。但在 IPv6 的世界中，並不會傳送任何廣播。

雖然前面的章節一直提到 IP 位址，甚至示範了一些範例，但我們尚未詳細探討相關的各種術語與用途。因此，現在我們要來介紹位址的種類：

- **Loopback (localhost)**：用來測試電腦本身的 IP 堆疊。可以是 127.0.0.1 到 127.255.255.254 之間的任意位址。
- **第 2 層廣播**：送往 LAN 上的所有節點。
- **廣播 (第 3 層)**：送往網路上的所有節點。
- **單點傳播 (unicast)**：單一介面的位址，用來傳送封包給單一目的主機。
- **多點傳播 (multicast)**：從單一個來源端送出封包，並傳送給不同網路上的多個裝置。

第 2 層廣播

首先，第 2 層廣播又稱為硬體廣播，他們只在 LAN 上傳播，無法穿越區域網路的邊界 (路由器)。

典型的硬體位址是 6 個位元組 (48 個位元)，如 45:AC:24:E3:60:A5，而第 2 層廣播位址則是全部為二進位的 1 或十六進位的 F，例如圖 3.21 的 ff:ff:ff:ff:ff:ff。

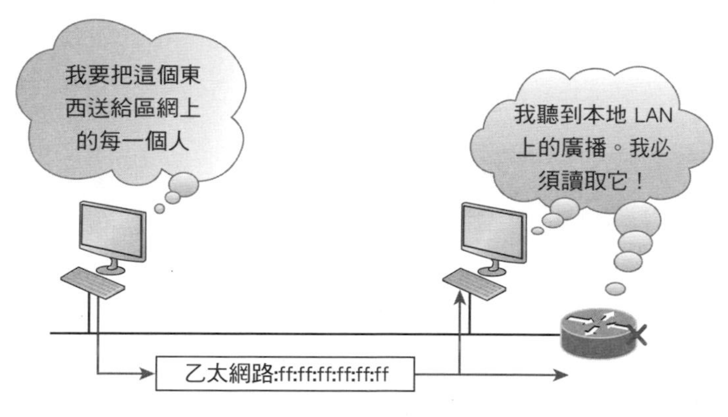

圖 3.21 本地第 2 層廣播

因為這是第 2 層廣播，所以包括路由器在內的所有網路介面卡 (NIC) 都會接收與讀取這些訊框，不過路由器並不會轉送它們。

第 3 層廣播

接下來是第 3 層廣播位址，廣播訊息的目標是廣播網域上的所有主機。這些是所有主機位元都為 1 的網路廣播。

舉個您應該已經很熟悉的例子：若網路位址為 172.16.0.0 255.255.0.0，則其廣播位址將會是 172.16.255.255——所有的主機位元都為 1。如果是 "所有網路與所有主機" 的廣播，則表示為 255.255.255.255，如圖 3.22。

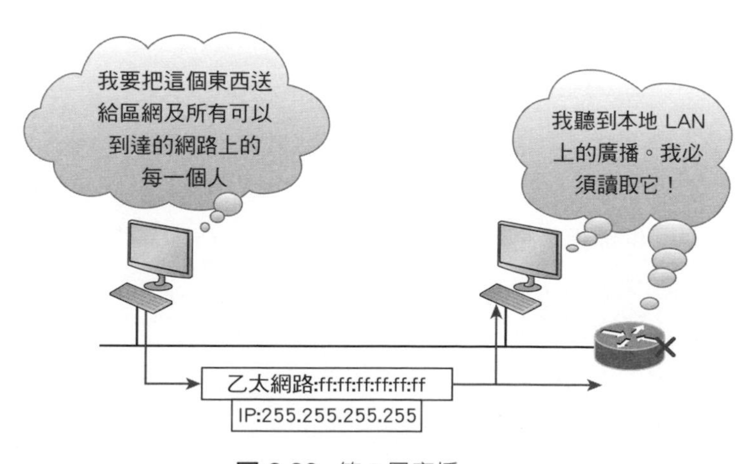

圖 3.22 第 3 層廣播

在圖 3.22 中，LAN 上包括路由器在內的所有主機的 NIC 都會取得這個廣播，但根據預設，路由器將不會轉送這個封包。

單點傳播位址

單點傳播位址是封包內的目的 IP 位址，這個位址是指定給某個網路介面卡的單一 IP 位址。換句話說，它直接指向特定主機。

圖 3.23 中的 MAC 位址和目標 IP 位址都是屬於網路上的同一個 NIC。所有位於廣播網域中的主機都會收到這個訊框。但是只有 IP 位址為 10.1.1.2 的目標 NIC 才會接受這個封包，其他的 NIC 則會丟棄這個封包。

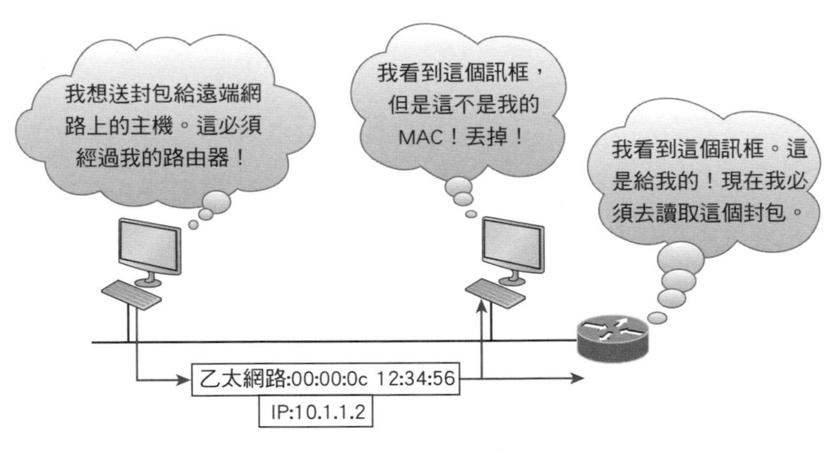

圖 3.23 單點傳播

多點傳播位址

多點傳播則是完全不同的領域。乍看之下，您可能以為它是單點傳播與廣播通訊的混合，其實完全不是這麼回事。多點傳播確實允許單點對多點的通訊，類似於廣播，但運作的方式並不一樣。多點傳播的關鍵在於它能讓多個接收點都收到訊息，卻不須將訊息廣播到廣播網域上的所有主機。不過，這並不是網路的預設行為，必須要有正確的設定才行。

多點傳播是將訊息或資料傳往 IP **多點傳播群組位址** (multicast group)。只要路由器的任何介面會通往已經訂閱 (subscribe) 該群組位址的主機，路由器就會將封包從該介面轉送出去。這也就是多點傳播與廣播訊息不同之處。就多點傳播的通訊而言，理論上封包只會傳送給有訂閱的主機。強調「理論上」，是因為主機還會接收目標位址為 224.0.0.10 的多點傳播封包。這是 EIGRP 封包，並且只有執行 EIGRP 協定的路由器會去讀取這些封包。廣播式 LAN (例如乙太網路) 上的所有主機都會接收這些訊框，讀取目的位址，然後立即丟棄這些訊框，除非它們本身是屬於該多點傳播群組。

這會節省 PC 的處理資源，而不是 LAN 的頻寬。要小心，如果多點傳播的實作不夠謹慎，有時候可能會引起嚴重的 LAN 壅塞。圖 3.24 中有 1 台 Cisco 路由器在 LAN 中傳送 EIGRP 的多點傳播封包，並且只有其他的 Cisco 路由器會去接受和讀取這個封包。

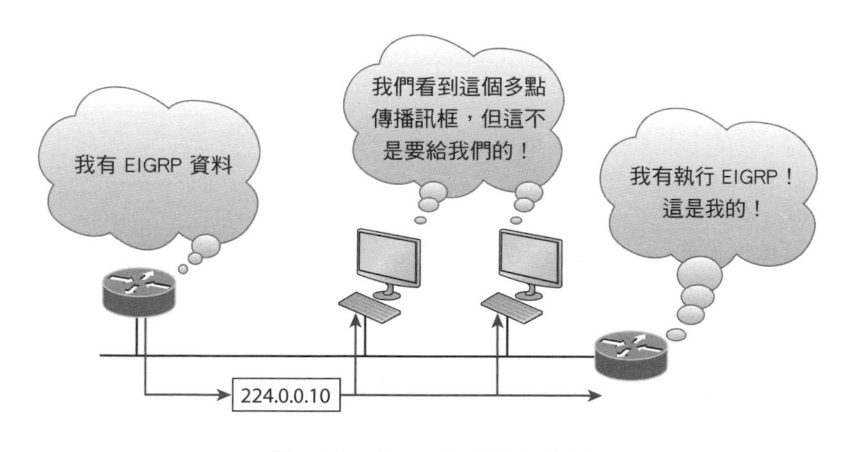

圖 3.24 EIGRP 多點傳播範例

一個使用者或應用程式可以加入多個不同的群組，多點傳播位址的範圍從 224.0.0.0 到 239.255.255.255。以 IP 的級別分配而言，這個位址範圍是落在 D 級的 IP 位址空間中。

3-5 摘要

如果您已經讀到這裡，而且只讀一遍就完全瞭解，那麼您應該要覺得相當自豪。本章真的涵蓋了非常多的基礎，而瞭解這些資訊對於研讀本書的其餘部份非常重要。

如果您第一遍閱讀時不能完全瞭解，也不要覺得有壓力。您不妨把本章再讀一次。因為還有許多地基要打，請確定您已經瞭解全部內容，並且準備好要接受更多的內容。我們現在正在做的就是要為繼續前進打下堅固的基礎。

學過 DoD 模型、層級以及相關的協定之後，我們討論了非常重要的 IP 定址，詳細地說明每種級別位址之間的差異，以及如何尋找網路位址、廣播位址和有效的主機位址範圍。在進入第 4 章前，這是非常重要、一定要瞭解的知識。

子網路切割

Chapter

本章涵蓋的主題

- 子網路切割的基礎
- 無級別之跨網域遶送 (CIDR)
- 切割 B 級位址的子網路
- 切割 C 級位址的子網路

本章繼續上一章的主題，討論 IP 的定址。我們從 IP 網路的子網路切割開始，這是要精通網路技術所不可或缺的關鍵技能！首先要特別提醒：您必須非常專心，因為要瞭解子網路切割必須花不少時間與大量的練習，所以要耐心地將它搞懂，千萬不要放棄，直到您能確實掌握這項技能。

本章一開始的內容對您來說可能有些奇怪，但是如果您能試著先忘記您對子網路切割原有的知識，特別是正式的 Cisco 或微軟課程內容，對您會有很大的幫助。筆者認為這些形式的 "折磨" 往往敝多於利，甚至會全然使人對網路技術卻步。那些倖存的人，則至少會質疑繼續鑽研這個領域是否會 "有害健康"。如果您正是如此，請先放輕鬆，深呼吸；筆者會提供全新、更簡單的方法來征服子網路切割這個怪獸！

4-1 子網路切割的基礎

我們已經在第 3 章學習了如何藉由將主機位元全部設為 0，再全部設為 1，來定義與尋找 A 級、B 級與 C 級網路位址所用的有效主機範圍。這樣很不錯，但卻只定義出一個網路，如圖 4.1。

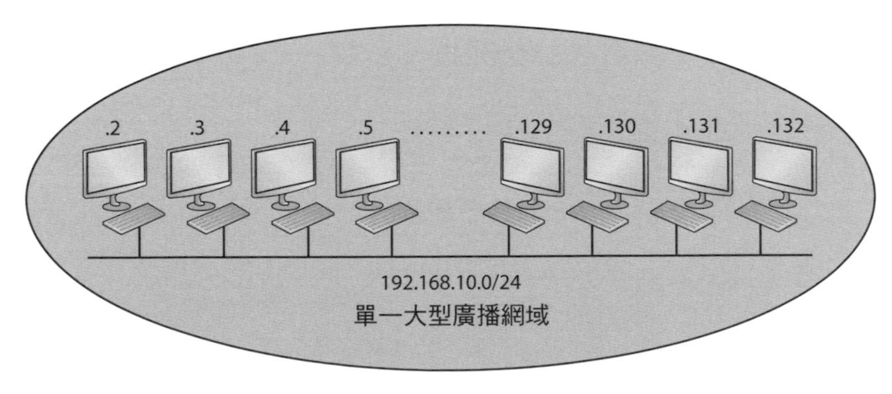

圖 4.1 單一網路

過去 3 章筆者一直強調，單一的大型網路並不是個好東西。但是您要如何修正圖 4.1 這種失控的問題呢？如果能將 1 個大型的網路位址切開，變成 4 個比較好管理的網路，不是很棒嗎？要達成這件事，您就必須使用江湖傳聞非常困難的子網路切割技巧，因為它是將巨大網路分解成一組較小網路的最佳選擇。請先觀察圖 4.2。

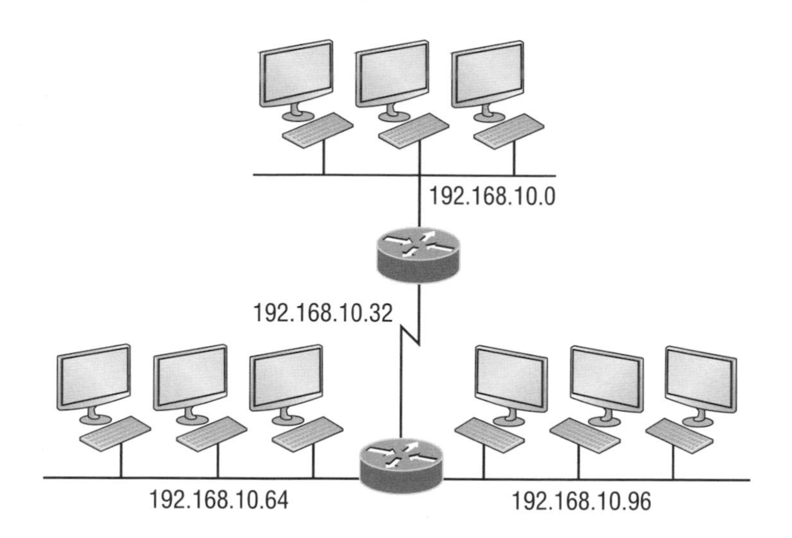

圖 4.2 連在一起的多個網路

圖中那些 192.168.10.x 的位址是什麼？它們就是本章要說明的重點，如何將一個網路變成多個！讓我們接續第 3 章「TCP/IP 簡介」的內容，從網路位址的主機部份 (主機位元) 說起，這些位元會被借用來建立子網路。

如何建立子網路？

要建立子網路，必須用到 IP 位址的主機位元，保留他們來定義子網路位址。這也意味著用來定義主機的位元越少，可產生的子網路就越多。

本章稍後會從 C 級網路位址開始，學習如何產生子網路。但您在實際操作子網路切割之前，必須先決定目前與未來可能面臨的需求，然後依據以下 3 個步驟來進行：

1. 決定所需的網路 ID 個數：
    - 每個子網路 1 個。
    - 每條廣域網路連線 1 個。
2. 決定每個子網路所需的主機 ID 個數：
    - 每部 TCP/IP 主機 1 個。
    - 每個路由器介面 1 個。
3. 根據以上的需求來產生如下的資訊：
    - 為整個網路產生子網路遮罩。
    - 為每個實體網段產生 1 個唯一的子網路 ID。
    - 產生每個子網路的主機 ID 範圍。

子網路遮罩

為了要讓子網路位址的結構能運作，網路上的每部機器必須知道主機位址的哪一部份是要用來當作子網路位址，這是藉由指定一個稱為**子網路遮罩** (subnet mask) 的資訊給每部機器。子網路遮罩是一個 32 位元的值，讓 IP 封包的接收者得以從 IP 位址的主機 ID 中，分辨出 IP 位址的網路 ID。這個 32 位元的子網路遮罩由 1 與 0 組成，其中 1 的部分表示該位置對應的是網路中的子網路位址。

並非所有的網路都需要子網路，他們可能使用預設的子網路遮罩，也就是說那些網路沒有子網路位址。表 4.1 顯示 A、B、C 級的預設子網路遮罩。

表 4.1 預設的子網路遮罩

級別	格式	預設子網路遮罩
A	網路.節點.節點.節點	255.0.0.0
B	網路.網路.節點.節點	255.255.0.0
C	網路.網路.網路.節點	255.255.255.0

雖然您可以在介面上以任意方式使用這些遮罩，但通常搞亂預設遮罩並不是個好的做法。換句話說，您不會希望建立一個 255.0.0.0 的 B 級子網路遮罩。如果試著這樣做，有些主機甚至會拒絕您的設定 (不過現在的大多數裝置是允許這樣做的)。對於 A 級網路而言，您不會想去更改子網路遮罩中的第 1 個位元組，它至少必須是 255.0.0.0。同樣地，您不會去指定 255.255.255.255，因為這是全為 1 的廣播位址。B 級位址必須從 255.255.0.0 開始，而 C 級則必須從 255.255.255.0 開始。特別是在 CCNA 認證中，沒有理由去變更預設。

真實情境

了解 2 的次方

2 的次方對於 IP 的子網路切割非常重要，您必須牢記。當您看到有個數字，其右上方有另一個數字 (稱為指數)，這表示您應該讓底下的數字自身相乘，而相乘的次數就是它的指數。例如，2^3 就是 2 * 2 * 2 = 8。以下是應該要記住的 2 的次方列表：

$2^1 = 2$	$2^5 = 32$	$2^9 = 512$	$2^{13} = 8,192$
$2^2 = 4$	$2^6 = 64$	$2^{10} = 1,024$	$2^{14} = 16,384$
$2^3 = 8$	$2^7 = 128$	$2^{11} = 2,048$	
$2^4 = 16$	$2^8 = 256$	$2^{12} = 4,096$	

背誦這個列表不失為是個好主意，不過也不是絕對必要。只要知道後面的每個數，都是前一個乘以 2 就好了。

例如，如果要知道 2^9 的值，只要記住 2^8 的值是 256 即可。因為您只要計算 2^8 (256) 的兩倍，就可得到 2^9 (或 512)。如果要算出 2^{10}，則只要從 2^8 =256 開始，加倍兩次即可得到解答。

您也可以往另一個方向算。如果要算出 2^6，則只要將 256 減半兩次即可：第一次減半得到 2^7，第二次就是 2^6。

無級別的跨網域遶送 (CIDR)

另一個您必須熟悉的術語是**無級別的跨網域遶送** (Classless Inter-Domain Routing，CIDR)，基本上這是 ISP 用來配置特定數量的位址給其用戶的方法。

當您從 ISP 收到一組位址時，它看起來可能類似這樣：192.168.10.32/28，斜線後面的數字其實已經告訴您子網路遮罩了，它表示有多少位元的值是 1。很明顯地，這個數字最大可能是 32，因為 IP 位址總共也只有 4 個位元組 (4 * 8 = 32)。不過最大可行的子網路遮罩 (無論其位址級別為何) 只能是 /30，因為您至少得留下 2 個位元當作主機位元吧！

以 A 級的預設子網路遮罩 255.0.0.0 為例，這表示子網路遮罩的第 1 個位元組全部為 1。如果以斜線來表示時，您需要計算所有值為 1 的位元來描述遮罩。255.0.0.0 相當於 /8，因為有 8 個位元其值為 1。

B 級的預設遮罩是 255.255.0.0，相當於 /16，因為有 16 個位元的值為 1：11111111.11111111.00000000.00000000。

表 4.2 列出每個可用的子網路遮罩，以及它對等的 CIDR 斜線表示法。

表 4.2 CIDR 值

子網路遮罩	CIDR 值
255.0.0.0	/8
255.128.0.0	/9
255.192.0.0	/10
255.224.0.0	/11
255.240.0.0	/12
255.248.0.0	/13
255.252.0.0	/14
255.254.0.0	/15
255.255.0.0	/16
255.255.128.0	/17
255.255.192.0	/18
255.255.224.0	/19
255.255.240.0	/20
255.255.248.0	/21
255.255.252.0	/22
255.255.254.0	/23
255.255.255.0	/24
255.255.255.128	/25
255.255.255.192	/26
255.255.255.224	/27
255.255.255.240	/28
255.255.255.248	/29
255.255.255.252	/30

/8 到 /15 只能給 A 級網路位址使用，/16 到 /23 可以給 A 級或 B 級網路位址使用，而 /24 到 /30 可以給 A、B、C 級的網路位址使用。這也就是為什麼大部分的公司都要使用 A 級網路位址，因為這樣可以利用到所有的子網路遮罩，而且在網路設計上有最大的彈性。

不！您不能用斜線的格式來設定 Cisco 路由器。但這是非常好的表示方式，瞭解斜線格式的子網路遮罩 (CIDR) 真的非常重要。

IP Subnet-Zero

IP subnet-zero 並非新的命令，但過去 Cisco 的教育軟體與 Cisco 的考試目標都沒有涵蓋這個命令。該命令允許您在網路設計中使用第一個子網路。例如，C 級遮罩 255.255.255.192 提供子網路 64，128 及 192 (本章稍後會詳細討論)。但透過 **ip subnet-zero** 命令，就會有 0，64，128 與 192 的子網路可用。每個子網路遮罩都多了 1 個子網路可用。

雖然我們第 6 章才會討論命令列介面 (Command Line Interface，CLI)，不過熟悉這個命令是非常重要的：

```
Router#sh running-config
Building configuration...
Current configuration : 827 bytes
!
hostname Pod1R1
!
ip subnet-zero
!
```

以上的路由器輸出顯示，路由器上的 **ip subnet-zero** 命令是開啟的。Cisco 從 Cisco IOS 12.x 版開始，預設上就已經把這個命令打開了。在此我們使用的是 15.x 版。在考 Cisco 認證的時候，請注意 Cisco 是否要求您不要使用 **ip subnet-zero**。有時候真的可能會發生這種情況。

切割 C 級位址的子網路

對網路進行子網路切割的方法有許多種，哪一種最好呢？這取決於哪種最適合您。C 級位址只有 8 個位元可以用來定義主機。請記住子網路位元一定要從左邊開始，然後往右移動，不可以跳過某個位元。這表示 C 級的子網路遮罩只可能有以下幾種：

```
二進位      十進位                  CIDR
-------------------------------------
00000000 = 255.255.255.0          /24
10000000 = 255.255.255.128        /25
11000000 = 255.255.255.192        /26
11100000 = 255.255.255.224        /27
11110000 = 255.255.255.240        /28
11111000 = 255.255.255.248        /29
11111100 = 255.255.255.252        /30
```


/31 與 /32 不能使用，因為至少需要 2 個主機位元來指派 IP 位址給主機。當然，/32 其實不可能用到，因為這表示沒有任何可用的主機位元。但是 Cisco 有多種型式的 IOS，以及新的 Cisco Nexus 交換器作業系統，都支援 /31。/31 已經超出了 CCNA 的範圍，所以本書將不討論這個部分。

接下來我們要教您一種很快、也很容易的子網路切割法，同時適用於真實網路世界及認證考試。

切割 C 級位址之子網路：快速法！

當您已經選好一個可能的子網路遮罩，而且要決定該遮罩所提供之子網路號碼、有效主機與子網路的廣播位址時，所要做的就是回答 5 個簡單的問題：

- 所選的子網路遮罩可產生多少子網路？
- 每個子網路有多少可用的有效主機？
- 有效的子網路為何？
- 每個子網路的廣播位址為何？
- 每個子網路的有效主機為何？

這時 2 的次方換算就會變得非常重要。以下將告訴您如何得到這 5 大問題的答案：

- **多少子網路？**2^x = 子網路數目。x 是值為 1 的位元個數。例如，在子網路遮罩 255.255.255.192 中，我們在意的是第 4 個位元組 192 (亦即 11000000)。在 11000000 中，位元為 1 的個數為 2，所以共有 2^2 = 4 個子網路。

- **每個子網路有多少主機？**2^y – 2 = 每個子網路中的主機數目。y 是值為 0 的位元個數。例如，在 11000000 中，位元為 0 的個數為 6，所以每個子網路中共有 2^6 – 2 = 62 部主機。您必須減掉子網路位址與廣播位址，它們並不是有效的主機位址。

- **有效的子網路為何？**256 – 子網路遮罩 = 區塊大小或基礎號碼。例如，在子網路遮罩 255.255.255.192 中的第 4 個位元組為 192。256 – 192 = 64，所以 192 遮罩的區塊大小固定是 64。子網路就是從 0 開始，以區塊大小為單位遞增，直到抵達遮罩的值為止。也就是 0，64，128，192。很簡單吧！

- **每個子網路的廣播位址為何？**現在這部份其實非常簡單。因為我們前面已經算出子網路是 0，64，128，192，而廣播位址總是下一個子網路的前一個號碼。例如，0 號子網路的下一個子網路是 64，所以它的廣播位址是 63。同理，64 號子網路的廣播位址是 127，因為下一個子網路號碼是 128。依此類推，而且請記得最後一個子網路的廣播位址一定是 255。

- **有效主機為何？**有效主機是子網路之間的號碼，扣掉全部為 0 與全部為 1 的部份。例如，如果子網路號碼是 64，廣播位址是 127，則有效主機範圍就是 65-126，有效主機是子網路位址與廣播位址之間的號碼。

這似乎讓人有點迷惑，但它並非真如第一眼的感覺那麼難，不要氣餒！為什麼不實際試試看呢？

子網路切割練習範例：C 級位址

現在該是利用剛才的方法來練習切割 C 級位址的時機了。我們從第 1 個 C 級子網路遮罩開始，逐一切割 C 級位址可用的所有子網路遮罩。完成之後，再把這個方法應用在 A 級與 B 級網路上，到時您就會發現那是多麼容易啊！

練習範例 #1C：255.255.255.128 (/25)

因為 128 的二進位是 10000000，只有 1 個位元可做子網路切割，有 7 個位元給主機位址用。現在我們要切割的子網路位址是：192.168.10.0。已知：

```
192.168.10.0 = 網路位址
255.255.255.128 = 子網路遮罩
```

讓我們來回答前述的 5 大問題：

- **多少子網路？**因為 128 有 1 個位元為 1 (10000000)，所以答案是 $2^1 = 2$。
- **每個子網路有多少主機？**有 7 個主機位元 (10000000)，所以等式為 $2^7 - 2 = 126$ 部主機。
- **有效的子網路為何？**256 – 128 = 128。請記住，我們從 0 開始，依區塊大小遞增，所以子網路是 0，128。
- **每個子網路的廣播位址為何？**下個子網路的前一個數字就是所有主機位元都打開的廣播位址。對於 0 號子網路，下個子網路是 128，所以 0 號子網路的廣播位址是 127。
- **有效主機為何？**就是子網路與廣播位址之間的號碼。找尋主機的最簡單方法就是寫下子網路位址與廣播位址。下表顯示 0 與 128 子網路、他們的有效主機範圍以及他們的廣播位址：

子網路	0	**128**
第一部主機	1	129
最後一部主機	126	254
廣播位址	**127**	**255**

在進入下個範例之前，讓我們看一下圖 4.3 中 C 級的 /25 網路，其中的確有 2 個子網路。這份資訊的重要性在哪呢？

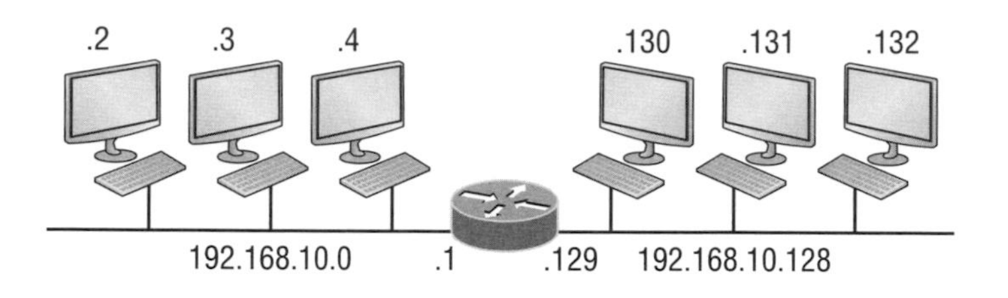


```
Router#show ip route
 [output cut]
C 192.168.10.0 is directly connected to Ethernet 0
C 192.168.10.128 is directly connected to Ethernet 1
```

圖 4.3 實作 C 級的 /25 邏輯網路

要瞭解子網路切割，最重要的就是要知道我們需要它的理由，讓我們藉由建置一個實體網路的過程來說明這個理由。

因為我們在圖中加入一部路由器，為了讓互連網路上的主機能互相通訊，它們必須有一個邏輯網路位址架構。我們也可以使用 IPv6，但 IPv4 仍然是目前最常用的，而且也是我們目前正在研究的對象，所以就用它吧！

現在讓我們回頭看一下圖 4.3。圖上有 2 個實體網路，所以我們要實作的邏輯位址架構，必須能容納 2 個邏輯網路。網路設計時最好要往未來看，同時考慮短期和長期的成長可能。不過針對這個例子，/25 就可以應付了。

從圖 4.3 可以看到兩個子網路都已經指定給路由器的介面，建立了廣播網域和子網路。使用 **show ip route** 命令來檢視路由器上的路徑表。請注意現在已經不是 1 個大型廣播網域，而是 2 個較小的廣播網域，每個網域最多可以容納 126 台主機。路由器輸出中的 C 代表的是 "直接連到網路"，而圖中的 2 個 C 表示我們建立了 2 個廣播網域。這表示您已經成功完成子網路切割並且應用在網路設計上！現在讓我們再練習下一題。

練習範例 #2C：255.255.255.192 (/26)

這個例子使用的網路位址是 192.168.10.0，子網路遮罩是 255.255.255.192。

```
192.168.10.0 = 網路位址
255.255.255.192 = 子網路遮罩
```

現在，讓我們來回答這 5 大問題：

- **多少子網路？**因為 192 有 2 個位元為 1 (11000000)，所以答案是 $2^2 = 4$。
- **每個子網路有多少主機？**有 6 個主機位元為 0 (11000000)，所以等式為 $2^6 - 2 = 62$ 部主機。
- **有效的子網路為何？**256 – 192 = 64。請記住，我們從 0 開始，依區塊大小遞增，所以子網路是 0，64，128 與 192。
- **每個子網路的廣播位址為何？**下個子網路的前一個數字就是所有主機位元都打開的廣播位址。對於 0 號子網路，下個子網路是 64，所以 0 號子網路的廣播位址是 63。
- **有效主機為何？**就是子網路與廣播位址之間號碼。找尋主機的最簡單方法就是寫下子網路位址與廣播位址。下表顯示 0，64，128 與 192 子網路、他們的有效主機範圍、以及他們的廣播位址：

子網路 (最先算)	0	64	128	192
第一部主機 (最後計算)	1	65	129	193
最後一部主機	62	126	190	254
廣播位址 (第 2 個算)	63	127	191	255

同樣地，在我們進入下個範例之前，我們已經可以切割 /26 的子網路了，那麼這份資訊可用來幹嘛呢？實作吧！我們用圖 4.4 來練習 /26 網路的實作。

/26 遮罩提供 4 個子網路，而每個路由器介面都需要一個子網路。因此在這個範例中，這個遮罩讓我們還有空間可增加另一個路由器介面，記得一定要盡可能預留成長空間！

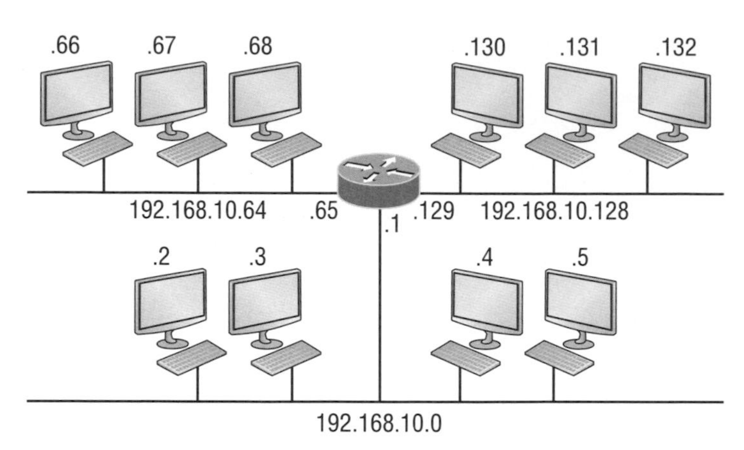

圖 4.4　實作 C 級的 /26 邏輯網路

練習範例 #3C：255.255.255.224 (/27)

這次要切割的網路位址是 192.168.10.0，子網路遮罩是 255.255.255.224。

```
192.168.10.0 = 網路位址
255.255.255.224 = 子網路遮罩
```

- **多少子網路？** 224 = 11100000，所以等式是 $2^3 = 8$。
- **每個子網路有多少主機？** $2^5 - 2 = 30$。
- **有效的子網路為何？** 256 － 224 = 32，所以從 0 開始，以區塊大小 32 遞增至子網路遮罩的值：0，32，64，96，128，160，192 及 224。
- **每個子網路的廣播位址為何？** (這總是下個子網路的前一個數字)
- **有效主機為何？** (這總是子網路與廣播位址之間的號碼)

要回答最後兩個問題，首先只要寫出所有的子網路，然後寫出所有的廣播位址，也就是下個子網路的前一個號碼。最後再填入主機位址。下表列出 C 級子網路遮罩 255.255.255.224 的所有子網路：

子網路位址	0	32	64	96	128	160	192	224
第一部有效主機	1	33	65	97	129	161	193	225
最後一部有效主機	30	62	94	126	158	190	222	254
廣播位址	31	63	95	127	159	191	223	255

在練習 #3C 時，我們使用的是 255.255.255.224 (/27) 網路，提供 8 個子網路 (如上所示)。我們可以使用其中任何可用的子網路來實作，如圖 4.5。

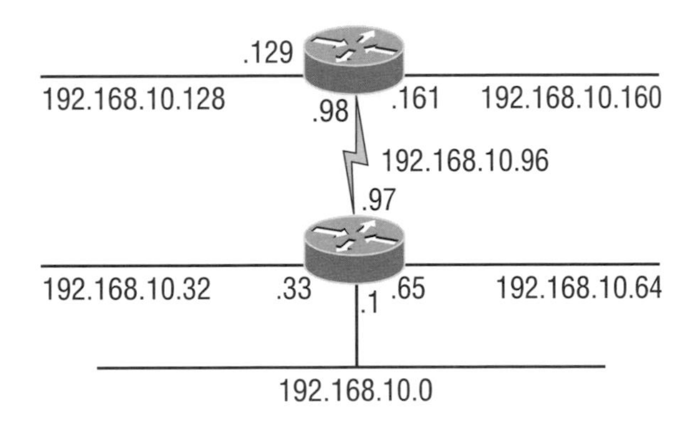


```
Router#show ip route
 [output cut]
C 192.168.10.0 is directly connected to Ethernet 0
C 192.168.10.32 is directly connected to Ethernet 1
C 192.168.10.64 is directly connected to Ethernet 2
C 192.168.10.96 is directly connected to Serial 0
```

圖 4.5 實作 C 級的 /27 邏輯網路

請注意我使用了上述 8 個可用子網路中的 6 個。圖中的閃電符號代表廣域網路 (WAN)，可能是透過 ISP 或電信公司的序列連線。換句話說，這些是不屬於您，但仍然像路由器上任何 LAN 連線一樣的子網路。通常我會使用子網路上的第一個有效主機做為路由器的介面位址。這只是個經驗法則。您可以使用有效主機範圍內的任意位址。只要您記得住這個位址，能用來在主機上設定通往路由器位址的預設閘道就好了。

練習範例 #4C：255.255.255.240 (/28)

讓我們進行另一個練習：

```
192.168.10.0 = 網路位址
255.255.255.240 = 子網路遮罩
```

- **子網路？** 240 = 11110000，2^4 = 16。
- **主機？** 4 個主機位元或 2^4 − 2 = 14。
- **有效的子網路？** 256 − 240 = 16，從 0 開始，0 + 16 = 16，16 + 16 = 32。32 + 16 = 48。48 + 16 = 64。64 + 16 = 80。80 + 16 = 96。96 + 16 = 112。112 + 16 = 128。128 + 16 = 144。144 + 16 = 160。160 + 16 = 176。176 + 16 = 192。192 + 16 = 208。208 + 16 = 224。224 + 16 =240。
- **每個子網路的廣播位址？**
- **有效主機？**

要回答最後兩個問題，只要檢查下表即可。它列出了子網路、有效主機及每個子網路之廣播位址。首先找出每個子網路之廣播位址 (它一定是下個子網路的前一個號碼)，然後再填入主機位址即可。下表列出 C 級子網路遮罩 255.255.255.240 的可用子網路、主機與廣播位址：

子網路	0	16	32	48	64	80	96	112	128	144	160	176	192	208	224	240
第一主機	1	17	33	49	65	81	97	113	129	145	161	177	193	209	225	241
最後主機	14	30	46	62	78	94	110	126	142	158	174	190	206	222	238	254
廣播位址	15	31	47	63	79	95	111	127	143	159	175	191	207	223	239	255

Cisco發現大部分的人不習慣用 16 來計算，所以在找出 C 級遮罩 255.255.255.240 的有效子網路、主機和廣播位址時有點困難。您不妨花點時間研究一下這個遮罩。

練習範例 #5C：255.255.255.248 (/29)

讓我們繼續練習：

```
192.168.10.0 = 網路位址
255.255.255.248 = 子網路遮罩
```

- **子網路？** 248 = 11111000，2^5 = 32。
- **主機？** 2^3 − 2 = 6。
- **有效的子網路？** 256 − 248 = 8，所以是 0，8，16，24，32，40，48，56，64，72，80，88，96，104，112，120，128，136，144，152，160，168，176，184，192，200，208，216，224，232，240 及 248。
- **每個子網路的廣播位址？**
- **有效主機？**

下表列出 C 級子網路遮罩 255.255.255.248 的一些子網路 (前 4 個與後 4 個)、有效主機與廣播位址：

子網路	0	8	16	24	…	224	232	240	248
第一主機	1	9	17	25	…	225	233	241	249
最後主機	6	14	22	30	…	230	238	246	254
廣播位址	7	15	23	31	…	231	239	247	255

如果您嘗試用 192.168.10.6 255.255.255.248 來設定路由器的介面，並且收到如下的錯誤：

```
Bad mask /29 for address 192.168.10.6
```

這表示路由器的 ip subnet-zero 功能選項是沒有啟動的。您必須要能夠認得出這個位址是屬於子網路 0。

練習範例 #6C：255.255.255.252 (/30)

讓我們繼續練習：

```
192.168.10.0 = 網路位址
255.255.255.252 = 子網路遮罩
```

- **子網路？**64。
- **主機？**2。
- **有效的子網路？**0，4，8，12……，一直到 252。
- **每個子網路的廣播位址？**(下個子網路之前一個號碼)
- **有效主機？**(子網路號碼與廣播位址之間的號碼)

下表列出 C 級子網路遮罩 255.255.255.252 的一些子網路 (前 4 個與後 4 個)、有效主機與廣播位址：

子網路	0	4	8	12	…	240	244	248	252
第一主機	1	5	9	13	…	241	245	249	253
最後主機	2	6	10	14	…	242	246	250	254
廣播位址	3	7	11	15	…	243	247	251	255

真實情境

我們真的應該使用只容納 2 部主機的遮罩嗎？

您是舊金山 Acme 公司的網路管理員，公司用成打的 WAN 鏈路來連接各個分公司。現在公司的網路是有級別的網路，這表示所有主機與路由器的每個介面都有相同的子網路遮罩。您已經研讀過有關無級別的遶送，知道可以使用不同大小的遮罩，但不知道如何用在點對點的 WAN 鏈路上。在這種情況下，255.255.255.252(/30) 是個有用的遮罩嗎？

是的，在廣域網路和任何點對點的鏈路中，這是一個非常有價值的遮罩。

接下頁

如果使用 255.255.255.0 遮罩，則每個網路就可容納 254 部主機，但在 WAN 或點對點鏈路中卻只使用了 2 個位址！這樣每個子網路就浪費了 252 個主機位址。如果您使用 255.255.255.252 遮罩，則每個子網路只能容納 2 部主機，剛剛好不會浪費寶貴的位址。

用心算切割子網路：C 級位址

用心算切割子網路真的是有可能的，即使您不相信，我們還是要示範給您看，其實這並不難。讓我們來看看這個範例：

```
192.168.10.50 = 節點位址
255.255.255.224 = 子網路遮罩
```

首先，算出這個 IP 位址的子網路與廣播位址，您可藉由回答 5 大問題中的第 3 題來算出這個答案：256 – 224 = 32。0，32，64。33 落在 32 與 64 這 2 個子網路之間，所以它必定是 192.168.10.32 子網路的一部份。下個子網路是 64，所以 32 子網路的廣播位址是 63 (請記住，子網路的廣播位址一定是下個子網路的前一個號碼)。有效的主機範圍是 33-62 (介於子網路與廣播位址之間的數字)，這真是太簡單了，不是嗎？

讓我們再試另一個 C 級位址：

```
192.168.10. 50 = 節點位址
255.255.255.240 = 子網路遮罩
```

這個 IP 位址屬於哪個子網路，廣播位址為何呢？256 – 240 = 16。現在每次加 16 直到超過主機位址：0，16，32，48，64。找到了！這個主機位址就是介於 48 與 64 子網路之間。所以其子網路是 192.168.10.48，而廣播位址是 63 (下個子網路是 64)。有效的主機範圍是介於子網路與廣播位址之間的數字，也就是 49-62。

好的，我們需要再多練習一些，目的就是為了確定您確實學會。

假設節點位址是 192.168.10.174，而遮罩是 255.255.255.240，其有效的主機範圍為何？

遮罩是 240，所以 256 － 240 = 16，這是我們的區塊大小，所以只要一直用 16 來累加，直到通過主機位址 174 為止：0，16，32，48，64，80，96，112，128，144，160，176。主機位址 174 就介於 160 與 176 之間，所以子網路是 160，而廣播位址是 175，因此有效的主機範圍是 161-174。這已經是個比較棘手的例子。

再舉個例子！只是為了好玩。這是所有 C 級子網路切割中最簡單的一個：

```
192.168.10.17 = 節點位址
255.255.255.252 = 子網路遮罩
```

這個 IP 位址屬於哪個子網路，其廣播位址為何呢？256 － 252 = 4，所以是 0 (除非特別聲明，否則就從 0 開始)。0，4，8，12，16，20。找到了！這個主機位址就介於 16 與 20 之間，所以子網路是 192.168.10.16，而廣播位址是19。其有效的主機範圍是 17-18。

我們已經對 C 級網路進行夠多的子網路切割了，現在就讓我們切割 B 級網路吧。但在繼續往下前，讓我們快速地複習一下。

我們知道什麼？

好的，現在請將您到目前為止所學到的應用上來，並且全部記到腦海中。根據筆者這麼多年來的教學經驗，這是非常棒的一節，它真的可以幫助您搞定子網路切割！

當您看到子網路遮罩或斜線符號 (CIDR) 時，應該要能立即知道以下幾件事：

/25

關於 /25，我們應該知道什麼呢？

- 128 遮罩
- 1 個 1 位元和 7 個 0 位元 (10000000)
- 區塊大小為 128
- 子網路為 0 和 128
- 2 個子網路，每個子網路有 126 部主機

/26

關於 /26，我們應該知道什麼呢？

- 92 遮罩
- 2 個 1 位元和 6 個 0 位元 (11000000)
- 區塊大小為 64
- 子網路為 0、64、128 和 192
- 4 個子網路，每個子網路有 62 部主機

/27

關於 /27，我們應該知道什麼呢？

- 224 遮罩
- 3 個 1 位元和 5 個 0 位元 (11100000)
- 區塊大小為 32
- 子網路為 0、32、64、96、128、160、192 和 224
- 8 個子網路，每個子網路有 30 部主機

/28

關於 /28，我們應該知道什麼呢？

- 240 遮罩
- 4 個 1 位元和 4 個 0 位元 (11110000)
- 區塊大小為 16
- 子網路為 0、16、32、48、64、80、96、112、128、144、160、176、192、208、224 和 240
- 16 個子網路，每個子網路有 14 部主機

/29

關於 /29，我們應該知道什麼呢？

- 248 遮罩
- 5 個 1 位元和 3 個 0 位元 (11111000)
- 區塊大小為 8
- 子網路為 0、8、16、24、32、40、48 等等
- 32 個子網路，每個子網路有 6 部主機

/30

關於 /30，我們應該知道什麼呢？

- 252 遮罩
- 6 個 1 位元和 2 個 0 位元 (11111100)
- 區塊大小為 4
- 子網路為 0、4、8、12、16、20、24 等等
- 64 個子網路，每個子網路有 2 部主機

表 4.3 是上述資訊的摘要整理。您應該找張紙練習寫出本表。如果可能的話，最好在考試前再寫一遍。

表 4.3 我們知道什麼？

CIDR 表示法	遮罩	位元	區塊大小	子網路	主機
/25	128	1 位元 on 7 位元 off	128	0 和 128	2 個子網路 每個可容納 126 主機
/26	192	2 位元 on 6 位元 off	64	0, 64, 128, 192	4 個子網路 每個可容納 62 主機
/27	224	3 位元 on 5 位元 off	32	0, 32, 64, 96, 128, 160, 192, 224	8 個子網路 每個可容納 30 主機
/28	240	4 位元 on 4 位元 off	16	0, 16, 32, 48, 64, 80, 96, 112, 128, 144, 160, 176, 192, 208, 224, 240	16 個子網路 每個可容納 14 主機
/29	248	5 位元 on 3 位元 off	8	0, 8, 16, 24, 32, 40, 48…等	32 個子網路 每個可容納 6 主機
/30	252	6 位元 on 2 位元 off	4	0, 4, 8, 12, 16, 20, 24…等	64 個子網路 每個可容納 2 主機

不論您使用的是 A 級、B 級或 C 級位址，/30 遮罩就只能提供 2 部主機。這個遮罩幾乎只適合用在點對點的鏈結 (這也是 Cisco 的建議)。如果您能記住這一節的內容，對您日常的工作或者學習之路將會有很大的幫助。

切割 B 級位址的子網路

在深入討論之前，先讓我們看看所有可能的 B 級子網路遮罩，它比 C 級網路位址多出許多的子網路遮罩：

```
255.255.0.0     (/16)
255.255.128.0   (/17)     255.255.255.0     (/24)
255.255.192.0   (/18)     255.255.255.128   (/25)
255.255.224.0   (/19)     255.255.255.192   (/26)
255.255.240.0   (/20)     255.255.255.224   (/27)
255.255.248.0   (/21)     255.255.255.240   (/28)
255.255.252.0   (/22)     255.255.255.248   (/29)
255.255.254.0   (/23)     255.255.255.252   (/30)
```

B 級網路位址有 16 個位元可供主機位址使用，這表示我們最多有 14 個位元可用來進行子網路切割 (因為至少必須留 2 個位元供主機位址使用)。使用 /16 表示您並沒有對 B 級位址進行子網路切割，但這也是您可以用的遮罩。

順便一提，您注意到以上所列子網路遮罩的值有什麼有趣的地方嗎？也許有什麼特別的規則？啊哈！這就是為什麼本節一開始要您記住二進位轉換至十進位數字的原因。因為子網路遮罩位元從左邊開始，然後往右移動，而且不可以跳過任何位元，所以不管是哪一種級別的位址，數字都一定是一樣的。請記住這個規則。

切割 B 級網路的程序與 C 級網路是一樣的，只是會有比較多的主機位元。

您可以在 B 級位址的第 3 個位元組使用與 C 級位址第 4 個位元組一樣的子網路號碼，但要在第 4 個位元組補 0 給網路位址，補 255 給廣播位址。下表顯示在 B 級 240 (/20) 子網路遮罩的 2 個子網路的主機範圍：

子網路位址	16.0	32.0
廣播位址	31.255	47.255

只要在數字之間增加有效的主機，這樣就對了！

這個說明只能適用在 /24 以下的遮罩，超過 /24 之後，數字看起來就會類似 C 級網路的切割。

子網路切割練習範例：B 級位址

本節讓您練習切割 B 級位址，技巧就跟切割 C 級位址一樣，只不過要從第 3 個位元組開始。

練習範例 #1B：255.255.128.0 (/17)


```
172.16.0.0 = 網路位址
255.255.128.0 = 子網路遮罩
```

- **子網路？**$2^1 = 2$。
- **主機？**$2^{15} - 2 = 32,766$ (第 3 個位元組的 7 個位元，再加上第 4 個位元組的 8 個位元)。
- **有效的子網路？**256 – 128 = 128。0，128。記住，子網路切割要在第 3 個位元組上進行。因此，子網路號碼其實是 0.0 以及 128.0，如下表所示。這些號碼就跟我們處理 C 級位址時完全一樣，我們將它們放在第 3 個位元組，然後在第 4 個位元組補 0，這就是網路位址的答案。
- **每個子網路的廣播位址？**
- **有效主機？**

下表列出這 2 個子網路，以及他們的有效主機與廣播位址：

子網路	0.0	128.0
第一主機	0.1	128.1
最後主機	127.254	255.254
廣播位址	127.255	255.255

請注意我們只是加上第 4 個位元組的最低與最高值，就可得到答案。其實這與 C 級子網路的做法是一樣的，我們只是在第 4 個位元組中加上 0 與 255 罷了！

問題：就拿前一個子網路遮罩來說，您認為 172.16.10.0 是個有效的主機位址嗎？那 172.16.10.255 呢？第 4 位元組的 0 和 255 可以是有效的主機位址嗎？答案是肯定的，他們絕對可以是有效的主機位址。任何介於子網路編號和廣播位址之間的號碼都是有效的主機位址。

練習範例 #2B：255.255.192.0 (/18)

```
172.16.0.0 = 網路位址
255.255.192.0 = 子網路遮罩
```

- **子網路？**$2^2 = 4$。
- **主機？**$2^{14} - 2 = 16,382$ (第 3 個位元組的 6 個位元，再加上第 4 個位元組的 8 個位元)。
- **有效的子網路？**256 − 192 = 64。0，64，128，192。記住，子網路切割要在第 3 個位元組上進行。因此，子網路號碼其實是 0.0，64.0，128.0 以及 192.0，如下表所示。
- **每個子網路的廣播位址？**
- **有效主機？**

下表列出這 4 個子網路，以及他們的有效主機與廣播位址：

子網路	0.0	64.0	128.0	192.0
第一主機	0.1	64.1	128.1	192.1
最後主機	63.254	127.254	191.254	255.254
廣播位址	63.255	127.255	191.255	255.255

同樣地，這與 C 級子網路的做法是一樣的，我們只是在第 4 個位元組中加上 0 與 255 罷了。

練習範例 #3B：255.255.240.0 (/20)

```
172.16.0.0 = 網路位址
255.255.240.0 = 子網路遮罩
```

- **子網路？**2^4 = 16。
- **主機？**2^{12} － 2 = 4094。
- **有效的子網路？**256 － 240 = 16，所以是 0，16，32，48，64…一直到 240。請注意這些數字與 C 級遮罩 240 的完全一樣，我們只是將它們放在第 3 個位元組，然後在第 4 個位元組補上 0 與 255 罷了。
- **每個子網路的廣播位址？**
- **有效主機？**

下表列出前 4 個子網路，以及他們的有效主機與廣播位址：

子網路	**0.0**	**16.0**	**32.0**	**48.0**
第一主機	0.1	16.1	32.1	48.1
最後主機	15.254	31.254	47.254	63.254
廣播位址	15.255	31.255	47.255	63.255

練習範例 #4B：255.255.248.0 (/21)

```
172.16.0.0 = 網路位址
255.255.248.0 = 子網路遮罩
```

- **子網路？**2^5 = 32。
- **主機？**2^{11} － 2 = 2046。
- **有效的子網路？**256 － 248 = 0，8，16，24，32 等等…一直到 248。
- **每個子網路的廣播位址？**
- **有效主機？**

下表列出在 B 級 255.255.248.0 遮罩下的前 5 個子網路，以及他們的有效主機與廣播位址：

子網路	0.0	8.0	16.0	24.0	32.0
第一主機	0.1	8.1	16.1	24.1	32.1
最後主機	7.254	15.254	23.254	31.254	39.254
廣播位址	7.255	15.255	23.255	31.255	39.255

練習範例 #5B：255.255.252.0 (/22)

```
172.16.0.0 = 網路位址
255.255. 252.0 = 子網路遮罩
```

- **子網路？**$2^6 = 64$。
- **主機？**$2^{10} - 2 = 1022$。
- **有效的子網路？**256 － 252 = 0，4，8，12，16... 一直到 252。
- **每個子網路的廣播位址？**
- **有效主機？**

下表列出在 B 級 255.255.252.0 遮罩下的前 5 個子網路，以及他們的有效主機與廣播位址：

子網路	0.0	4.0	8.0	12.0	16.0
第一主機	0.1	4.1	8.1	12.1	16.1
最後主機	3.254	7.254	11.254	15.254	19.254
廣播位址	3.255	7.255	11.255	15.255	19.255

練習範例 #6B：255.255.254.0 (/23)

```
172.16.0.0 = 網路位址
255.255.254.0 = 子網路遮罩
```

- **子網路？** $2^7 = 128$。
- **主機？** $2^9 - 2 = 510$。
- **有效的子網路？** 256 – 254 = 2，所以是 0，2，4，6，8⋯一直到 254。
- **每個子網路的廣播位址？**
- **有效主機？**

下表列出前 5 個子網路，以及他們的有效主機與廣播位址：

子網路	0.0	2.0	4.0	6.0	8.0
第一主機	0.1	2.1	4.1	6.1	8.1
最後主機	1.254	3.254	5.254	7.254	9.254
廣播位址	1.255	3.255	5.255	7.255	9.255

練習範例 #7B：255.255.255.0 (/24)

當一個 B 級網路位址使用遮罩 255.255.255.0 時，不能就因此稱它為使用 C 級子網路遮罩的 B 級網路。很多人將這個 B 級網路所用的遮罩視為是一個 C 級子網路遮罩，但它其實是一個利用 8 位元來切割子網路的 B 級子網路遮罩，它與 C 級遮罩是相當不一樣的。切割這個位址其實非常簡單：

```
172.16.0.0 = 網路位址
255.255.255.0 = 子網路遮罩
```

- **子網路？** $2^8 = 256$。
- **主機？** $2^8 - 2 = 254$。
- **有效的子網路？** 256 – 255 = 1，所以是 0，1，2，3⋯，一直到 255。

- **每個子網路的廣播位址？**
- **有效主機？**

下表列出前 4 個與最後 2 個子網路，以及他們的有效主機與廣播位址：

子網路	0.0	1.0	2.0	3.0	...	254.0	255.0
第一主機	0.1	1.1	2.1	3.1	...	254.1	255.1
最後主機	0.254	1.254	2.254	3.254	...	254.254	255.254
廣播位址	0.255	1.255	2.255	3.255	...	254.255	255.255

練習範例 #8B：255.255.255.128 (/25)

這是個很難切割的子網路遮罩，而且很不幸的是，它真的是個很好用的子網路，因為它可以產生超過 500 個子網路，而每個子網路可容納 126 部主機，這是個不錯的組合。所以不要跳過這個練習！

```
172.16.0.0 = 網路位址
255.255.255.128 = 子網路遮罩
```

- **子網路？**$2^9 = 512$。
- **主機？**$2^7 - 2 = 126$。
- **有效的子網路？**針對第 3 個位元組，256 – 255 = 1，所以是 0，1，2，3……。但您不可以忘記第 4 個位元組也用了一個子網路位元。還記得我們在 C 級遮罩時如何算出一個子網路位元的嗎？這裡可以用同樣的方法來計算 (現在您知道為什麼我們剛才要在 C 級網路的切割時舉 1 個位元的子網路遮罩例子了嗎？就是為了讓這個部份較容易瞭解)。對於每個第 3 位元組的值都會有 2 個子網路，所有共有 512 個子網路。例如，如果第 3 個位元組的子網路位址是 3，則這 2 個子網路實際上是 3.0 與 3.128。
- **每個子網路的廣播位址？**
- **有效主機？**

下表列出前 8 個與最後 2 個子網路，以及他們的有效主機與廣播位址：

子網路	0.0	0.128	1.0	1.128	2.0	2.128	3.0	3.128	...	255.0	255.128
第一主機	0.1	0.129	1.1	1.129	2.1	2.129	3.1	3.129	...	255.1	255.129
最後主機	0.126	0.254	1.126	1.254	2.126	2.254	3.126	3.254	...	255.126	255.254
廣播位址	0.127	0.255	1.127	1.255	2.127	2.255	3.127	3.255	...	255.127	255.255

4

練習範例 #9B：255.255.255.192 (/26)

現在 B 級位址的子網路切割變得容易多了，因為遮罩的第 3 個位元組是 255，所以第 3 個位元組的所有號碼都是子網路號碼。不過，既然第 4 個位元組也有子網路號碼，那麼我們就可以像切割 C 級位址那樣地切割這個位元組。

```
172.16.0.0 = 網路位址
255.255.255.192 = 子網路遮罩
```

- **子網路？**2^{10} = 1024。
- **主機？**2^{6} – 2 = 62。
- **有效的子網路？**256 – 192 = 64。子網路如下表所示，這些號碼看起來是不是很眼熟呢？
- **每個子網路的廣播位址？**
- **有效主機？**

下表列出前 8 個子網路，以及他們的有效主機與廣播位址：

子網路	0.0	0.64	0.128	0.192	1.0	1.64	1.128	1.192
第一主機	0.1	0.65	0.129	0.193	1.1	1.65	1.129	1.193
最後主機	0.62	0.126	0.190	0.254	1.62	1.126	1.190	1.254
廣播位址	0.63	0.127	0.191	0.255	1.63	1.127	1.191	1.255

請注意每個子網路的第 3 個位元組，每個值都可與第 4 個位元組中的 0，64，128 與 192 進行組合。

練習範例 #10B：255.255.255.224 (/27)

這題的計算方式與前一題相同，只是這題會有較多的子網路，而每個子網路可用的主機則較少。

```
172.16.0.0 = 網路位址
255.255.255.224 = 子網路遮罩
```

- **子網路？**2^{11} = 2048。
- **主機？**2^5 － 2 = 30。
- **有效的子網路？**256 － 224 = 32，所以是 0，32，64，96，128，160，192，224。
- **每個子網路的廣播位址？**
- **有效主機？**

下表列出前 8 個子網路，以及他們的有效主機與廣播位址：

子網路	0.0	0.32	0.64	0.96	0.128	0.160	0.192	0.224
第一主機	0.1	0.33	0.65	0.97	0.129	0.161	0.193	0.225
最後主機	0.30	0.62	0.94	0.126	0.158	0.190	0.222	0.254
廣播位址	0.31	0.63	0.95	0.127	0.159	0.191	0.223	0.255

下表顯示最後 8 個子網路：

子網路	255.0	255.32	255.64	155.96	255.128	255.160	255.192	255.224
第一主機	255.1	255.33	255.65	255.97	255.129	255.161	255.193	255.225
最後主機	255.30	255.62	255.94	255.126	255.158	255.190	255.222	255.254
廣播位址	255.31	255.63	255.95	255.127	255.159	255.191	255.223	255.255

用心算切割子網路：B 級位址

其實用心算要比寫出來容易，不相信嗎？示範給您看：

- **問題：**IP 位址 172.16.10.33 255.255.255.224 (/27) 所屬的子網路與廣播位址為何？

  答案：關注的位元組是第 4 個位元組。256 – 224 = 32。32 + 32 = 64。33 剛好就介於 32 與 64 之間，不過您要記得第 3 個位元組只是子網路的一部份，所以子網路的答案應該是 10.32，而因為下個子網路是 10.64，所以廣播位址是 10.63。

- **問題：**IP 位址 172.16.66.10 255.255.192.0 (/18) 所屬的子網路與廣播位址為何？

  答案：這題關注的位元組是第 3 個位元組，而非第 4 個。256 – 192 = 64。0，64，128。所以子網路的答案應該是 172.16.64.0，而因為下個子網路是 128.0，所以廣播位址是 172.16.127.255。

- **問題：**IP 位址 172.16.50.10 255.255.224.0 (/19) 所屬的子網路與廣播位址為何？

  答案：256 – 224 = 32。0，32，64 (請注意，我們總是要從 0 開始算起)。所以子網路的答案應該是 172.16.32.0，而因為下個子網路是 64.0，所以廣播位址是 172.16.63.255。

- **問題：**IP 位址 172.16.46.255 255.255.240.0 (/20) 所屬的子網路與廣播位址為何？

  答案：256 – 240 = 16。這題關注的位元組是第 3 個位元組。0，16，32，48。所以子網路的答案應該是 172.16.32.0，而因為下個子網路是 48.0，所以廣播位址是 172.16.47.255。因此，172.16.46.255 是有效的主機位址。

- **問題：**IP 位址 172.16.45.14 255.255.255.252 (/30) 所屬的子網路與廣播位址為何？

  答案：關注的位元組在哪裡呢？256 – 252 = 4。0，4，8，12，16 (第 4 個位元組)。所以子網路的答案應該是 172.16.45.12，而因為下個子網路是 172.16.45.16，所以廣播位址是 172.16.45.15。

4

- **問題：**IP 位址 172.16.88.255 (/20) 所屬的子網路與廣播位址為何？

  答案：什麼是 /20？先回答這點，才能找出這題的答案。/20 就是 255.255.240.0，所以第 3 個位元組的區塊大小是 16。因為第 4 個位元組沒有子網路位元，所以第 4 個位元組的答案一定是 0 和 255。0，16，32，48，64，80，96…找到了！88 就在 80 與 96 之間，所以子網路號碼是 80.0，而廣播位址是 95.255。

- **問題：**如果路由器從介面收到一個目的 IP 位址為 172.16.46.191 (/26) 的封包，路由器要如何處理這個封包呢？

  答案：丟棄！為什麼呢？172.16.46.191(/26) 的網路遮罩是 255.255.255.192，所以區塊大小是 64，子網路是 0，64，128，192。因此，191 是 128 子網路的廣播位址，路由器預設會丟棄廣播封包。

造訪 www.lammle.com/ccna 可以取得更多的子網路切割練習。

4-2 摘要

您第一次讀第 3、4 章就全懂了嗎？如果是，那真是太神了！恭喜您，不過大部分都不是這樣的，您可能會有許多不懂的地方，所以不要沮喪。如果每一章都需要研讀一遍以上，不要太難過，甚至讀上十遍也不為過，這樣您一定可以進行得很好。

本章教您如何進行 IP 的子網路切割，讀完本章後，您應該能夠在心裡進行 IP 子網路切割運算。本章對於 CCNA 認證非常重要，請您詳細研讀，並且務必完成本章的所有練習。

IP 位址的檢修

5

Chapter

本章涵蓋的主題

- Cisco 的 IP 位址故障排除方法
- 找出 IP 位址的問題

本章將根據 Cisco 建議的 IP 網路檢修步驟，說明 IP 位址的問題檢測。因此，本章是淬鍊 IP 定址和建立網路的利器，並且能讓您目前為止學到的東西更上一層樓。加油!

5-1 Cisco 的 IP 位址故障排除方法

很顯然地，檢修 IP 位址是非常重要的技能，因為麻煩總是會發生，這只是遲早的問題！不論是在公司或在家裡，您都必須要有能力找出並修復 IP 網路上的問題。

本節教您如何以「Cisco 方式」檢修 IP 位址。讓我們以圖 5.1 來當作基本 IP 問題的範例：可憐的莎麗無法登入 Windows 伺服器。您的處理方式可以打電話給微軟，告訴他們說他們的伺服器簡直就是垃圾，因為它帶給您這些問題。但這可能不是好主意，先讓我們檢查一下自己的網路吧！

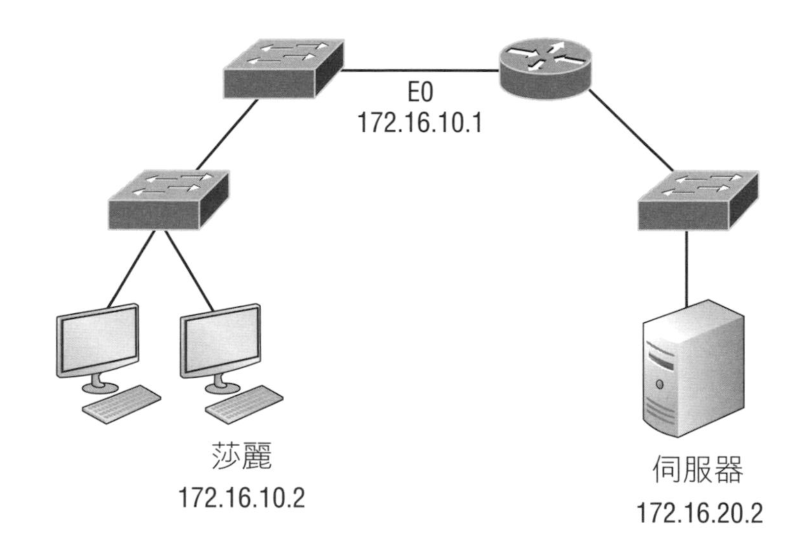

圖 5.1 基本的 IP 檢修

首先讓我們瀏覽一遍 Cisco 所使用的檢修步驟。這些步驟非常簡單，但卻很重要。假設您在一部用戶的主機上，他們抱怨說他們的主機無法連上伺服器，而該伺服器是位於一個遠端網路上。以下是 Cisco 建議的 4 個檢修步驟：

1. 打開 CMD 視窗，ping 127.0.0.1，這是診斷或 loopback 位址。如果可以 ping 成功，表示您的 IP 堆疊已初始化成功；否則，這意味著您的 IP 堆疊根本沒有正常運作，這時您需要重新在這部主機上安裝 TCP/IP。

```
C:\>ping 127.0.0.1
Pinging 127.0.0.1 with 32 bytes of data:
Reply from 127.0.0.1: bytes=32 time
Reply from 127.0.0.1: bytes=32 time
Reply from 127.0.0.1: bytes=32 time
Reply from 127.0.0.1: bytes=32 time
Ping statistics for 127.0.0.1:
Packets: Sent = 4，Received = 4，Lost = 0 (0% loss)，
Approximate round trip times in milli-seconds:
Minimum = 0ms，Maximum = 0ms，Average = 0ms
```

2. 從 CMD 視窗 ping 本地主機的 IP 位址。如果成功，表示您的網路介面卡 (Network Interface Card，NIC) 可正常運作；否則表示網路介面卡有問題。但這並不表示網路線與網路介面卡已經接好，只是表示主機上的 IP 協定堆疊可以與網路介面卡通訊 (透過 LAN 驅動程式)。

```
C:\>ping 172.16.10.2
Pinging 172.16.10.2 with 32 bytes of data:
Reply from 172.16.10.2: bytes=32 time
Reply from 172.16.10.2: bytes=32 time
Reply from 172.16.10.2: bytes=32 time
Reply from 172.16.10.2: bytes=32 time
Ping statistics for 172.16.10.2:
Packets: Sent = 4，Received = 4，Lost = 0 (0% loss)，
Approximate round trip times in milli-seconds:
Minimum = 0ms，Maximum = 0ms，Average = 0ms
```

3. 從 CMD 視窗 ping 預設閘道 (路由器)。如果成功，表示網路介面卡已經連到網路，而且可以與本地網路通訊；否則，從網路介面卡到路由器之間的某處可能有實體網路問題。

```
C:\>ping 172.16.10.1
Pinging 172.16.10.1 with 32 bytes of data:
Reply from 172.16.10.1: bytes=32 time
Reply from 172.16.10.1: bytes=32 time
Reply from 172.16.10.1: bytes=32 time
Reply from 172.16.10.1: bytes=32 time
Ping statistics for 172.16.10.1:
Packets: Sent = 4，Received = 4，Lost = 0 (0% loss)，
Approximate round trip times in milli-seconds:
Minimum = 0ms，Maximum = 0ms，Average = 0ms
```

4. 如果步驟 1 到 3 都成功，請試著 ping 遠端的伺服器。如果成功，表示本地主機與遠端伺服器可以進行 IP 通訊，而且也由此知道遠端的實體網路目前仍正常地運作。

```
C:\>ping 172.16.20.2
Pinging 172.16.20.2 with 32 bytes of data:
Reply from 172.16.20.2: bytes=32 time
Reply from 172.16.20.2: bytes=32 time
Reply from 172.16.20.2: bytes=32 time
Reply from 172.16.20.2: bytes=32 time
Ping statistics for 172.16.20.2:
Packets: Sent = 4，Received = 4，Lost = 0 (0% loss)，
Approximate round trip times in milli-seconds:
Minimum = 0ms，Maximum = 0ms，Average = 0ms
```

如果這 4 個步驟都成功，而用戶仍然無法與遠端伺服器通訊，那麼也許有某種名稱解析問題，必須檢查您的 DNS 設定。但是如果無法 ping 到遠端伺服器，表示存在某種遠端實體網路問題，這時就必須到伺服器上進行步驟 1 到 3 的檢修，直到找到問題為止。

在我們繼續討論如何判斷 IP 位址問題，以及如何修正之前，先來介紹幾個基本的 DOS 命令，協助您在 PC 和 Cisco 路由器上進行網路的檢修 (這些命令在 PC 和 Cisco 路由器上的實作方式不同，但是可以做相同的事)。

- **ping**：使用 ICMP 回聲請求和回覆，以測試某個網點的 IP 堆疊是否已經開啟，並且還在網路上運行。

- **traceroute**：使用 TTL 逾時和 ICMP 錯誤訊息，找出通往網路目的地所經路徑上的所有路由器。
- **tracert**：跟 traceroute 相同功能的命令，但這是微軟 Windows 的命令，並且無法在 Cisco 路由器上運作。
- **arp –a**：在 Windows PC 上顯示 IP 對 MAC 的位址對應。
- **show ip arp**：跟 arp －a 相同功能的命令，Cisco 路由器用它來顯示 ARP 表格。就像 traceroute 和 tracert 命令一樣，它們無法在 DOS 和 Cisco 之間交換使用。
- **ipconfig /all**：只能在 Windows **命令提示字元**下使用，用來顯示 PC 的網路設定。

如果您已經嘗試了這些步驟，必要時也用了適當的命令，並且發現了問題，然後該怎麼辦呢？如何修復 IP 位址的組態錯誤呢？讓我們繼續討論如何找出 IP 位址的問題，並加以修復。

找出 IP 位址的問題

在主機、路由器或其他的網路裝置上設錯 IP 位址、子網路遮罩或預設閘道是很平常的事。因為這太常發生了，所以您得學會如何找出 IP 位址的問題，並加以修復。

一個好的方式是先畫出網路與 IP 位址架構。如果您很幸運地已經有了這些資訊，那簡直就可以去買樂透了。雖然這本來就是應該要做的事，但人們很少這樣做；即使有，經常也已經是過期或不正確了。這件工作通常都付之闕如，而且您得從頭開始。

一旦精確地畫出包含 IP 位址架構的網路之後，必須確認每部主機的 IP 位址、遮罩以及預設閘道位址，以找出問題 (假設您沒有實體的網路問題，即使有，也已經修復了)。

讓我們來檢查圖 5.2 的範例。業務部門的一位用戶打電話告訴您，他無法連到行銷部門的 A 伺服器，您詢問他是否能連到行銷部門的 B 伺服器，但他不知道，因為他沒有登入該伺服器的權利。您該怎麼辦呢？

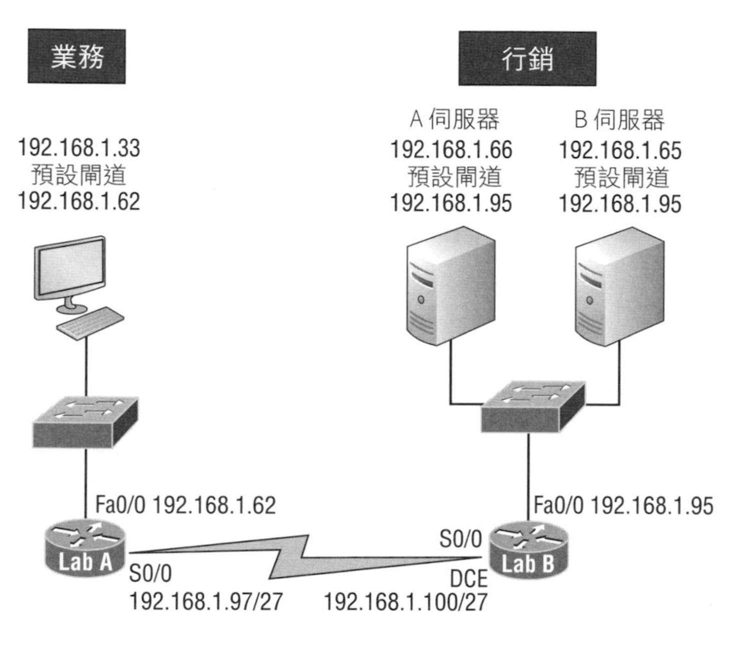

圖 5.2 第 1 個 IP 位址問題

您要求用戶進行我們上節所學的 4 個檢修步驟，結果步驟 1 到步驟 3 都成功，而步驟 4 則失敗。仔細地檢視這張圖，您能看出端倪嗎？讓我們從網路圖中找尋線索。首先，Lab_A 路由器與 Lab_B 路由器之間的廣域網路鏈路顯示遮罩是 /27，您應該已經有能力知道這個遮罩是 255.255.255.224，並且判斷所有網路都是使用這個遮罩。網路位址是 192.168.1.0，那麼有效子網路與主機為何呢？256 – 224 = 32，所以子網路是 0，32，64，96，128…等。檢視網路圖，我們發現業務部門使用的子網路是 32，廣域網路鏈路使用的子網路是 96，行銷部門使用的子網路是 64。

接著我們應該找出每個子網路的有效主機範圍。依據本章開始所學到的，您應該很容易就能決定子網路位址、廣播位址以及有效的主機範圍。業務部區域網路的有效主機是 33 到 62，而因為下個子網路是 64，所以廣播位址是 63，對吧？對於行銷部區域網路，有效的主機是 65 到 94 (廣播是 95)，而廣域網路的鏈路是 97 到 126 (廣播是 127)。仔細地檢視網路圖，就可發現 Lab_B 路由器這個預設閘道的位址是錯誤的，它是 64 子網路的廣播位址，因此絕對不會是一部有效主機。

如果您嘗試在 Lab_B 路由器介面上設定這樣的位址，就會收到 "bad mask error" 訊息，Cisco 路由器是不會讓您輸入子網路或廣播位址當作有效主機位址的。

您全部瞭解了嗎？也許我們應該再試試另一個，確定您已經瞭解。圖 5.3 有一個網路問題，業務部區域網路上的一個用戶無法抵達 B 伺服器。您請用戶執行 4 個檢修步驟，並且發現該主機可以在區域網路上通訊，但無法連上遠端網路。請找出並定義這個 IP 位址問題。

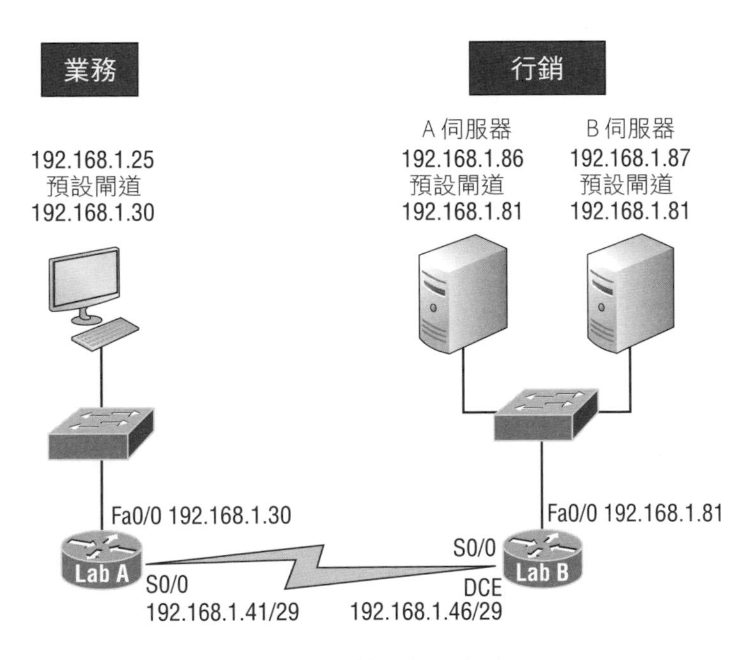

圖 5.3 第 2 個 IP 位址問題

如果利用解決上個問題所用的步驟，首先可以發現廣域網路鏈路所使用的子網路遮罩為 /29 或 255.255.255.248。您必須找出有效的子網路、廣播位址以及有效的主機範圍為何，以解決這個問題。

248 遮罩的區塊大小為 8 (256 - 248 = 8)，所以子網路從 0 開始，並且會以 8 的倍數增加。瀏覽這張圖，業務部區域網路的子網路是 24，廣域網路的子網路是 40，而行銷部區域網路的子網路是 80。您發現問題了嗎？業務部區域網路的有效主機範圍是 25-30，而圖上的設定似乎是正確的。廣域網路鏈路的有效主機範圍是 41-46，這似乎也是正確的。80 子網路的有效主機範圍是 81-86，而因為下個子網路位址是 88，所以其廣播位址是 87。所以我們發現 B 伺服器誤設成子網路的廣播位址。

好的，您已經能夠找出主機上的 IP 位址沒有設好。那麼，如果主機甚至連 IP 位址都沒有，而需要您指定一個，那要怎麼做呢？這時您要檢視一下 LAN 上其他主機的設定，找出網路、遮罩以及預設閘道。讓我們舉一些例子，看看如何為主機尋找並應用有效的 IP 位址。

如果您要指定 LAN 上伺服器與路由器的 IP 位址，而該網段上的子網路位址是 192.168.20.24/29。假設我們要指定第一個可用位址給路由器，並指定最後一個有效的主機給伺服器，那麼伺服器的 IP 位址、遮罩以及預設閘道應該如何指定？

要回答這個問題，您必須知道 /29 就是 255.255.255.248，它提供的區塊大小是 8。這個子網路是 24，所以下個子網路是 24 + 8 = 32，因此 24 號子網路的廣播位址是 31，有效的主機範圍是 25-30。

```
伺服器 IP 位址：192.168.20.30
伺服器遮罩：255.555.255.248
預設閘道：192.168.20.25 (路由器的 IP 位址)
```

接下來討論另一個例子，請看圖 5.4，讓我們來解決這個問題。

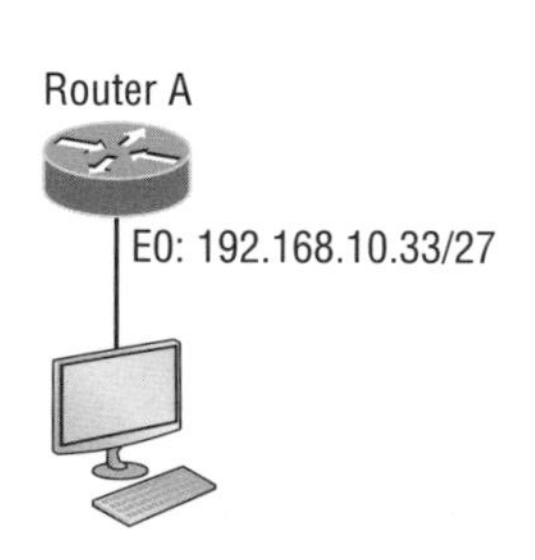

圖 5.4 尋找有效的主機 #1

根據路由器在 Ethernet0 介面上的 IP 位址，我們可以指定給主機的 IP 位址、子網路遮罩以及有效的主機範圍為何？

路由器在 Ethernet0 介面上的 IP 位址是 192.168.10.33/27，因為 /27 就是遮罩 224，且區塊大小為 32，所以路由器的介面屬於 32 號子網路。下個子網路是 64，所以 32 子網路的廣播位址是 63，有效的主機範圍是 33-62。

主機 IP 位址：192.168.10.34-62 (除了 33 要指定給路由器以外，主機範圍中的其它位址都可以)。

```
遮罩：255.255.255.224
預設閘道：192.168.10.33
```


圖 5.5 顯示兩部路由器，其乙太網路介面卡已經指定好 IP 位址。請問 HostA 與 HostB 主機的主機位址與子網路遮罩應該為何？

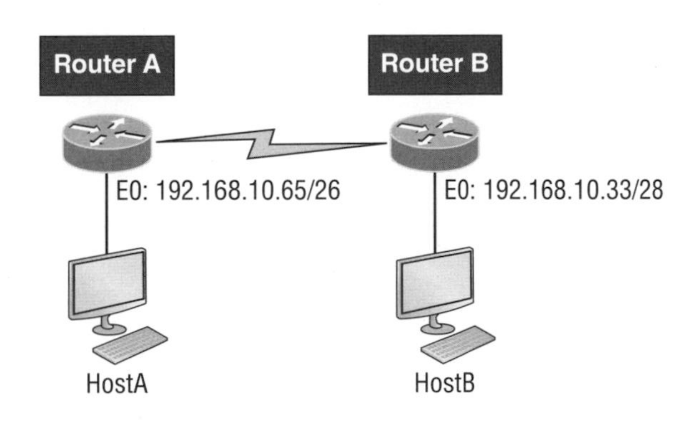

圖 5.5 尋找有效的主機 #2

RouterA 有 IP 位址 192.168.10.65/26，而 RouterB 有 IP 位址 192.168.10.33/28，那麼主機應該如何設定？RouterA 的 Ethernet0 屬於 192.168.10.64 子網路，而 RouterB 的 Ethernet0 則是屬於 192.168.10.32 子網路。

```
HostA IP 位址：192.168.10.66-126
HostA 遮罩：255.255.255.192
HostA 預設閘道：192.168.10.65
HostB IP 位址：192.168.10.34-46
HostB 遮罩：255.255.255.240
HostB 預設閘道：192.168.10.33
```

讓我們再多舉幾個例子！

圖 5.6 顯示 2 部路由器，您需要設定 RouterB 上的 S0/0 介面。RouterA 用以連接序列鏈路的 S0/0 介面分配到的網路 IP 是 172.16.17.0/22，那麼我們可以指定什麼 IP 位址給 RouterB 的 S0/0 介面呢？

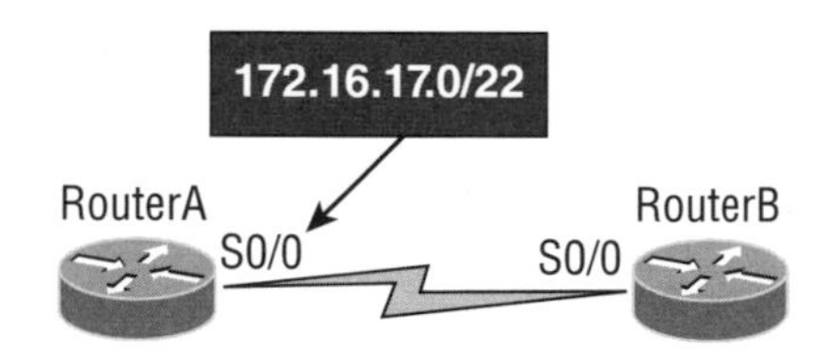

圖 5.6 尋找有效的主機位址 #3

首先，您必須知道 CIDR /22 就是 255.255.252.0，它在第 3 個位元組的區塊大小是 4。因為圖上列出的介面 IP 位址是 17，所以可用的主機範圍是 16.1 到 19.254。因此，舉例而言，S0/0 的 IP 位址可以是 172.16.18.255，因為它落在可用的範圍內。

好的，最後一個例子囉！假設您的公司有一個 C 級的網路 ID，並且需要提供每個城市辦事處各一個可用的子網路，以及足夠的主機位址；條件如圖 5.7 所示。那麼遮罩要如何設定呢？

事實上，這可能會是您今天所完成的事情中最簡單的一件！圖中共需要 5 個子網路，而且 Wy. 分公司需要 16 個使用者 (一定要從主機需求最多的網路下手)。Wy. 分公司需要多大的區塊呢？32 (請記住，您不可以使用大小為 16 的區塊，因為必須減 2！)。大小為 32 的區塊需要什麼遮罩呢？224。答對了，這提供 8 個子網路，且每個子網路有 30 部主機可用。

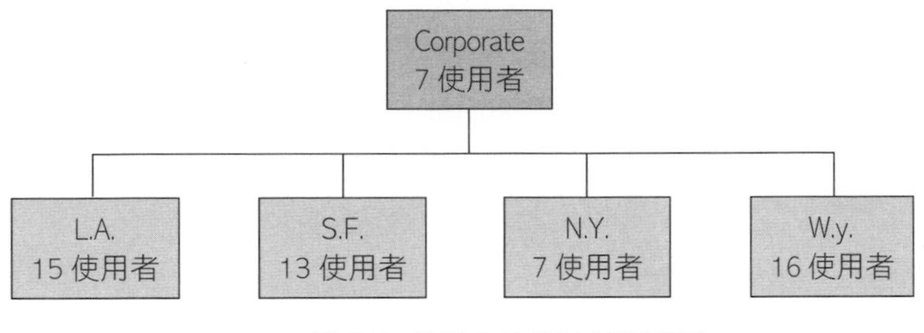

圖 5.7 尋找有效的子網路遮罩

5-2 摘要

您第一次從頭讀到這裡就全懂了嗎？如果是，那真是太神了，恭喜您！不過大部分的人都不是這樣的，您可能會有許多不懂的地方，所以不要沮喪。只要多讀幾次，一定可以瞭解的。

請務必瞭解 Cisco 的檢修方法。牢記 Cisco 所建議的 4 個步驟，嘗試縮小網路或 IP 位址發生問題的原因，就能有系統地進行修復的工作。此外，您應該要有能力根據網路圖找出有效的 IP 位址與子網路遮罩。

MEMO

Cisco 的互連網路作業系統 (IOS)

6

Chapter

本章涵蓋的主題

- IOS 使用者介面
- 命令列介面
- 管理性組態設定
- 路由器和交換器介面
- 檢視、儲存與清除組態設定

現在是跟您介紹 Cisco IOS (Internetwork Operating System，互連網路作業系統) 的時候了。IOS 讓 Cisco 路由器與 Cisco 交換器能夠運作，也讓我們得以設定這些裝置。

本章介紹如何利用 Cisco IOS 命令列介面 (CLI, command-line interface) 來設定 Cisco IOS 裝置。當您熟練這個介面之後，就可用它來設定主機名稱、標題訊息 (banner)、密碼以及更多，還可以用它來檢修問題。

在 IOS 旅程中，本章將先從熟悉路由器與交換器的基本組態，以及命令的確認開始。就跟前幾章一樣，本章是後面章節的基礎，您應該要先有穩固的瞭解，再往後面的章節前進。

6-1 IOS 使用者介面

Cisco IOS 是 Cisco 路由器和目前所有 Catalyst 交換器的核心 (kernel)，核心是作業系統中最基本、不可或缺的部份，負責配置資源與管理諸如低階硬體介面與安全性等。

接下來的章節將說明 Cisco IOS，教您如何利用命令列介面 (command-line interface，CLI) 來設定 Cisco 交換器。您在本章所學的組態設定方法，跟在 Cisco 路由器上完全相同。

Cisco IOS

Cisco IOS 是 Cisco 專屬的核心，提供遶送、交換、網路互連、電訊等功能。第一版的 Cisco IOS 是由 William Yeager 在 1985 年開發，提供了網路應用系統。Cisco IOS 能在 Cisco 大多數路由器與越來越多的 Catalyst 交換器上執行，包括本書範例所使用的 Catalyst 2960 與 3560 系列交換器。

下面是 Cisco 路由器的 IOS 軟體負責的重要工作：

- 支援網路協定與功能。
- 連結裝置的高速交通。
- 增加安全性以控制存取，並阻止非授權使用網路。
- 提供可擴充性，以利網路成長與冗餘性。
- 提供與網路資源連線的網路可靠性。

存取 Cisco IOS 的途徑包括：透過路由器或交換器的控制台埠 (console port)、從數據機進入輔助埠 (Aux port) 或甚至透過 telnet。對 IOS 命令列的存取稱為 **EXEC 會談** (EXEC session)。

連接 Cisco IOS 裝置

您可以連上 Cisco 裝置以設定組態、確認組態以及檢視統計資訊。有好幾種不同的方式可進行這些動作，但最常見的，也是您會第一個連接的地方就是控制台埠。控制台埠通常是位於路由器背後的一條 RJ-45 接線，此外，現在的路由器和交換器也經常使用迷你 USB 埠來提供控制台連線。

關於如何設定 PC 來連結路由器的控制台埠，請參考第 2 章的說明。

您也可以透過輔助埠來連結 Cisco 路由器，這其實與控制台埠的用法相同，唯一的差異是輔助埠也可設定數據機命令，讓數據機可以連上路由器。這是個不錯的功能。如果遠端路由器當掉，但是您又必須進行遠端設定時，就可以使用**帶外** (out-of-band) 方式，撥接到遠端的路由器，並且連上輔助埠。Cisco 路由器與交換器之間的一項差異，就是交換器沒有輔助埠。

第 3 個連接路由器的方法是透過 telnet 或 SSH (Secure Shell) 程式進行**帶內** (in-band) 設定。帶內表示是透過網路來設定裝置，它的相反則是帶外。第 3 章有討論過 Telnet 和 SSH，本章則會討論如何在 Cisco 裝置上設定對這 2 種協定的存取。

圖 6.1 是一部 Cisco 2960 交換器。請特別注意各種不同的介面與插槽。在右邊是 10/100/1000 的上行鏈路 (uplink)。您可以使用 UTP 埠或光纖埠，但不能同時使用。

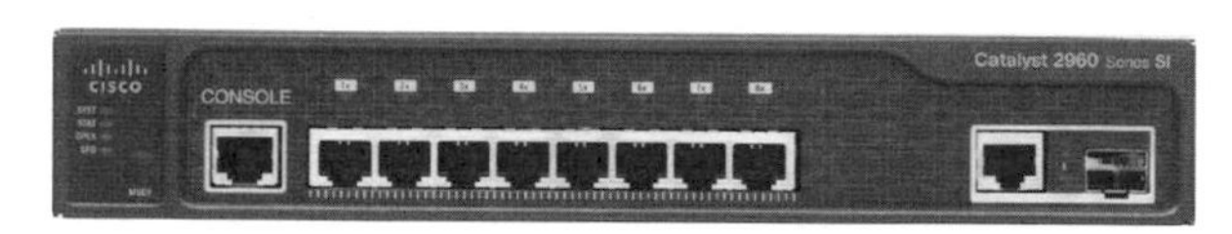

圖 6.1 Cisco 2960 交換器

本書之後會用到的 3560 交換器看起來與 2960 非常相似，但是 2960 僅能執行第 2 層的功能，而 3560 則還有第 3 層的交換功能。

另外值得一提的則是本書中使用的 2800 系列路由器。這種路由器被稱為整合服務型路由器 (Integrated Services Router，ISR)，Cisco 已經將它更新成 2900 系列，不過在筆者公司的正式網路上仍舊還有很多 2800 系列的路由器。圖 6.2 是新的 1921 系列路由器。

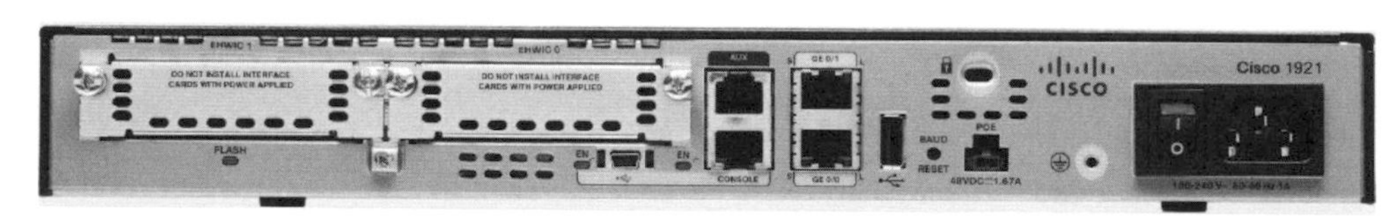

圖 6.2 新的 Cisco 1900 路由器

新的 ISR 系列路由器非常不錯。它也是模組式裝置，但比舊型的 2500 系列路由器速度更快，配備也更豪華，它的設計可支援更多新的介面選擇。新的 ISR 系列路由器提供多個序列式介面，可以使用序列式 V.35 WAN 連線來連接 T1。這種路由器還可以使用多個 Fast Ethernet 或 Gigabit Ethernet 埠，數量則取決於型號。它有 1 個 RJ-45 插槽和 1 個 USB 埠來提供控制台連線。另外還有輔助連線，可以透過遠端數據機連到控制台。

在大多數的情況下，您會覺得 2800/2900 相當昂貴，但是當您開始加上一大堆介面時，就會開始發現它物有所值，而且速度很快。

另外有幾個系列的路由器比 2800 系列便宜，例如 1800/1900 系列。如果您想要執行相同的 IOS，但是又比 2800/2900 便宜的路由器，就可以考慮這幾個系列。

雖然本書主要會使用 2800 系列路由器和 2960/3560 交換器來做為 IOS 組態設定的範例，不過您要用哪種路由器型號來練習 Cisco 認證並不特別重要，但交換器的型號則很重要。如果您希望符合認證目標，絕對需要幾部 2960 交換器，以及一部 3560 交換器。

關於 Cisco 各款路由器的詳細資訊，請參考 https://www.cisco.com/c/en/us/products/routers/router-selector.html。

啟動交換器

第一次啟動 Cisco IOS 裝置時，它會執行開機自我測試 (power-on self-test，POST)。如果測試通過，接著就從快閃記憶體 (flash memory) 中尋找 Cisco IOS。如果找到的話，將其載入 RAM 中。快閃記憶體是一種電子式可移除可程式化的唯讀記憶體 (electronically erasable programmable read-only memory，EEPROM)。IOS 接著會找出並載入有效的組態，稱為**啟動組態** (startup-config)，儲存在非揮發性隨機記憶體 (NVARAM) 中。

一旦 IOS 被載入、啟動並執行之後，啟動組態會從 NVRAM 複製到 RAM 中，之後就稱為**運行組態** (running-config)。

如果在 NVRAM 中找不到啟動組態，交換器會進入安裝模式(setup mode)，逐步提示對話框以設定一些基本參數。

當您處於特權模式時，也可以在命令列輸入 **setup** 命令以進入安裝模式 (稍後將會說明)。安裝模式只提供一些基本的命令，而且通常不見得有用。下面是個範例：

```
Would you like to enter the initial configuration dialog? [yes/no]: y
At any point you may enter a question mark '?' for help.
Use ctrl-c to abort configuration dialog at any prompt.
Default settings are in square brackets '[]'.
Basic management setup configures only enough connectivity
for management of the system, extended setup will ask you
to configure each interface on the system
Would you like to enter basic management setup? [yes/no]: y
Configuring global parameters:
Enter host name [Switch]: Ctrl+C
Configuration aborted, no changes made.
```

任何時間要離開安裝模式，只要按下『Ctrl』+『C』即可。

強烈建議您只進入安裝模式一次，然後就不要再進入這個模式了。正確的做法是使用 CLI。

6-2 命令列介面

筆者有時候會戲稱 CLI 是現金專線介面 (Cash Line Interface)，因為在 Cisco 路由器或交換器上使用 CLI 建立進階組態的能力，可以讓您賺大錢！

進入 CLI

出現介面狀態訊息之後，壓下『Enter』鍵，就會出現 **Switch>** 的提示列，這稱為使用者 exec 模式 (使用者模式)。雖然它通常只用來檢視統計資訊，但它也是登入特權模式的踏板。

在特權 exec 模式 (特權模式) 中能檢視與更改 Cisco 路由器的組態，以 **enable** 命令即可進入這種模式：

```
Switch>enable
Switch#
```

提示列 **Switch#** 表示您正處於特權模式中，在這種模式下可以檢視與更改 Cisco 交換器的組態。您可以使用 **disable** 命令從特權模式退回使用者模式，操作畫面如下：

```
Switch#disable
Switch>
```

此時可以輸入 **logout** 離開控制台：

```
Switch >logout
Switch con0 is now available
Press RETURN to get started.
```


以下教您如何設定一些基本的系統管理組態。

路由器模式概觀

要從 CLI 進行設定，可以輸入 **configure terminal** (或 **config t**)，對路由器進行整體的變更，這讓您進入整體設定模式 (global configuration mode)，並且變更運行組態。整體命令 (從整體設定模式中執行的命令) 是設定一次就可影響整個路由器的命令。

您可以在特權模式提示列輸入 **config**，然後按下『Enter』鍵，採用預設的終端機，如下所示：

```
Switch#config
Configuring from terminal, memory, or network [terminal]? [press enter]
Enter configuration commands, one per line. End with CNTL/Z.
Switch(config)#
```

因為是整體設定模式，此時所作的變更會影響整個路由器。例如要改變運行組態，亦即正在 DRAM 中運行的目前組態，只要使用前述的 **configure terminal** 命令即可。

CLI 提示列

在設定交換器或路由器時，瞭解不同的提示列符號非常重要。熟悉這些訊息將能幫助您確認當時到底是處於哪種設定模式。接下來我們要示範在 Cisco 交換器上的一些提示列符號，以及對應的不同術語。在對路由器進行任何變更之前，請確認當時所在的提示列！

本書並不會探討所有的命令提示列，因為這樣會超出本書的範圍。此處只描述認證考試需要知道，以及在真實網路世界中最常使用和最方便的那些提示列。

此時瞭解這些命令提示列到底完成什麼事並不重要，因為稍後會非常詳細地加以說明。現在的重點就是要熟悉有哪些可用的提示列。

介面

要變更介面，先在整體設定模式下使用 **interface** 命令：

```
Switch(config)#interface ?
Async Async interface
BVI Bridge-Group Virtual Interface
CTunnel CTunnel interface
Dialer Dialer interface
FastEthernet FastEthernet IEEE 802.3
Filter Filter interface
Filtergroup Filter Group interface
GigabitEthernet GigabitEthernet IEEE 802.3z
Group-Async Async Group interface
Lex Lex interface
Loopback Loopback interface
Null Null interface
Port-channel Ethernet Channel of interfaces
Portgroup Portgroup interface
Pos-channel POS Channel of interfaces
Tunnel Tunnel interface
Vif PGM Multicast Host interface
Virtual-Template Virtual Template interface
Virtual-TokenRing Virtual TokenRing
Vlan Catalyst Vlans
fcpa Fiber Channel
range interface range command
```

```
Switch(config)#interface fastEthernet 0/1
Switch(config-if)#)
```

注意到提示列變成 **Switch (config-if)#** 了嗎？這告訴您目前正處於介面設定模式 (interface configuration mode)。如果提示列也包含正在設定的介面名稱就更好了。可惜沒有。不過有件事是確定的，就是在設定 IOS 裝置的時候，真的要非常注意！

line 命令

設定使用者模式的密碼，要使用 **line** 命令，然後提示列會變成 **Switch (config-line)#**：

```
Switch(config)#line ?
<0-15> First Line number
console Primary terminal line
vty Virtual terminal
Switch(config)#line console 0
Switch(config-line)#
```

line console 0 命令是整體命令 (global command)，有時候也稱為主命令 (major command)。在本例中，任何在 **(config-line)#** 提示列下輸入的命令，都是所謂的子命令 (subcommand)。

存取清單設定

要設定標準名稱式存取清單 (named access list)，必須進入 **Switch (config-std-nacl)#**：

```
Switch#config t
Switch(config)#ip access-list standard Todd
Switch(config-std-nacl)#
```

這是基本的標準 ACL 提示列。設定存取清單有幾種不同的方式，但它們的提示列都跟上例大同小異。

遶送協定設定

這裡必須特別指出，在 2960 交換器上並不使用遶送或路由器協定，但是會在 3560 交換器上使用。下面是在第 3 層交換器上設定繞送組態的範例。

```
Switch(config)#router rip
IP routing not enabled
Switch(config)#ip routing
Switch(config)#router rip
Switch(config-router)#
```

請注意上例中的提示列已改變為 **Switch(config-router)#**。

定義路由器術語

表 6.1 定義的是到目前為止用到的一些術語。

表 6.1 路由器術語

模式	定義
使用者 EXEC 模式	限定在基本的監視命令
特權 EXEC 模式	可存取所有其他的路由器命令
整體設定模式	影響整個系統的命令
特定設定模式	只影響介面 / 程序的命令
安裝模式	互動式的組態設定對話框

編輯與輔助功能

您可以使用 Cisco 進階的編輯功能來協助設定路由器。如果在任何提示列輸入問號 (?)，就會出現該提示列下可用的所有命令，例如：

```
Switch#?
Exec commands:
access-enable Create a temporary Access-List entry
access-template Create a temporary Access-List entry
archive manage archive files
cd Change current directory
```

```
clear Reset functions
clock Manage the system clock
cns CNS agents
configure Enter configuration mode
connect Open a terminal connection
copy Copy from one file to another
debug Debugging functions (see also 'undebug')
delete Delete a file
diagnostic Diagnostic commands
dir List files on a filesystem
disable Turn off privileged commands
disconnect Disconnect an existing network connection
dot1x IEEE 802.1X Exec Commands
enable Turn on privileged commands
eou EAPoUDP
erase Erase a filesystem
exit Exit from the EXEC
--More-- ?
```

此時可以按下『空白鍵』，得到另一頁的資訊，或者按下『Enter』，每次前進一個命令。您也可以按下『Q』停止，並跳回提示列。請注意筆者在 more 後面輸入問號，它就會說明在這個提示列後面有哪些選擇。

這裡有一個小訣竅：要找尋以特定字母開頭的命令，請輸入該字母，接著輸入問號，中間不要有空白。例如：

```
Switch#c?
cd clear clock cns configure
connect copy
Switch#c
```

輸入 **c?** 之後，就會收到一個回應清單，列出以 c 開頭的所有命令。而且顯示完這份命令清單之後，**Switch #c** 提示列會重新顯現。當您必須輸入很長的命令字串，又懶得一次次重新輸入的時候，這種設計就非常方便。如果每次使用問號後都得重新輸入整段命令，那就太麻煩了！

現在讓我們輸入命令字串中的第一個命令再加上問號，以找出下一段命令的寫法：

```
Switch#clock ?
set Set the time and date
Switch#clock set ?
hh:mm:ss Current Time
Switch#clock set 2:35 ?
% Unrecognized command
Switch#clock set 2:35:01 ?
<1-31> Day of the month
MONTH Month of the year
Switch#clock set 2:35:01 21 july ?
<1993-2035> Year
Switch#clock set 2:34:01 21 august 2013
Switch#
00:19:45: %SYS-5-CLOCKUPDATE: System clock has been updated from 00:19:55 UTC Mon
Mar 1 1993 to 02:35:01 UTC Wed Aug 21 2013, configured from console by console.
```

輸入 **clock ?** 命令後，可以得到下個可能的參數清單，以及它們的意義。請注意您只要保持一直輸入一個命令，一個空格，然後一個問號，直到最後只需要按下『cr』為止。

如果您輸入命令，按下『Enter』後收到如下的訊息：

```
Switch#clock set 11:15:11
% Incomplete command.
```

就表示這個命令列尚未完成。只要按下向上的箭頭鍵，就可重新顯示剛才輸入的命令，然後繼續利用問號來完成這個命令。

如果您收到如下的錯誤訊息：

```
Switch(config)#access-list 100 permit host 1.1.1.1 host 2.2.2.2
                                               ^
% Invalid input detected at '^' marker.
```

這表示輸入的命令不正確，而 ^ 標示的是輸入命令的錯誤位置。

下面是另一個您可能會看到 ^ 的例子：

```
Switch#sh fastethernet 0/0
          ^
% Invalid input detected at '^' marker.
```

這個命令看起來好像沒錯，不過小心點！完整的命令應該是 **show interface fastethernet 0/0**。

現在假設您收到如下的錯誤訊息：

```
Switch#sh cl
% Ambiguous command: "sh cl"
```

這表示有許多命令都是以這個輸入字串開頭，所以無法決定出唯一對應的命令。這時可使用問號找出您所需要的命令：

```
Switch#sh cl?
class-map clock cluster
```

從畫面可以看到，以 **sh cl** 開頭的命令有 3 個。

表 6.2 顯示 Cisco 路由器上可用的進階編輯命令。

表 6.2 進階的編輯命令

命令	意義
Ctrl + A	移動游標至一列的開頭
Ctrl + E	移動游標至一列的結尾
Esc + B	後退一個字
Ctrl + B	後退一個字元
Ctrl + F	前進一個字元
Esc + F	前進一個字
Ctrl + D	刪除一個字元
←Backspace	刪除一個字元
Ctrl + R	重新顯示一列
Ctrl + U	刪除一列
Ctrl + W	刪除一個字
Ctrl + Z	結束設定模式並返回 EXEC
Tab	為您完成整個命令的輸入

另一個很酷的編輯功能，是長列的自動捲動。在以下的範例中，所輸入的命令已經到達右邊的邊界，並自動往左平移了 11 個字元 ($ 符號表示這一列已經有一部份捲至左邊)：

```
Switch#config t
Switch(config)#$ 100 permit ip host 192.168.10.1 192.168.10.0 0.0.0.255
```

您可以用表 6.3 中的命令來回顧路由器輸入命令的歷史：

表 6.3 路由器命令歷程

命令	意義
Ctrl + P 或 ↑ 鍵	顯示最後一個輸入的命令
Ctrl + N 或 ↓ 鍵	顯示先前輸入的命令
show history	預設顯示前 20 個輸入的命令
show terminal	顯示終端機設定與歷程緩衝區大小
terminal history size	改變緩衝區大小 (最大 256)

以下的命令示範 **show history** 命令，如何改變緩衝區大小，以及如何以 **show terminal** 命令加以確認。首先，利用 **show history** 命令來檢視我們在路由器上輸入的前 20 個命令，雖然這時筆者只顯示了 10 個命令 (這是從重新開機到目前為止已經輸入的所有命令)：

```
Switch#sh history
sh fastethernet 0/0
sh ru
sh cl
config t
sh history
sh flash
sh running-config
sh startup-config
sh ver
sh history
```


現在，利用 **show terminal** 命令來確認終端機歷程緩衝區的長度：

```
Switch#sh terminal
Line 0, Location: "", Type: ""
Length: 25 lines, Width: 80 columns
Baud rate (TX/RX) is 9500/9500, no parity, 2 stopbits, 8 databits
Status: PSI Enabled, Ready, Active, Ctrl-c Enabled, Automore On
0x50000
Capabilities: none
Modem state: Ready
[output cut]
Modem type is unknown.
Session limit is not set.
Time since activation: 00:17:22
Editing is enabled.
History is enabled, history size is 10.
DNS resolution in show commands is enabled
Full user help is disabled
Allowed input transports are none.
Allowed output transports are telnet.
Preferred transport is telnet.
No output characters are padded
No special data dispatching characters
```

真實情境

何時使用 Cisco 的編輯功能？

有一些編輯功能很常用，有一些則未必。其實這些並非 Cisco 設計的，而只是舊的 Unix 命令。即使如此，『Ctrl』+『A』對於取消一個命令還是很好用。

例如，假設您輸入了一個很長的命令，然後又覺得不想要在您的設定中使用這個命令，或是不可行，就可以按下『up』箭頭鍵，顯示最後一個輸入的命令，再按下『Ctrl』+『A』，輸入 **no**，然後一個空格，再按下『Enter』。咻的一聲！之前命令的效果就被取消了。並非每個命令都可以這樣取消，但大多數情況下都可以藉此省下不少精力。

6-3 管理性組態設定

對於要能讓路由器或交換器在網路上運作，本節的內容雖非關鍵，但仍然很重要。我們將透過組態設定的命令，幫助您管理網路。

路由器或交換器上能設定的管理功能包括：

- 主機名稱
- 標題訊息
- 密碼
- 介面說明

請記住，這些功能並不會讓您的路由器或交換器更好或更快，但如果您能撥點時間在每個網路裝置上設定這些組態，您的生活一定會獲得大幅地改善，因為這樣做會使得網路的檢修與維護變得非常容易！接下來我們要示範在 Cisco 交換器上的命令，這些命令在 Cisco 路由器上也是一樣。

主機名稱

您可以使用 **hostname** 命令來設定路由器的身分，但這只在本機具有意義。也就是說，路由器如何執行名稱的解析，或者路由器如何在互連網路上運作，都與這個主機名稱無關。但是主機名稱對於路徑來說仍然很重要，因為很多廣域網路 (WAN) 會利用它來做認證。例如：

```
Switch#config t
Switch(config)#hostname Todd
Todd(config)#hostname Chicago
Chicago(config)#hostname Todd
Todd(config)#
```


雖然以自己的姓名來設定主機名稱是很誘人的想法，但最好以位置相關的事物來命名主機。因為如果主機名稱與它實際所在的位置有所關連，則會比較容易找到，而且也可以幫助您確定您正在設定的裝置是正確的。雖然在上面的範例中，看似違反了這項建議，在自己的主機上使用 Todd 做為名稱，但其實這個裝置的確是位於 "Todd" 的辦公室。它的名稱也只是反應它的位置，而不會跟其他網路的裝置混淆。

標題訊息

標題訊息不只是耍酷，需要標題訊息 (banner) 的一個好理由是增加安全告示給撥接或 telnet 到您互連網路的人。您可以在 Cisco 路由器上設定標題訊息，當使用者登入路由器或管理員 telnet 至路由器時，標題訊息就能提供他們您想要讓他們知道的訊息。

下面是 3 種必須熟悉的標題訊息：

- EXEC 程序產生的標題訊息
- 登入時的標題訊息
- 每日告示的標題訊息

下面的程式中包含了這 3 者的範例：

```
Todd(config)#banner ?
LINE c banner-text c, where 'c' is a delimiting character
exec Set EXEC process creation banner
incoming Set incoming terminal line banner
login Set login banner
motd Set Message of the Day banner
prompt-timeout Set Message for login authentication timeout
slip-ppp Set Message for SLIP/PPP
```

每日告示 (message of the day，MOTD) 是使用最廣的標題訊息，它提供訊息給每個撥接進入或透過 telnet、輔助埠或控制台埠連至路由器的人，例如：

```
Todd(config)#banner motd ?
LINE c banner-text c, where 'c' is a delimiting character
Todd(config)#banner motd #
Enter TEXT message. End with the character '#'.
$ Acme.com network, then you must disconnect immediately.#
Todd(config)#^Z (Press the control key + z keys to return to privileged mode)
Todd#exit
con0 is now available
Press RETURN to get started.
If you are not authorized to be in Acme.com network, then you
must disconnect immediately.
Todd#
```

前面的 MOTD 標題訊息其實是要告訴任何連上路由器的人，如果他們不在邀請的名單中，就會被斷線！這裡特別要解說的部份是分隔字元，用來告訴路由器這訊息何時結束。您可以在訊息中使用任何想要的字元，但是不可以使用分隔字元。此外，一旦完成這份訊息，最好先輸入『Enter』，再加上分隔字元，最後再輸入一次『Enter』。如果您不這麼做，雖然不會出錯，但如果您有一個以上的標題，將會結合成一道訊息，而且放在同一列。

例如，您可以將標題設定在一列上：

```
Todd(config)#banner motd x Unauthorized access prohibited! x
```

以下是其他標題訊息的詳細說明：

- **Exec 標題訊息**：您可以設定線路啟動 (exec) 的標題訊息，在產生 EXEC 程序 (例如線路啟動或建立 VTY 線路的連線) 時顯示。只要透過控制台埠啟動使用者 exec 會談，就可啟動 exec 標題訊息。
- **登入 (login) 標題訊息**：您可以設定登入標題訊息，顯示在所有連結的終端機上。這種標題訊息顯示在 MOTD 標題之後，登入提示列之前。這種登入標題不可以針對單一線路關閉。如果您要全體關閉，要使用 **no banner login** 命令來刪除。

以下是登入標題訊息的輸出範例：

```
!
banner login ^C
-----------------------------------------------------------------------
Cisco Router and Security Device Manager (SDM) is installed on this device.
This feature requires the one-time use of the username  "cisco"
with the password "cisco". The default username and password
have a privilege level of 15.
Please change these publicly known initial credentials using
SDM or the IOS CLI.
Here are the Cisco IOS commands.
username <myuser> privilege 15 secret 0 <mypassword>
no username cisco
Replace <myuser> and <mypassword> with the username and
password you want to use.
For more information about SDM please follow the instructions
in the QUICK START GUIDE for your router or go to http://www.cisco.com/go/sdm
-----------------------------------------------------------------------
^C
!
```

您應該非常熟悉以上的登入標題訊息，這就是 Cisco ISR 路由器預設組態中的標題訊息。

請記住登入標題訊息是出現在登入提示列之前，MOTD 標題訊息之後。

設定密碼

Cisco 路由器有 5 個密碼保護：控制台密碼、輔助埠密碼、telnet (VTY) 密碼、enable 密碼、以及 enable secret 密碼。enable 密碼和 enable secret 密碼是用來設定密碼，以保護特權模式。使用 **enable** 命令時，提示列會要求使用者輸入密碼。另外 3 個密碼是當使用者透過控制台埠、輔助埠或 telnet 來存取使用者模式時使用。

以下說明每一種密碼。

enable 密碼

enable 密碼要在整體設定模式下設定，例如：

```
Todd(config)#enable ?
last-resort Define enable action if no TACACS servers
respond
password Assign the privileged level password
secret Assign the privileged level secret
use-tacacs Use TACACS to check enable passwords
```

以下說明 enable 密碼的參數：

- **last-resort**：如果您是使用 TACACS 伺服器來設置認證，當 TACACS 伺服器無法使用時，這讓您仍然可以進入路由器。但假若 TACACS 伺服器有在運作的時候，則不能使用這個密碼。
- **password**：在 10.3 版以前的老舊系統中設定 enable 的密碼，但如果有設定 enable secret，則不會用到這個密碼。
- **secret**：這是加密的較新密碼，如果有設定，則會蓋掉 enable 密碼。
- **Use-tacacs**：告訴路由器要透過 TACACS 伺服器來進行認證。如果您有成打或甚至上百部路由器，這會非常方便，畢竟誰會想要享受更改 200 部路由器密碼的樂趣呢？如果透過 TACACS 伺服器，則只要改變一次即可！

以下是設定 enable 密碼的例子：

```
Todd(config)#enable secret todd
Todd(config)#enable password todd
The enable password you have chosen is the same as your
enable secret. This is not recommended. Re-enter the
enable password.
```

如果您試著設定相同的 enable secret 與 enable password，路由器會給您一個客氣的警告，請您更改第 2 個密碼。如果您的路由器不是老舊的路由器，甚至不會使用 enable password。

使用者模式的密碼要使用 **line** 命令來指定：

```
Todd(config)#line ?
<0-15> First Line number
console Primary terminal line
vty Virtual terminal
```


下面 2 種線路對認證考試特別重要：

- **console**：設定控制台的使用者模式密碼。
- **vty**：設定裝置上的 telnet 密碼，也用於 SSH 的設定。如果沒有設定這個密碼，預設為不能使用 telnet。

要設定使用者模式的密碼，先選擇想要的線路，然後使用 **login** 命令讓路由器提示認證的訊息。下一節將會討論各種線路的組態設定。

控制台密碼

要設定控制台密碼，請使用 **line console 0** 命令。但是如果在 (config-line)# 提示下輸入 **line console ?**，就會收到錯誤訊息。下面是個範例：

```
Todd(config-line)#line console ?
% Unrecognized command
Todd(config-line)#exit
Todd(config)#line console ?
<0-0> First Line number
Todd(config)#line console 0
Todd(config-line)#password console
Todd(config-line)#login
```

您仍然能輸入 **line console 0**，而且會被接受，但輔助說明 (help) 功能就是不能在這個提示列運作。請輸入 **exit** 退回一個層級，輔助說明就可正常運作。

因為只有 1 個控制台埠，所以只能選擇 **line console 0**。您可以為所有的線路設定相同的密碼，但為了安全起見，建議您最好不要。

要記得使用 **login** 命令開啟登入時的密碼認證，否則控制台埠將不會提示認證。Cisco 的這項程序安排，表示在線路尚未設定密碼之前，是無法設定 **login** 命令；如果您做了設定，但是尚未設定密碼，這條線路將無法使用。您會看到輸入密碼的提示，但是實際上並沒有密碼存在。

務必記得雖然 Cisco 從 IOS 12.2 開始的路由器上都有這項 "密碼功能"，但較早版本的 IOS 上並沒有。

對於控制台埠，還有幾個其他重要的命令必須知道。

- **exec-timeout 0 0**：命令會將控制台 EXEC 會談的逾時計時器 (timeout) 設成 0，也就是絕不逾時。這個計時器的預設值是 10 分鐘。

如果您很淘氣，試著將它設為 0 1，就會使控制台的逾時計時器定為 1 秒！而且若要加以修正，您得在更改計時器的同時，另一隻手必須持續不斷地按向下的箭頭鍵！。

- **logging synchronous**：這是個非常好的命令，應該當作預設，可惜不是。它能防止控制台螢幕上不斷跳出擾人的控制台訊息，干擾您正在輸入的命令。這些訊息還是會跳出來，但卻讓您能回到裝置的提示列，而不會打斷您的輸入，讓輸入的訊息比較容易解讀。以下是設定這 2 個命令的例子：

```
Todd(config-line)#line con 0
Todd(config-line)#exec-timeout ?
<0-35791> Timeout in minutes
Todd(config-line)#exec-timeout 0 ?
<0-2157583> Timeout in seconds
<cr>
Todd(config-line)#exec-timeout 0 0
Todd(config-line)#logging synchronous
```

控制台的逾時計時器可以設成絕不逾時的(0 0)，最長可設到 35, 791 分鐘，亦即 2,157,583 秒。預設值是 10 分鐘。

telnet 密碼

要為 telnet 對路由器或交換器的存取設定使用者模式的密碼，必須使用 **line vty** 命令。IOS 交換器通常有 15 條線路，但是企業版的路由器可能更多。找出路由器共有幾條 VTY 線路的最佳方式就是利用問號：

```
Todd(config-line)#line vty 0 ?
% Unrecognized command
Todd(config-line)#exit
Todd(config)#line vty 0 ?
<1-15> Last Line number
<cr>
Todd(config)#line vty 0 15
Todd(config-line)#password telnet
Todd(config-line)#login
```

記住，從 **(config-line)#** 提示列無法得到輔助說明，您得退回整體設定模式才能用 (?) 的功能。

如果您試著 telnet 至一部沒有設定 VTY 密碼的裝置會如何呢？您會收到錯誤訊息，告訴您連線被拒絕，因為沒有設定密碼。因此，如果您 telnet 至一部交換器，並且收到如下的訊息：

```
Todd#telnet SwitchB
Trying SwitchB (10.0.0.1)…Open
Password required, but none set
[Connection to SwitchB closed by foreign host]
Todd#
```

這表示交換器沒有設定 VTY (telent) 密碼。但您可以利用 **no login** 命令，告訴交換器允許沒有密碼的 telnet 連線。例如：

```
SwitchB(config-line)#line vty 0 15
SwitchB(config-line)#no login
```

除非是在測試或教室的環境，否則筆者並不建議您使用 **no login** 命令來允許沒有密碼的 telnet 連線。在營運的網路中，請務必要設定 VTY 密碼。

為 IOS 裝置設好 IP 位址之後，就可利用 telnet 程式來設定與檢查您的路由器，而不需要使用控制台纜線。您可以在任何命令提示列 (DOS 或 Cisco) 輸入 **telnet** 來使用 telnet 程式。第 7 章會更深入地討論這個主題。

輔助密碼

要在路由器上設定輔助密碼，必須進入整體設定模式，輸入 **line aux ?**。順帶一提，在交換器上並沒有這些埠。從輸出可以看到您的選擇只有 0-0，因為這邊只有一個埠：

```
Todd#config t
Todd(config)#line aux ?
<0-0> First Line number
Todd(config)#line aux 0
Todd(config-line)#login
% Login disabled on line 1, until 'password' is set
Todd(config-line)#password aux
Todd(config-line)#login
```

建立 Secure Shell (SSH)

除了 Telnet，您還可以使用 Secure Shell (SSH)，相對於 Telnet 應用會使用未加密的資料流，SSH 可以建立更安全的會談。SSH 使用加密金鑰來傳送資料，所以使用者名稱和密碼就不會以明文傳送，也就不會被其他人偷窺。

下面是設定 SSH 的步驟：

1. 設定主機名稱：

```
Router(config)#hostname Todd
```

2. 設定網域名稱 (要產生加密金鑰必須要有主機名稱和網域名稱)：

```
Todd(config)#ip domain-name Lammle.com
```

3. 設定使用者名稱讓 SSH 客戶端存取：

```
Todd(config)#username Todd password Lammle
```

4. 產生保護會談安全所需要的加密金鑰：

```
Todd(config)#crypto key generate rsa
The name for the keys will be: Todd.Lammle.com
Choose the size of the key modulus in the range of 350 to
5095 for your General Purpose Keys. Choosing a key modulus
Greater than 512 may take a few minutes.
How many bits in the modulus [512]: 1025
% Generating 1025 bit RSA keys, keys will be non-exportable...
[OK] (elapsed time was 5 seconds)
Todd(config)#
1d15h: %SSH-5-ENABLED: SSH 1.99 has been enabled*June 25
19:25:30.035: %SSH-5-ENABLED: SSH 1.99 has been enabled
```

5. 啟動路由器上的 SSH 2.0，雖然沒有強制性，但強烈建議：

```
Todd(config)#ip ssh version 2
```

6. 連到交換器或路由器的 VTY 線路：

```
Todd(config)#line vty 0 15
```

7. 告訴線路要使用本地資料庫的密碼

```
Todd(config-line)#login local
```

6

8. 設定存取協定：

```
Todd(config-line)#transport input ?
all All protocols
none No protocols
ssh TCP/IP SSH protocol
telnet TCP/IP Telnet protocol
```

要注意千萬不要在正式營運環境中使用下面的命令，因為它會造成很大的安全性風險：

```
Todd(config-line)#transport input all
```

建議使用下面命令，以 SSH 來保護 VTY 線路：

```
Todd(config-line)#transport input ssh ?
telnet TCP/IP Telnet protocol
<cr>
```

事實上，筆者的確會在某些特定情況下短暫使用 Telnet，但絕不會經常這麼做。如果要使用 Telnet 時，可以使用如下的方式：

```
Todd(config-line)#transport input ssh telnet
```

如果在命令字串的結尾沒有使用關鍵字 telnet，則只有 SSH 能在路由器上運作。您可以兩者擇一使用，但是千萬別忘了 SSH 比 Telnet 安全。

對密碼加密

因為預設只有 enable secret 密碼會被加密，對於使用者模式密碼與 enable 密碼的加密，必須手動地設定。

在交換器上執行 **show running-config** 命令時，可以看到除了 enable secret 的密碼之外，所有其他的密碼，例如：

```
Todd#sh running-config
Building configuration...
Current configuration : 1020 bytes
!
! Last configuration change at 00:03:11 UTC Mon Mar 1 1993
!
version 15.0
no service pad
service timestamps debug datetime msec
service timestamps log datetime msec
no service password-encryption
!
hostname Todd
!
enable secret 5 ykw.3/tgsOuy9.5qmgG/EeYOYgBvfX5v.S8UNA9Rddg
enable password todd
!
[output cut]
!
line con 0
password console
login
line vty 0 5
password telnet
login
line vty 5 15
password telnet
login
!
end
```

要手動為密碼加密，請使用 **service password-encryption** 命令，例如：

```
Todd#config t
Todd(config)#service password-encryption
Todd(config)#exit
Todd#show run
Building configuration...
!
!
enable secret 5 ykw.3/tgsOuy9.5qmgG/EeYOYgBvfX5v.S8UNA9Rddg
enable password 7 1505050800
!
[output cut]
```

```
!
!
line con 0
password 7 050809013253520C
login
line vty 0 5
password 7 05120A2D525B1D
login
line vty 5 15
password 7 05120A2D525B1D
login
!
end
Todd#config t
Todd(config)#no service password-encryption
Todd(config)#^Z
Todd#
```

這樣密碼就完成加密了。您只要為密碼加密，執行 **show run**，然後如果想要的話，也可以關閉加密的命令。從上面的輸出可以看到 enable 密碼與線路密碼都已經被加密了。

在我們往下學習如何在介面上設定說明之前，先再次強調一下密碼加密的一些重點。如之前所述，如果您設定密碼，然後開啟 **service password-encryption** 命令，那麼在關閉加密服務之前必須先執行 **show running-config** 命令，否則密碼將不會被加密。您完全不必關閉加密服務，只有在交換器處理速度很慢時才需要這樣做。如果您在設定密碼之前先開啟服務，甚至不用檢視它們就已經進行加密了。

説明 (Description)

設定介面的說明有助於管理，而且跟主機名稱一樣，這種說明只對本機有意義。當您需要追蹤交換器的電路編號，或是路由器的 WAN 序列埠等情況下，就會發現 **description** 命令很有用。

下面是筆者交換器的一個範例：

```
Todd#config t
Todd(config)#int fa0/1
Todd(config-if)#description Sales VLAN Trunk Link
Todd(config-if)#^Z
Todd#
```

下面則是路由器序列 WAN 的範例：

```
Router#config t
Router(config)#int s0/0/0
Router(config-if)#description WAN to Miami
Router(config-if)#^Z
```


您可以用 **show running-config**、**show interface** 或 **show interface description** 命令來檢視介面的說明，例如：

```
Todd#sh run
Building configuration...
Current configuration : 855 bytes
!
interface FastEthernet0/1
description Sales VLAN Trunk Link
!
[output cut]
Todd#sh int f0/1
FastEthernet0/1 is up, line protocol is up (connected)
Hardware is Fast Ethernet, address is ecc8.8202.8282 (bia ecc8.8202.8282)
Description: Sales VLAN Trunk Link
MTU 1500 bytes, BW 100000 Kbit/sec, DLY 100 usec,
[output cut]
Todd#sh int description
Interface Status Protocol Description
Vl1       up     up
Fa0/1     up     up       Sales VLAN Trunk Link
Fa0/2     up     up
```

真實情境

description：很有用的命令

鮑伯是舊金山 Acme 公司的資深網管員，公司有 50 條廣域網路的鏈路遍佈美國與加拿大的各個分公司。每當有介面運作不正常時，鮑伯就得花許多時間去找出該電路編號，以及 WAN 鏈路的供應商電話。

介面的 **description** 命令對鮑伯非常有用，因為它不只可以在區域網路的鏈路上使用這個命令，以便能知道每個路由器介面連到什麼地方。最有用的是，他還可以在每個廣域網路介面加上電路編號與供應商的電話號碼。

雖然鮑伯事先將這些資訊加到每個介面可能得花上幾小時的時間，但每當廣域網路故障時 (它們就是會故障！)，就可節省不少寶貴的時間，而時間就是金錢。

執行 do 命令

在前面的所有範例中，都是從特權模式執行 **show**。不過我有個好消息，從 IOS 12.3 版開始，Cisco 終於在 IOS 中加入一個命令，能夠在設定模式內檢視組態和統計值。事實上，在任何 IOS 中，如果嘗試在整體設定模式檢視組態，就會得到下列的錯誤：

```
Todd(config)#sh run
                ^
% Invalid input detected at  '^'  marker.
```

相較於上面的輸出，如果在執行 15.0 IOS 的路由器中利用 "do" 語法輸入相同的命令，則會得到下面的輸出：

```
Todd(config)#do show run
Building configuration...
Current configuration : 759 bytes
!
version 15.0
no service pad
service timestamps debug datetime msec
```

```
service timestamps log datetime msec
no service password-encryption
!
hostname Todd
!
boot-start-marker
boot-end-marker
!
[output cut]
```

所以，您現在幾乎可以從任何的設定提示列中執行任意的命令——很酷吧！回到對密碼加密的例子，**do** 命令可以讓整體進行得更快，所以這真的是非常非常好用的命令！

6-4 路由器和交換器介面

介面組態設定是最重要的路由器設定，因為如果沒有介面，路由器就會變成廢物。而且介面的組態設定必須非常精確，以促成與其他裝置的通訊。介面組態包括網路層位址、傳輸媒介類型、頻寬以及其它的管理員命令。

在第 2 層交換器的介面組態設定，通常比路由器的介面組態設定要簡單得多。下面是命令 **show ip interface brief** 的輸出。以下列出了筆者 3560 交換器上所有介面的組態：

```
Todd#sh ip interface brief
Interface            IP-Address      OK?  Method  Status   Protocol
Vlan1                192.168.255.8   YES  DHCP    up       up
FastEthernet0/1      unassigned      YES  unset   up       up
FastEthernet0/2      unassigned      YES  unset   up       up
FastEthernet0/3      unassigned      YES  unset   down     down
FastEthernet0/4      unassigned      YES  unset   down     down
FastEthernet0/5      unassigned      YES  unset   up       up
FastEthernet0/6      unassigned      YES  unset   up       up
FastEthernet0/7      unassigned      YES  unset   down     down
FastEthernet0/8      unassigned      YES  unset   down     down
GigabitEthernet0/1 unassigned      YES  unset   down     down
```

上述輸出顯示所有 Cisco 交換器都有的預設被繞送埠 (VLAN 1)，以及 9 個 FastEthernet 介面埠，還有 1 個用來提供通往其他交換器的上行鏈結之 Gigabit Ethernet 埠。

不同路由器使用不同的方法來選擇它們所使用的介面。例如，以下的命令是 1 台 2800 ISR Cisco 路由器，具有 2 個 FastEthernet 介面，和 2 個序列 WAN 介面：

```
Router>sh ip int brief
Interface         IP-Address      OK? Method Status                Protocol
FastEthernet0/0   192.168.255.11  YES DHCP    up                    up
FastEthernet0/1   unassigned      YES unset   administratively down down
Serial0/0/0       unassigned      YES unset   administratively down down
Serial0/1/0       unassigned      YES unset   administratively down down
Router>
```

之前，設定介面的命令是 **interface 類型 編號**，但較新的路由器都提供實體插槽 (slot)，並且包含插入模組的埠號。所以模組型路由器的設定就變成了 **interface 類型 插槽/埠號**，例如：

```
Todd#config t
Todd(config)#interface GigabitEthernet 0/1
Todd(config-if)#
```

您可以看到現在是在 Gigabit 乙太網路插槽 0、埠號 1 的提示列下，我們可以在此進行該介面的組態變更。您不可以只輸入 **int gigabitethernet 0**，而必須在命令中輸入完整的**插槽/埠號**變項。例如 **int gigabitethernet 0/1** 或是 **int g0/1**。

一旦處於介面設定模式之中，就可以設定不同的選項。要記住在 LAN 中，速度和雙工模式是兩大考量因素：

```
Todd#config t
Todd(config)#interface GigabitEthernet 0/1
Todd(config-if)#speed 1000
Todd(config-if)#duplex full
```

上面做了什麼呢？基本上，它關閉了埠上的自動偵測機制，強迫它以 gigabit 的速度執行全雙工。對 ISR 系列路由器而言，基本上大致相同，但是選擇更多。它們的 LAN 介面相同，但模組的剩餘部分不同，它使用 3 個數字、而非 2 個。這 3 個數字可能代表插槽/子插槽/埠，但它其實取決於 ISR 路由器上使用的卡。就認證考試而言，只需要記得第一個 0 是路由器本身。然後再選擇插槽，最後才是埠號。下面是 2811 序列介面的範例：

```
Todd(config)#interface serial ?
<0-2> Serial interface number
Todd(config)#interface serial 0/0/?
<0-1> Serial interface number
Todd(config)#interface serial 0/0/0
Todd(config-if)#
```


這看起來好像有點冒險，但其實並沒有那麼困難。它提醒您永遠應該先查看 **show ip interface brief** 或 **show running-config** 命令的輸出，以便知道必須處理哪些介面。下面是安裝多個序列介面的 2811 的輸出：

```
Todd(config-if)#do show run
Building configuration...
[output cut]
!
interface FastEthernet0/0
no ip address
shutdown
duplex auto
speed auto
!
interface FastEthernet0/1
no ip address
shutdown
duplex auto
speed auto
!
interface Serial0/0/0
no ip address
shutdown
no fair-queue
```

```
!
interface Serial0/0/1
no ip address
shutdown
!
interface Serial0/1/0
no ip address
shutdown
!
interface Serial0/2/0
no ip address
shutdown
clock rate 2000000
!
[output cut]
```

為了簡潔起見，上面並沒有包含完整的運行組態，但是需要知道的都包含在內了。您可以看到有 2 個內建的乙太網路介面，有位於 0 號插槽的 2 個序列介面 (0/0/0 和 0/0/1)，還有位於 1 號插槽的序列介面 (0/1/0) 以及位於 2 號插槽的序列介面 (0/2/0)。一旦看過這樣的介面之後，就比較容易瞭解這些模組是如何新增到路由器中。

如果在較早的 2500 系列路由器上輸入 **interface e0**，或是在模組路由器 (如 2800 系列路由器) 上輸入 **interface fastethernet 0/0**，或是在 ISR 路由器上輸入 **interface serial 0/1/0**，就相當於是選擇一個介面來設定，而且基本上，它們之後的設定方式都完全相同。

接下來幾節，我們將繼續路由器介面的討論，包括如何啟用介面，並且設定路由器介面的 IP 位址。

啟用介面

關閉介面的命令是 **shutdown**，而打開它的命令是 **no shutdown** 命令。特別提醒一下：所有交換器埠預設為開啟，而所有路由器埠預設為關閉，所以下面的討論將會比較偏重路由器埠。

如果介面是關閉的，則利用 **show interfaces** (或縮寫成 **sh int**) 命令時，會顯示這種介面為管理性的關閉 (administratively down)，例如：

```
Router#sh int f0/0
FastEthernet0/1 is administratively down, line protocol is down
[output cut]
```

另一種檢查介面狀態的方式是 **show running-config** 命令。您可以利用 **no shutdown** (或縮寫成 **no shut**) 命令來啟動路由器的介面，例如：

```
Router(config)#int f0/0
Router(config-if)#no shutdown
*August 21 13:55:08.555: %LINK-3-UPDOWN: Interface FastEthernet0/0,
changed state to up
Router(config-if)#do show int f0/0
FastEthernet0/0 is up, line protocol is up
[output cut]
```


設定介面的 IP 位址

雖然沒有一定要在路由器上使用 IP，但這種用法非常普遍。要設定介面的 IP 位址，必須在介面設定模式中利用 **ip address** 命令。此外，別忘了第 2 層的交換器埠不能設定 IP 位址。

```
Todd(config)#int f0/1
Todd(config-if)#ip address 172.16.10.2 255.255.255.0
```

不要忘了使用 **no shutdown** 命令來啟動介面，記得檢視 **show interface** 命令的輸出，看它的狀態是否為管理性的關閉。**show running-config** 也會告訴您這方面的資訊。

Note **ip address 位址 遮罩**命令會啟用路由器介面的 IP 處理。再次提醒：第 2 層的交換器介面並不能設定 IP 位址。

如果您想要為介面增加第 2 個子網路位址，必須使用 **secondary** 參數。但如果您輸入另一個 IP 位址，並且按下『Enter』，則會取代既有的 IP 位址與遮罩。這肯定是 Cisco IOS 最出色的功能。

因此，讓我們試試利用 **secondary** 參數來增加第 2 個 IP 位址，例如：

```
Todd(config-if)#ip address 172.16.20.2 255.255.255.0 ?
secondary  Make this IP address a secondary address
<cr>
Todd(config-if)#ip address 172.16.20.2 255.255.255.0 secondary
Todd(config-if)#do sh run
Building configuration...
[output cut]

interface FastEthernet0/1
ip address 172.16.20.2 255.255.255.0 secondary
ip address 172.16.10.2 255.255.255.0
duplex auto
speed auto
!
```

筆者真的建議您不要在一個介面上使用多個 IP 位址，因為這樣很沒效率。不過我們仍然示範這種做法給您看，以免萬一您遇到的 MIS 主管熱愛糟糕的網路設計，並且要您去管理！

運用引流（|）

這裡指的是輸出的修飾子。這個引流符號讓我們可以穿越所有的組態設定或其他的冗長輸出，快速直接地達到我們的目標。下面是個例子：

```
Router#sh run | ?
append Append redirected output to URL (URLs supporting append
operation only)
begin Begin with the line that matches
exclude Exclude lines that match
include Include lines that match
redirect Redirect output to URL
section Filter a section of output
tee Copy output to URL

Router#sh run | begin interface
interface FastEthernet0/0
description Sales VLAN
ip address 10.10.10.1 255.255.255.248
duplex auto
```

```
speed auto
!
interface FastEthernet0/1
ip address 172.16.20.2 255.255.255.0 secondary
ip address 172.16.10.2 255.255.255.0
duplex auto
speed auto
!
interface Serial0/0/0
description Wan to SF circuit number 5fdda 12345678
no ip address
!
```

基本上引流符號 (輸出修飾子) 就是用來協助您以光速通過整個路由器組態的一片混亂。當筆者在檢視很大的路徑表，以尋找是否存在特定路徑時，就經常會用到它。下面是個例子：


```
Todd#sh ip route | include 192.168.3.32
R 192.168.3.32 [120/2] via 10.10.10.8, 00:00:25, FastEthernet0/0
Todd#
```

要知道這個路徑表中有超過 100 筆資訊，所以如果沒有引流符號，現在可能還在檢查那些輸出呢！它是個很強的高效率工具，可以在組態中快速找到某一列，而省下大量的時間和精力，或是像前面的例子，在龐大的路徑表中找到一筆路徑。

多花點時間玩一玩引流命令，就能夠掌握它，您會發現快速分析路由器輸出的新能力。

序列介面命令

在進行序列介面的設定主題之前，您需要一些重要的資訊，例如這種介面通常會連結 CSU/DSU 類型的裝置，這種裝置提供時脈 (clock) 給連結路由器的線路，如圖 6.3 所示。

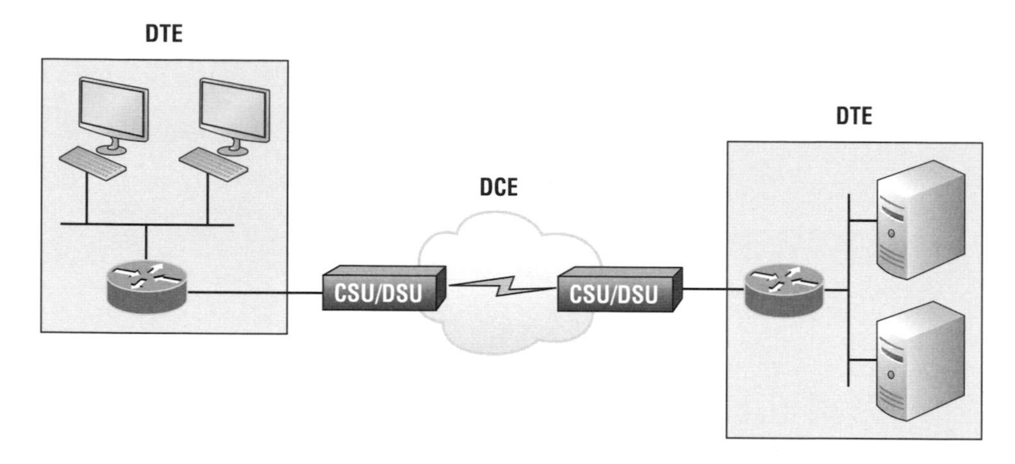

圖 6.3 典型的 WAN 連線。通常由 DCE (Data Communication equipment，資料通訊設備) 網路提供時脈給路由器。在非營運的環境中，不一定會有 DCE 網路存在

從圖中可看到序列介面透過 CSU/DSU 連結 DCE 網路，而且由 CSU/DSU 提供時脈給路由器介面。如果您有背對背 (back-to-back) 組態 (例如在實驗環境使用的網路，參見圖 6.4)，則纜線的 DCE 端必須提供時脈。

圖 6.4 在非營運網路中提供時脈

根據預設，Cisco 路由器是 DTE 裝置 (Data Terminal Equipment，資料終端設備)，所以如果您需要介面扮演 DCE 裝置，必須設定介面來提供時脈。但在營運環境的 T1 連線則不用提供時脈，因為會有 CSU/DSU 連接您的序列介面，如圖 6.3 所示。

以下利用 **clock rate** 命令來設定 DCE 序列介面：

```
Router#config t
Enter configuration commands, one per line. End with CNTL/Z.
Router(config)#int s0/0/0
Router(config-if)#clock rate ?
Speed (bits per second)
1200
2500
5800
9500
15500
19200
28800
32000
38500
58000
55000
57500
55000
72000
115200
125000
128000
158000
192000
250000
255000
385000
500000
512000
758000
800000
1000000
2000000
5000000
5300000
8000000
<300-8000000> Choose clockrate from list above
Router(config-if)#clock rate 1000000
```

clock rate 命令的單位是每秒位元數。除了檢查纜線的端點，看是否有 DCE 或 DTE 的標籤外，還可利用 **show controllers** 命令來查看路由器的序列介面是否有連結 DCE 纜線。

```
Router#sh controllers s0/0/0
Interface Serial0/0/0
Hardware is GT95K
DTE V.35idb at 0x5352FCB0, driver data structure at 0x535373D5
```

以下是顯示 DCE 連線的輸出範例：

```
Router#sh controllers s0/2/0
Interface Serial0/2/0
Hardware is GT95K
DCE V.35, clock rate 1000000
```

下個需要熟悉的命令是 **bandwidth** 命令。每部 Cisco 路由器出貨時，預設的序列鏈路頻寬是 T-1 (1.544Mbps)。但這與資料如何在鏈路上傳輸無關，序列鏈路的頻寬是給遶送協定 (如 EIGRP 與 OSPF) 計算抵達遠端網路的最佳成本用的。因此，如果您使用的是 RIP 遶送，則序列鏈路的頻寬設定並不重要，因為 RIP 只使用中繼站的數目 (hop count) 來決定最佳路徑。

您可能邊讀邊想！遶送協定？這是什麼啊？別緊張，我們會在第 9 章討論。

以下是使用 **bandwidth** 命令的例子：

```
Router#config t
Router(config)#int s0/0/0
Router(config-if)#bandwidth ?
<1-10000000> Bandwidth in kilobits
inherit Specify that bandwidth is inherited
receive Specify receive-side bandwidth
Router(config-if)#bandwidth 1000
```

您是否注意到，不像 **clock rate** 命令，**bandwith** 命令是以千位元為單位來設定的。

討論過有關 **clock rate** 命令的所有這些設定範例之後，其實新的 ISR 路由器會自動地偵測 DCE 連線，並且將時脈速率設為 2000000。不過，即使那些新路由器會自動設定，您仍然需要瞭解 **clock rate** 命令。

6-5 檢視、儲存與清除組態設定

執行安裝模式時，它會問您是否想要使用剛剛產生的組態設定。如果您回答 "是的"，它就會把 DRAM 中執行的組態 (亦即運行組態) 拷貝至 NVRAM 中，並且將檔案命名為 startup-config。當然，希望您能聰明地使用 CLI，而不是安裝模式。

您可以利用 **copy running-config startup-config** 命令 (簡寫為 **copy run start**)，手動地將 DRAM 中的檔案儲存至 NVRAM 中。例如：

```
Todd#copy running-config startup-config
Destination filename [startup-config]? [press enter]
Building configuration...
[OK]
Todd#
Building configuration...
```

當您看到某個問題後面跟著 [] 時，只要按下『Enter』鍵，就代表要使用括號裡的預設答案。

因此，這個命令預設的檔名就是括號中的 **startup-config**。但是這個命令也提供您將檔案拷貝到任何地方的選擇。請看以下交換器的輸出：

```
Todd#copy running-config ?
flash: Copy to flash: file system
ftp: Copy to ftp: file system
http: Copy to http: file system
https: Copy to https: file system
null: Copy to null: file system
nvram: Copy to nvram: file system
rcp: Copy to rcp: file system
running-config Update (merge with) current system configuration
scp: Copy to scp: file system
startup-config Copy to startup configuration
syslog: Copy to syslog: file system
system: Copy to system: file system
tftp: Copy to tftp: file system
tmpsys: Copy to tmpsys: file system
vb: Copy to vb: file system
```

別擔心，我們會在第 7 章更進一步地討論拷貝的方法與位置。

您可以在特權模式下利用 **show running-config** 或 **show startup-config** 命令來檢視這些檔案，**sh run** 命令 (**show running-config** 命令的縮寫) 告訴我們的是目前的組態，例如：

```
Todd#sh run
Building configuration...
Current configuration : 855 bytes
!
! Last configuration change at 23:20:05 UTC Mon Mar 1 1993
!
version 15.0
[output cut]
```

sh start 命令 (**show startup-config** 的縮寫) 會顯示路由器下次重新載入時使用的組態。它也會告訴我們啟動組態檔到底需要多少 NVRAM。例如：

```
Todd#sh start
Using 855 out of 525288 bytes
!
! Last configuration change at 23:20:05 UTC Mon Mar 1 1993
!
version 15.0
[output cut]
```

但是請小心！如果您嘗試這個命令並且看到：

```
Todd#sh start
startup-config is not present
```

表示目前的運行組態尚未儲存到 NVRAM，或是備份的組態已經被刪除！

刪除組態並重載裝置

您可以利用 **erase startup-config** 命令來刪除啟動組態檔，例如：

```
Todd#erase start
% Incomplete command.
```

首先，請注意在刪除備份組態的時候，不能使用縮寫。從 IOS 12.5 的 ISR 路由器開始就是這樣。

```
Todd#erase startup-config
Erasing the nvram filesystem will remove all configuration files! Continue?
[confirm]
[OK]
Erase of nvram: complete
Todd#
*Mar 5 01:59:55.205: %SYS-7-NV_BLOCK_INIT: Initialized the geometry of nvram
Todd#reload
Proceed with reload? [confirm]
```


如果在使用 **erase startup-config** 命令之後，經過重新載入或關機，就只會進入安裝模式，因為 NVRAM 中已經沒有儲存任何組態了。您可以按『Ctrl』+『C』來結束安裝模式 (**reload** 命令只能在特權模式下使用)。

此時您不應該使用安裝模式來設定路由器。安裝模式是為不會使用 CLI 的人設計的，您現在已經超越這個等級了！

確認組態設定

很明顯地，**show running-config** 命令是確認目前組態的最佳方式，而 **show startup-config** 則是用來確認路由器下次重新載入時的組態。

一旦檢視過運行組態，而且一切看起來正常，就可以利用 ping 與 telnet 等公用程式來確認您的設定。ping 是利用 ICMP 回聲請求與回應的程式 (ICMP 請參考第 3 章)。Ping 會傳送封包給遠端的主機，如果該主機有回應，您就知道該主機還活著，但並不確認它是否運作得一切正常；例如能 ping 到微軟伺服器，不表示您就能登入！雖然如此，ping 仍然是檢修互連網路的第一步。

您知道 ping 可以用不同的協定嗎？是的，您可以在路由器的使用者模式或特權模式的提示列輸入 **ping ?** 來測試一下：

```
Todd#ping ?
WORD Ping destination address or hostname
clns CLNS echo
ip IP echo
ipv5 IPv5 echo
tag Tag encapsulated IP echo
<cr>
```

如果您想要找尋鄰居節點的網路層位址，您可以直接連到該路由器或交換器，也可以輸入 **show cdp entry * protocol** 命令來取得 ping 所需要的網路層位址。

您可以用 ping 的擴充功能來改變預設的變數，例如：

```
Todd#ping
Protocol [ip]:
Target IP address: 10.1.1.1
Repeat count [5]:
% A decimal number between 1 and 2147483647.
Repeat count [5]: 5000
Datagram size [100]:
% A decimal number between 35 and 18025.
Datagram size [100]: 1500
Timeout in seconds [2]:
Extended commands [n]: y
Source address or interface: FastEthernet 0/1
Source address or interface: Vlan 1
Type of service [0]:
Set DF bit in IP header? [no]:
Validate reply data? [no]:
Data pattern [0xABCD]:
Loose, Strict, Record, Timestamp, Verbose[none]:
Sweep range of sizes [n]:
Type escape sequence to abort.
Sending 5000, 1500-byte ICMP Echos to 10.1.1.1, timeout is 2 seconds:
Packet sent with a source address of 10.10.10.1
```

擴充的 ping 可以讓您設定更多的重複次數 (預設為 5)，以及更大的資料包大小。這樣可以提高 MTU，並且更精確地測試輸出流量。此外，它還可以讓我們選擇要從哪個來源介面將 ping 送出去，這對於某些狀況的診斷非常有用。為了用筆者的交換器來示範擴充的 ping 能力，我必須使用唯一的被繞送埠，預設稱為 VLAN 1。如果您想要使用不同的診斷埠，也可以建立稱為 loopback 的邏輯介面：

```
Todd(config)#interface loopback ?
<0-2157583557>  Loopback interface number
Todd(config)#interface loopback 0
*May 19 03:05:52.597: %LINEPROTO-5-UPDOWN: Line prot
changed state to ups
Todd(config-if)#ip address 20.20.20.1 255.255.255.0
```

現在就可以用這個埠來進行診斷，甚至當作 ping 或 traceroute 的來源埠：

```
Todd#ping
Protocol [ip]:
Target IP address: 10.1.1.1
Repeat count [5]:
Datagram size [100]:
Timeout in seconds [2]:
Extended commands [n]: y
Source address or interface: 20.20.20.1
Type of service [0]:
Set DF bit in IP header? [no]:
Validate reply data? [no]:
Data pattern [0xABCD]:
Loose, Strict, Record, Timestamp, Verbose[none]:
Sweep range of sizes [n]:
Type escape sequence to abort.
Sending 5, 100-byte ICMP Echos to 10.1.1.1, timeout is 2 seconds:
Packet sent with a source address of 20.20.20.1
```

邏輯介面很適合用來進行診斷，或是當我們沒有實體介面的時候，可用來進行實作練習。

Cisco 發現協定 (Cisco Discovery Protocol，CDP) 將於第 7 章討論。

traceroute 使用 ICMP 與 IP 的存留時限 (Time To Live，TTL) 來追蹤封包在互連網路中所經過的路徑，而不像 ping 只是用來發現主機與回應。traceroute 也可以使用多種協定：

```
Todd#traceroute ?
WORD Trace route to destination address or hostname
aaa Define trace options for AAA events/actions/errors
appletalk AppleTalk Trace
clns ISO CLNS Trace
ip IP Trace
ipv5 IPv5 Trace
ipx IPX Trace
mac Trace Layer2 path between 2 endpoints
oldvines Vines Trace (Cisco)
vines Vines Trace (Banyan)
<cr>
```

就跟 ping 一樣，我們可以用額外的參數來執行擴展的 traceroute。通常我們會用選項來改變來源端介面。

```
Todd#traceroute
Protocol [ip]:
Target IP address: 10.1.1.1
Source address: 172.16.10.1
Numeric display [n]:
Timeout in seconds [3]:
Probe count [3]:
Minimum Time to Live [1]: 255
Maximum Time to Live [30]:
Type escape sequence to abort.
Tracing the route to 10.1.1.1
```

Telnet、FTP、HTTP 是最好的工具，因為它們使用網路層的 IP 與傳輸層的 TCP 來與遠端主機建立會談。如果能使用 telnet、ftp 或 http 連到某台裝置，表示您的 IP 連結性沒有問題。

```
Todd#telnet ?
WORD IP address or hostname of a remote system
<cr>
Todd#telnet 10.1.1.1
```

當您 telnet 到遠端設備時，預設是不會看到控制台訊息的。例如，您將無法看到偵錯的輸出。為了讓控制台訊息能被傳送到您的 telent 會談，請使用 **terminal monitor** 命令，如下例的 SF 路由器：

```
SF#terminal monitor
```

只要在交換器或路由器的提示列輸入主機名稱或 IP 位址，它就會假設您想要進行 telnet，並不需要真正輸入 **telnet** 命令。

接著將說明如何確認介面的統計資訊。

show interface 命令

show interface 命令是另一種確認組態設定的方法。首先讓我們輸入 **show interface ?**，以顯示所有可設定的介面。

複數的 **show interfaces** 命令，會顯示路由器上所有介面的可設定參數與統計值。

這個命令在確認與檢修路由器和網路問題時非常有用，以下的輸出來自一部剛剛清除組態並且重新開機的 2811 路由器：

```
Router#sh int ?
Async Async interface
BVI Bridge-Group Virtual Interface
CDMA-Ix CDMA Ix interface
CTunnel CTunnel interface
Dialer Dialer interface
FastEthernet FastEthernet IEEE 802.3
Loopback Loopback interface
MFR Multilink Frame Relay bundle interface
Multilink Multilink-group interface
Null Null interface
Port-channel Ethernet Channel of interfaces
Serial Serial
Tunnel Tunnel interface
Vif PGM Multicast Host interface
Virtual-PPP Virtual PPP interface
Virtual-Template Virtual Template interface
Virtual-TokenRing Virtual TokenRing
```

```
accounting Show interface accounting
counters Show interface counters
crb Show interface routing/bridging info
dampening Show interface dampening info
description Show interface description
etherchannel Show interface etherchannel information
irb Show interface routing/bridging info
mac-accounting Show interface MAC accounting info
mpls-exp Show interface MPLS experimental accounting info
precedence Show interface precedence accounting info
pruning Show interface trunk VTP pruning information
rate-limit Show interface rate-limit info
status Show interface line status
summary Show interface summary
switching Show interface switching
switchport Show interface switchport information
trunk Show interface trunk information
| Output modifiers
<cr>
```

真正的實體介面是 FastEthernet、Serial 與 Async，其餘的都只是邏輯介面或是可以用來查核的命令。

下一個命令是 **show interface fastethernet 0/0**。它能告訴我們硬體位址、邏輯位址、封裝方法以及碰撞上的統計值。例如：

```
Router#sh int f0/0
FastEthernet0/0 is up, line protocol is up
Hardware is MV95350 Ethernet, address is 001a.2f55.c9e8 (bia 001a.2f55.c9e8)
Internet address is 192.168.1.33/27
MTU 1500 bytes, BW 100000 Kbit, DLY 100 usec, reliability 255/255,
txload 1/255, rxload 1/255
Encapsulation ARPA, loopback not set
Keepalive set (10 sec)
Auto-duplex, Auto Speed, 100BaseTX/FX
ARP type: ARPA, ARP Timeout 05:00:00
Last input never, output 00:02:07, output hang never
Last clearing of "show interface" counters never
Input queue: 0/75/0/0 (size/max/drops/flushes); Total output drops: 0
Queueing strategy: fifo
Output queue: 0/50 (size/max)
```

```
5 minute input rate 0 bits/sec, 0 packets/sec
5 minute output rate 0 bits/sec, 0 packets/sec
0 packets input, 0 bytes
Received 0 broadcasts, 0 runts, 0 giants, 0 throttles
0 input errors, 0 CRC, 0 frame, 0 overrun, 0 ignored
0 watchdog
0 input packets with dribble condition detected
15 packets output, 950 bytes, 0 underruns
0 output errors, 0 collisions, 0 interface resets
0 babbles, 0 late collision, 0 deferred
0 lost carrier, 0 no carrier
0 output buffer failures, 0 output buffers swapped out
Router#
```

這個介面看來運作得不錯。**show interfaces** 命令會顯示介面是否有收到錯誤，以及最大傳輸單位 (MTU)、頻寬 (BW)、可靠度 (255/255 代表一切都好)、和負載 (1/255 代表沒有負載)。

繼續觀察前面的輸出，可以找出介面的頻寬嗎？假設忽略介面名稱「FastEthernet」的提示，還是可以看出頻寬是 100000 Kbit，相當於 100,000,000，也就是每秒 100 Mbit 的快速乙太網路。Gigabit 則是每秒 1000000 Kbit。

請確定不要忽略輸出中的錯誤和碰撞，在上面的輸出中為 0。如果這些數字持續增加，表示「實體層」或「資料鏈結層」有一些問題。請檢查雙工模式。如果有一邊是半雙工，另一邊是全雙工，則介面雖然可以運作，但是會很慢，而且這些數字也會很快地累加上去。

show interface 命令的最重要統計值是線路與資料鏈結協定的狀態。如果輸出顯示 FastEthernet 0/0 是啟用的，而且線路協定也是啟用的，則介面就是啟用且正在運作中，例如：

```
Router#sh int fa0/0
FastEthernet0/0 is up，line protocol is up
```

第 1 個參數與「實體層」相關，當它收到媒介的偵測信號時就是啟用狀態。第 2 個參數參考到「資料鏈結層」，它會尋找連結端送來的 keepalive 訊號。裝置之間會使用 keepalive 來確認連線是否斷掉。

下面是序列介面的例子，這是個經常會出問題的地方：

```
Router#sh int s0/0/0
Serial0/0 is up，line protocol is down
```

如果您發現線路是啟用的，但協定沒有啟用 (如上所示)，則可能面臨的是時脈 (keepalive) 或訊框封裝的問題 (可能是封裝的方法不匹配)。請檢查兩端有關 keepalive 的設定，以確定他們是否匹配。如果必要的話，確認有設定時脈，並確定兩端的封裝類型相同。上面的輸出顯示「資料鏈結層」出了問題。

如果您發現線路介面與協定都沒有啟用，則是纜線或介面的問題。下面的輸出是「實體層」發生問題的情況：

```
Router#sh int s0/0/0
Serial0/0 is down，line protocol is down
```

如果有一端被管理性地關閉 (如下所示)，則另一端呈現的將會是線路介面與協定同時都沒有作用，例如：

```
Router#sh int s0/0/0
Serial0/0 is administratively down，line protocol is down
```

要啟用介面，請在介面設定模式下使用 **no shutdown** 命令。

接下來的 **show interface serial 0/0/0** 命令展示的是序列線路與最大傳輸單元 (Maximum Transmission Unit，MTU)，預設是 1,500 位元組。它也顯示所有 Cisco 序列鏈路上的預設頻寬：1.544Kbps。遶送協定 (如 EIGRP 與 OSPF) 會用它來決定線路頻寬。另一個值得注意的重要組態是 keepalive，預設值是 10 秒。每部路由器每隔 10 秒會傳送 keepalive 訊息給它的鄰居，如果兩部路由器沒有設定相同的 keepalive 間隔，就無法運作。檢視下面的輸出：

```
Router#sh int s0/0/0
Serial0/0 is up, line protocol is up
Hardware is HD55570
MTU 1500 bytes, BW 1555 Kbit, DLY 20000 usec,
reliability 255/255, txload 1/255, rxload 1/255
Encapsulation HDLC, loopback not set, keepalive set
(10 sec)
Last input never, output never, output hang never
Last clearing of "show interface" counters never
Queueing strategy: fifo
Output queue 0/50, 0 drops; input queue 0/75, 0 drops
5 minute input rate 0 bits/sec, 0 packets/sec
5 minute output rate 0 bits/sec, 0 packets/sec
0 packets input, 0 bytes, 0 no buffer
Received 0 broadcasts, 0 runts, 0 giants, 0 throttles
0 input errors, 0 CRC, 0 frame, 0 overrun, 0 ignored,
0 abort
0 packets output, 0 bytes, 0 underruns
0 output errors, 0 collisions, 15 interface resets
0 output buffer failures, 0 output buffers swapped out
0 carrier transitions
DCD=down DSR=down DTR=down RTS=down CTS=down
```


您可以使用 **clear counters** 命令來清除介面上的計數器，例如：

```
Router#clear counters ?
Async Async interface
BVI Bridge-Group Virtual Interface
CTunnel CTunnel interface
Dialer Dialer interface
FastEthernet FastEthernet IEEE 802.3
Group-Async Async Group interface
Line Terminal line
Loopback Loopback interface
MFR Multilink Frame Relay bundle interface
Multilink Multilink-group interface
Null Null interface
Serial Serial
Tunnel Tunnel interface
Vif PGM Multicast Host interface
Virtual-Template Virtual Template interface
Virtual-TokenRing Virtual TokenRing
<cr>
```

```
Router#clear counters s0/0/0
Clear "show interface" counters on this interface
[confirm][enter]
Router#
00:17:35: %CLEAR-5-COUNTERS: Clear counter on interface
Serial0/0/0 by console
Router#
```

利用 show interfaces 命令進行故障檢測

讓我們再次檢視 **show interfaces** 命令的輸出，其中有許多是在 Cisco 認證中很重要的統計值。

```
275595 packets input, 35225811 bytes, 0 no buffer
Received 59758 broadcasts (58822 multicasts)
0 runts, 0 giants, 0 throttles
0 input errors, 0 CRC, 0 frame, 0 overrun, 0 ignored
0 watchdog, 58822 multicast, 0 pause input
0 input packets with dribble condition detected
2392529 packets output, 337933522 bytes, 0 underruns
0 output errors, 0 collisions, 1 interface resets
0 babbles, 0 late collision, 0 deferred
0 lost carrier, 0 no carrier, 0 PAUSE output
0 output buffer failures, 0 output buffers swapped out
```

在進行介面的障礙檢測時，有時很難知道要從哪裡開始，不過，我們可以先檢查輸入錯誤和 CRC 的數字。通常，雙工錯誤會造成這些統計值增加，但是也可能是「實體層」的問題，例如纜線可能收到額外的干擾，或是網路介面卡故障。如果 CRC 和輸入錯誤增加，但是碰撞計數器沒有增加的時候，就可以分辨它是干擾所造成的。

讓我們檢視其中的一些輸出：

- **No buffer**：您絕對不想看到它的數字增加，這表示已經沒有任何剩餘的緩衝區供進入的封包使用。緩衝區已滿之後收到的任何封包都會被丟棄。從 Ignored 的輸出可以看到有多少封包被丟棄。

- **Ignored**：如果封包緩衝區太滿，封包就會被丟棄。如果 **No buffer** 和 **Ignored** 的數值增加，表示 LAN 上有某種廣播風暴。這可能是壞掉的 NIC，或者甚至是不良的網路設計所造成的。

再次強調這個非常重要：如果 **No buffer** 和 **Ignored** 的數值增加，表示 LAN 上有某種廣播風暴。這可能是壞掉的 NIC，或者甚至是不良的網路設計所造成的。

- **Runts**：訊框長度不符合 64 位元組的最小長度要求。通常是因為碰撞所造成的。
- **Giants**：收到的訊框長度超過 1518 位元組。
- **Input Errors**：這是許多計數器的總合，包括 **Runts**、**Giants**、**No buffer**、**CRC**、**Frame**、**Overrun** 和 **Ignored**。
- **CRC**：每個訊框最後是 FCS (Frame Check Sequence，訊框檢查序列) 欄位，包含 CRC 的值。如果接收主機對 CRC 的回答與傳送主機的答案不符合，表示發生了 CRC 錯誤。
- **Frame**：當收到格式不合法或不完整的訊框時，這個值就會增加，通常是因為發生碰撞。
- **Packets Output**：從介面轉送出去的封包 (訊框) 總數。
- **Output Errors**：交換器埠嘗試送出、但發生問題的封包 (訊框) 總數。
- **Collisions**：以半雙工傳送訊框時，NIC 會從纜線中的那對接收線上聆聽其他的信號。如果有其他主機傳送信號，就會發生碰撞。如果是使用全雙工，這項數值應該不會增加。
- **Late Collisions**：如果在安裝纜線時有遵循乙太網路的所有規範，則所有的碰撞都應該在訊框的第 64 位元組前發生。如果碰撞發生在 64 位元組之後，這個數值就會增加。在雙工模式不相符的介面上，或是在纜線長度超過規範的時候，這個計數器就會增加。

雙工模式不相符會在連線結尾引起 late collision 錯誤。要避免這種情況，可將交換器的雙工參數手動設定，使它匹配所連結的設備。

雙工模式不相符的情況是交換器在全雙工模式下運作，而所連結的設備卻在半雙工的模式下運作；或者剛好相反的情況。雙工模式不相符的結果會造成效能極差、連線時斷時續、甚至失去連線。全雙工資料鏈路發生錯誤的其他原因，還包括纜線壞掉、交換埠故障或者網路卡的軟硬體問題。您可以用 **show interface** 命令來查驗雙工模式的設定。

如果在開啟 CDP 的兩部 Cisco 設備之間發生雙工模式不相符的情況，可以在兩部設備的主控台或日誌緩衝區中上看到 CDP 的錯誤訊息。

```
%CDP-5-DUPLEX_MISMATCH: duplex mismatch discovered on FastEthernet0/2 (not
half duplex)
```

對於偵測鄰近 Cisco 設備錯誤，以及收集它們的連接埠和系統統計值而言，CDP 是個非常有用的工具，將於第 7 章中討論。

利用 show ip interface 命令進行檢查

show ip interface 命令提供有關路由器介面第 3 層設定的資訊，例如：

```
Router#sh ip interface
FastEthernet0/0 is up, line protocol is up
Internet address is 1.1.1.1/25
Broadcast address is 255.255.255.255
Address determined by setup command
MTU is 1500 bytes
Helper address is not set
Directed broadcast forwarding is disabled
Outgoing access list is not set
Inbound  access list is not set
Proxy ARP is enabled
Security level is default
Split horizon is enabled
[output cut]
```

這些輸出包括介面狀態、IP 位址與子網路遮罩、介面上是否有設置存取清單等資訊以及基本的 IP 資訊。

使用 show ip interface brief 命令

show ip interface brief 命令可能是 Cisco 路由器上最有用的命令之一，這個命令提供路由器介面的快速概覽，包括邏輯位址與狀態。例如：

```
Router#sh ip int brief
Interface          IP-Address    OK?  Method  Status                Protocol
FastEthernet0/0    unassigned    YES  unset   up                    up
FastEthernet0/1    unassigned    YES  unset   up                    up
Serial0/0/0        unassigned    YES  unset   up                    down
Serial0/0/1        unassigned    YES  unset   administratively down down
Serial0/1/0        unassigned    YES  unset   administratively down down
Serial0/2/0        unassigned    YES  unset   administratively down down
```

記住，管理性關閉 (administratively down) 表示您需要輸入 **no shutdown** 才能啟用該介面。Serial0/0/0 的輸出是 up/down，表示它的「實體層」沒有問題，而且也收到媒介的偵測信號，但卻沒能收到遠端傳來的 keepalive 信號。在非營運的網路中 (如上例)，表示時脈的速率沒有設好。

使用 show protocols 命令進行檢查

show protocols 命令是非常有用的命令，可用來檢視每片介面第 1 層與第 2 層的狀態，以及所用的 IP 位址。例如：

```
Router#sh protocols
Global values:
Internet Protocol routing is enabled
Ethernet0/0 is administratively down, line protocol is down
Serial0/0 is up, line protocol is up
Internet address is 100.30.31.5/25
Serial0/1 is administratively down, line protocol is down
Serial0/2 is up, line protocol is up
Internet address is 100.50.31.2/25
Loopback0 is up, line protocol is up
Internet address is 100.20.31.1/25
```

6

show ip interface brief 和 **show protocols** 命令提供介面的第 1 層和第 2 層統計值，以及 IP 位址。下個命令 **show controllers** 只提供第 1 層的資訊。

使用 show controllers 命令

show controllers 命令顯示實體介面本身的資訊，它也提供插入序列埠的序列纜線種類。通常這只會是 DTE 纜線，它會接入某種 DSU 中 (Data Service Unit)。

```
Router#sh controllers serial 0/0
HD unit 0, idb = 0x1229E5, driver structure at 0x127E70
buffer size 1525 HD unit 0, V.35 DTE cable
Router#sh controllers serial 0/1
HD unit 1, idb = 0x12C175, driver structure at 0x131500
buffer size 1525 HD unit 1, V.35 DCE cable
```

請注意 serial 0/0 有一條 DTE 纜線，而 serial 0/1 有一條 DCE 纜線。serial 0/1 必須提供時脈 (用 **clock rate** 命令)，而 serial 0/0 則會從 DSU 得到它的時脈。

現在再度檢視這個命令。看到圖 6.5 中，在兩台路由器間的 DTE/DCE 纜線嗎？別忘了在營運網路上是不會看到它們的。

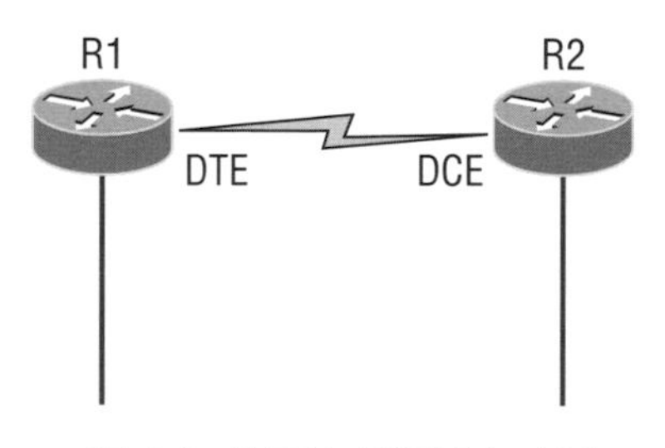

圖 6.5 您要在哪裡設定時脈?

R1 路由器有 DTE 連線；這是所有 Cisco 路由器的預設。路由器 R1 和 R2 無法溝通。請檢查 **show controllers s0/0** 命令的輸出：

```
R1#sh controllers serial 0/0
HD unit 0, idb = 0x1229E5, driver structure at 0x127E70
buffer size 1525 HD unit 0, V.35 DCE cable
```

Show controllers s0/0 命令顯示這個介面是 V.35 的 DCE 纜線。這表示 R1 必須提供對 R2 路由器連線的時脈。基本上，R1 路由器序列介面上的纜線標示錯誤。但如果將時脈加到 R1 路由器的序列介面上，則網路應該能正常地啟用。

接著檢視圖 6.6 的問題，同樣可以使用 **show controllers** 命令，來解決 R1 和 R2 路由器之間無法溝通的問題。

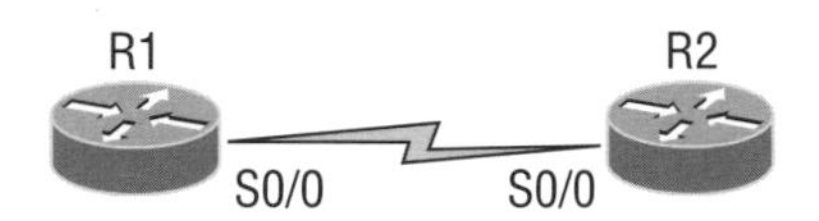

圖 6.6 使用 **show controllers** 命令來檢視 R1，可以看到 R1 和 R2 無法溝通

下面是 R1 的 **show controllers s0/0** 命令和 **show ip interface s0/0** 命令的輸出：

```
R1#sh controllers s0/0
HD unit 0, idb = 0x1229E5, driver structure at 0x127E70
buffer size 1525 HD unit 0,
DTE V.35 clocks stopped
cpb = 0xE2, eda = 0x5150, cda = 0x5000
R1#sh ip interface s0/0
Serial0/0 is up, line protocol is down
Internet address is 192.168.10.2/25
Broadcast address is 255.255.255.255
```

使用 **show controllers s0/0** 命令和 **show ip interface s0/0** 命令可以看到 R1 路由器並沒有收到線路的時脈。這個網路是個非營運網路，所以沒有真正連接 CSU/DSU 來提供這條線路的時脈。這表示纜線的 DCE 端 (R2 路由器) 會提供線路的時脈。**show ip interface** 指出這個介面已經啟用，但是協定是關閉的，這表示介面沒有收到任何遠端的 keepalives 信號。在這個範例中，纜線不良或沒有時脈是最可能的嫌疑犯。

6-6 摘要

這真是有趣的一章！我們討論了許多 Cisco IOS 的相關資訊，希望您能對 Cisco 的路由器世界有更深刻的瞭解。本章一開始說明了 Cisco IOS，以及如何使用 IOS 來執行與設定 Cisco 路由器。您學到如何啟動路由器，以及安裝模式的任務。順帶一提的是，現在您已經知道如何進行基本的 Cisco 路由器設定，所以應該不會再使用安裝模式了，對吧？

除了討論如何連結路由器與控制台，連結路由器到區域網路，我們也討論了 Cisco 的輔助功能，以及如何使用 CLI 來尋找命令與命令參數。此外，也討論一些基本的 **show** 命令，幫助您確認組態設定。

路由器上的管理性功能可以幫助您管理網路，讓您更清楚當時正在設定的裝置為何。路由器密碼是最重要的設定之一，我們示範了 5 種密碼設定。此外，主機名稱、介面說明、標題訊息也是可以幫助您管理路由器/交換器的工具。

管理 Cisco 互連網路

7

Chapter

本章涵蓋的主題

- Cisco 路由器與交換器的內部元件
- 備份與還原 Cisco 組態
- 設定 DHCP
- 使用 telnet
- 解析主機名稱
- 檢查網路連通性與問題檢修

本章教您如何管理互連網路上的 Cisco 路由器與交換器。您會學到路由器的主要元件，以及路由器的開機序列。學到如何利用 **copy** 命令和 TFTP 伺服器來管理 Cisco 設備，如何設定 DHCP 和 NTP，並且探索 CDP 協定 (Cisco Discovery Protocol，Cisco 發現協定)。您會學到如何解析主機名稱，以及一些重要的 Cisco IOS 檢修技能。

7-1 Cisco 路由器與交換器的內部元件

為了設定與檢修 Cisco 互連網路，您必須知道 Cisco 路由器的主要元件，並瞭解每個元件的作用，以及它們如何共同合作讓網路運行。您瞭解的越深入，越能完成 Cisco 互連網路的組態設定和故障排除。表 7.1 是 Cisco 路由器主要元件的簡介。

表 7.1 Cisco 路由器元件

元件	說明
開機區程式 (Bootstrap)	儲存在 ROM 的微程式碼 (microcode) 中，在路由器初始化期間進行開機動作，然後載入 IOS。
開機自我測試 (POST)	儲存在 ROM 的微程式碼中，用來檢查路由器硬體的基本功能，並檢測有哪些介面存在。
ROM 監視器 (ROM monitor)	儲存在 ROM 的微程式碼中，用來製造、測試與檢修。並且在快閃記憶體中的 IOS 載入失敗時, 執行迷你 IOS(mini-IOS)。
迷你 IOS	Cisco 稱之為 RXBOOT 或開機載入器，迷你 IOS 是 ROM 中的小型 IOS，用來啟動介面，並載入 Cisco IOS 至快閃記憶體中。迷你 IOS 也可以執行一些其他的維護動作。
隨機存取記憶體 (RAM)	用來放置封包緩衝區、ARP 快取、路徑表以及讓路由器運作的軟體與資料結構。運行組態會放在 RAM 中，而大部分的路由器在開機時都會從快閃記憶體將 IOS 擴展到 RAM 中。
唯讀記憶體 (ROM)	用來啟動與維護路由器。存放 POST、開機區程式、以及迷你 IOS。

元件	說明
快閃記憶體 (flash memory)	預設存放 Cisco IOS 的地方。快閃記憶體在路由器重載時並不會被消除，它是 Intel 製造的 EEPROM (Electronically Erasable Programmable Read-Only Memory，電子式可消除可程式化唯讀記憶體)。
NVRAM (非揮發性 RAM)	用來存放路由器與交換器的組態設定。當路由器或交換器重新開機或關機時，NVRAM 的內容不會消失。NVRAM 並不存放 IOS，但組態暫存器是存放在 NVRAM 中。
組態暫存器 (configuration register)	用來控制路由器的開機方式。從 **show version** 命令輸出的最後一行可以看到它的值，預設是 0x2102，亦即告訴路由器要從快閃記憶體載入 IOS，並且從 NVRAM 載入組態檔。

路由器的開機序列

Cisco 設備開機時會執行一系列的步驟，稱為開機序列 (boot sequence)，以測試硬體，並載入必要的軟體。開機序列包括以下的步驟，如圖 7.1 所示：

1. IOS 裝置執行 POST。POST 測試硬體，以確認裝置的所有元件都存在且能運作。POST 會檢查交換器或路由器上的各種介面，它是存放於 ROM，並且從該處執行。

2. 開機程式尋找並載入 Cisco IOS 軟體。開機程式儲存在 ROM 中，用來執行其他程式。它要負責尋找每個 IOS 程式的位置，然後載入適當的檔案。所有 Cisco 設備預設都是從快閃記憶體載入 IOS 軟體。

3. IOS 軟體尋找 NVRAM 中的有效組態檔 **startup-config**。這個檔案只有在系統管理員將運行組態檔拷貝到 NVRAM 時才會存在。

4. 如果 NVRAM 中有啟動組態檔，路由器或交換器就會將該檔拷貝到 RAM 中，並且命名為 running-config。然後裝置會執行該檔，進入運作狀態。如果啟動組態檔不在 NVRAM 中，路由器會從所有的介面廣播媒介偵測 (Carrier Detect，CD) 訊號來偵測 TFTP 主機，以尋找組態檔。如果失敗 (通常會失敗，大部分的人甚至不知道路由器會嘗試這個程序)，則路由器會啟動安裝模式的設定程序。

路由器開機程序的主要階段

- 測試路由器硬體
  - 開機自我測試 (POST)
  - 載入開機區程式
- 尋找並載入 Cisco IOS 軟體
  - 尋找 IOS
  - 載入 IOS
- 尋找並載入啟動組態檔或進入安裝模式
  - 開機區程式尋找啟動組態檔

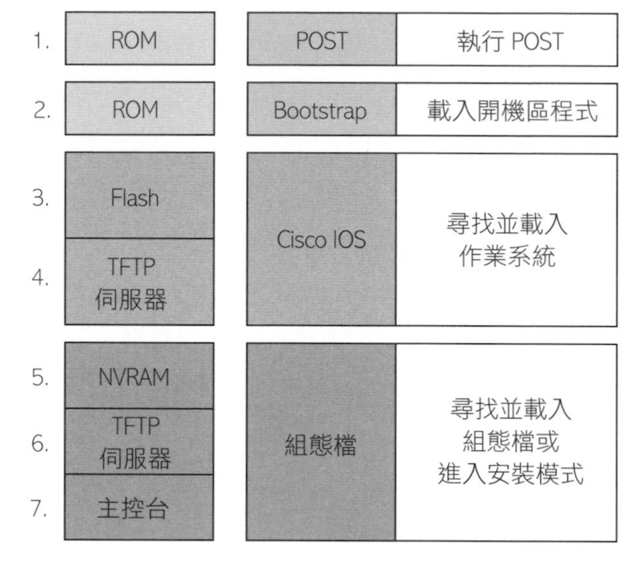

圖 7.1 路由器開機程序

Cisco 設備載入 IOS 的預設來源依序是快閃記憶體，TFTP 伺服器，最後是 ROM。

7-2 備份與還原 Cisco 組態

對裝置的組態設定所進行的任何修改都會儲存在運行組態檔中，如果您修改運行組態後沒有輸入 **copy run start** 命令，則裝置關機或重新開機後這些異動就會失效。您可能也會想要對組態資訊做備份，以防萬一路由器或交換器突然停擺。即使您的機器都很正常，做這樣的備份也有益於日後的參考與文件說明。

接下來將說明如何拷貝路由器的組態到 TFTP 伺服器，以及如何還原這些組態。

備份 Cisco 組態

要拷貝 Cisco 設備的組態到 TFTP 伺服器，可以用 **copy running-config tftp** 或 **copy startup-config tftp** 命令，它們會備份目前正在 DRAM 中運作，或儲存於 NVRAM 中的路由器組態。

確認目前的組態

要確認 DRAM 中的組態，請使用 **show running-config** 命令 (縮寫成 **sh run**)，例如：

```
Router#show running-config
Building configuration...
Current configuration : 877 bytes
!
version 15.0
```

根據目前的組態資訊顯示，路由器現在正在執行 15.0 版的 IOS。

確認儲存的組態

接下來應該要檢查 NVRAM 中的組態，這時要使用 **show startup-config** 命令 (縮寫成 **sh start**)，例如：

```
Router#sh start
Using 877 out of 724288 bytes
!
! Last configuration change at 04:49:14 UTC Fri Mar 7 2019
!
version 15.0
```

第 1 列輸出告訴我們備份這個組態需要多少空間。我們可以看到 NVRAM 的容量有 724KB，目前使用了 877 位元組 (如果您用的是 ISR 路由器，則用 **show version** 命令來檢視記憶體會更容易)。

如果您不確定兩個組態檔案是否一樣，而且運行組態就是您想要的，則可以使用 **copy running-config startup-config** 命令。這會確保這 2 個檔案完全相同。接下來我們將進行這個操作。

拷貝目前的組態到 NVRAM

如下所示，拷貝運行組態到 NVRAM 當作備份，就可以確保路由器重新開機時，運行組態一定會被重新載入。在新版的 IOS 12.0 中，會提示您輸入想要的檔案名稱：

```
Router#copy running-config startup-config
Destination filename [startup-config]?[enter]
Building configuration...
[OK]
```

當您使用 **copy** 命令時會出現檔案名稱的提示，主要是因為這時有很多可能的選項：

```
Router#copy running-config ?
flash: Copy to flash: file system
ftp: Copy to ftp: file system
http: Copy to http: file system
https: Copy to https: file system
null: Copy to null: file system
nvram: Copy to nvram: file system
rcp: Copy to rcp: file system
running-config Update (merge with) current system configuration
scp: Copy to scp: file system
startup-config Copy to startup configuration
syslog: Copy to syslog: file system
system: Copy to system: file system
tftp: Copy to tftp: file system
tmpsys: Copy to tmpsys: file system
```

拷貝組態到 TFTP 伺服器

拷貝檔案到 NVRAM 之後，接下來可以使用 **copy running-config tftp** 命令 (縮寫為 **copy run tftp**，在 TFTP 伺服器上來建立第 2 個備份。在執行這個命令之前，筆者先將主機名稱設成了 Todd。

```
Todd#copy running-config tftp
Address or name of remote host []? 10.10.10.254
Destination filename [todd-confg]?
!!
577 bytes copied in 0.800 secs (970 bytes/sec)
```

如果已經設定主機名稱，則這個命令會自動使用主機名稱加上 **-confg** 來當作檔案的名稱。

還原 Cisco 組態

如果您已經更改了路由器的運行組態檔，但想要將組態回復為啟動組態檔中的版本，最簡單的方法就是使用 **copy startup-config running-config** 命令 (縮寫成 copy start run)。不過這只有在您變更組態設定之前已先拷貝運行組態檔到 NVRAM 中才行！當然，將這個裝置重新開機也可以發揮作用。請注意這其實只是合併回去，而不是取代 (如果要完全取代這個組態，應該使用 **config replace** 命令)。

如果您之前已經將路由器的組態拷貝到 TFTP 伺服器當作第 2 個備份，則可利用 **copy tftp running-config** 命令 (縮寫成 **copy tftp run**) 或 **copy tftp startup-config** 命令 (縮寫成 **copy tftp start**) 來還原組態 (請記住提供這個功能的舊命令是 **config net**)，例如：

```
Todd#copy tftp running-config
Address or name of remote host []?10.10.10.254
Source filename []?todd-confg
Destination filename[running-config]?[enter]
Accessing tftp://10.10.10.254/todd-confg...
Loading todd-confg from 10.10.10.254 (via FastEthernet0/0):
!!
[OK - 677 bytes]
677 bytes copied in 9.212 secs (84 bytes/sec)
Todd#
*Mar 7 17:53:34.051: %SYS-7-CONFIG_I: Configured from
tftp://10.10.10.254/todd-confg by console
```

組態檔是個 ASCII 文字檔，這表示在您拷貝 TFTP 伺服器上的組態檔到路由器之前，可以用任何的文字編輯器來修改。

必須記住的是，當您拷貝或合併 TFTP 伺服器上的組態到路由器的 RAM 時，介面的預設狀態都是關閉的，您必須手動以 **no shutdown** 命令來啟用每個介面。

清除組態

要刪除 Cisco 路由器或交換器上的啟動組態檔，需使用 **erase startup-config** 命令，例如：

```
Todd#erase startup-config
Erasing the nvram filesystem will remove all configuration files!
Continue? [confirm][enter]
[OK]
Erase of nvram: complete
*Mar 7 17:55:20.405: %SYS-7-NV_BLOCK_INIT: Initialized the geometry of nvram
Todd#reload
System configuration has been modified. Save? [yes/no]:n
Proceed with reload? [confirm][enter]
*Mar 7 17:55:31.079: %SYS-5-RELOAD: Reload requested by console.
Reload Reason: Reload Command.
```

這個命令會刪除交換器或路由器上 NVRAM 的內容。因此，如果您在特權模式下輸入 **reload**，並且回答說不要儲存變動，則交換器或路由器就會重新載入，並進入安裝模式。

7-3 設定 DHCP

第 3 章中介紹了 DHCP 的運作和衝突時的解決辦法。現在，我們要準備學習如何在 Cisco IOS 上設定 DHCP，以及當 DHCP 伺服器跟主機不在相同 LAN 上時，如何設定 DHCP 的轉送器 (forwarder)。還記得主機跟伺服器取得位址的 4 個步驟嗎？如果不記得的話，請先回到第 3 章做一次完整的複習。

要幫主機設定 DHCP 伺服器，至少需要下列資訊：

- **LAN 的網路和遮罩**：網路 ID，也稱為範疇 (scope)。子網路中的所有位址預設都是可以提供給主機。
- **保留/排除位址**：保留位址是供印表機、伺服器、路由器等使用。這些位址不會提供給主機。筆者通常是保留每個子網路的第 1 個位址給路由器，但並不是一定要如此。
- **預設路由器**：每個 LAN 的路由器位址。
- **DNS 位址**：DNS 伺服器的位址清單，用來提供主機名稱解析。

下面是設定的步驟：

1. 排除想要保留的位址。這一步要先做，是因為一旦設定網路 ID 之後，DHCP 服務就會開始回應客戶端的請求。
2. 使用唯一的名稱，為每個 LAN 建立一個位址池 (pool)。
3. 為 DHCP 位址池選擇網路 ID 及子網路遮罩，供伺服器提供位址給主機。
4. 新增子網路預設閘道的位址。
5. 提供 DNS 伺服器位址。
6. 如果不想使用預設的 24 小時使用期限，就必須設定使用期限的天數、時數及分鐘數。

在此將圖 7.2 中的交換器設定為 Sales 無線區網的 DHCP 伺服器。

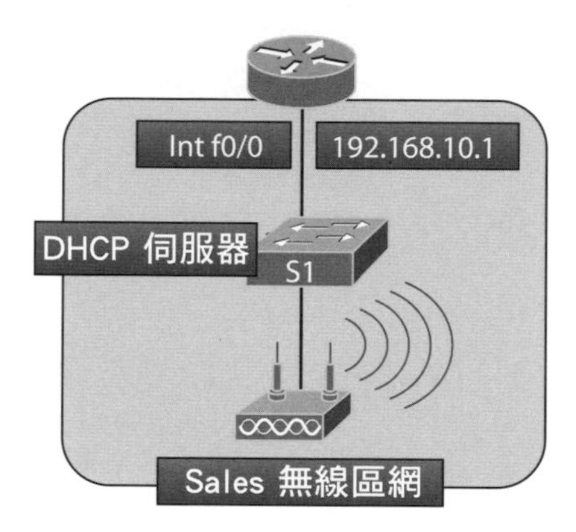

圖 7.2 在交換器上設定 DHCP 的範例

圖 7.2 的組態可以輕鬆地放在路由器上。下面將說明如何使用網路 ID 192.168.10.0/24 來設定 DHCP。

```
Switch(config)#ip dhcp excluded-address 192.168.10.1 192.168.10.10
Switch(config)#ip dhcp pool Sales_Wireless
Switch(dhcp-config)#network 192.168.10.0 255.255.255.0
Switch(dhcp-config)#default-router 192.168.10.1
Switch(dhcp-config)#dns-server 4.4.4.4
Switch(dhcp-config)#lease 3 12 17
Switch(dhcp-config)#option 66 ascii tftp.lammle.com
```

首先，筆者保留了範圍中的 10 個位址給路由器、伺服器、印表機等使用。接著建立 Sales_Wireless 地址庫，加入預設閘道及 DNS 伺服器，並設定使用期間 (lease) 為 3 天、12 小時、17 分鐘 (是否設定分鐘並不重要，此處只是做為範例展示而已)。

最後，這個範例展示如何設定選項 66，以傳送 TFTP 伺服器的位址給 DHCP 客戶端。這通常會用在 VoIP 電話或自動安裝，而且必須使用 FQDN。很直接，是吧！交換器現在可以回應 DHCP 客戶端的請求了。

但是如果我們希望 DHCP 伺服器提供 IP 位址給不在相同廣播網域的主機，或是從遠端伺服器接收 DHCP 位址時，要怎麼做呢?

DHCP 中繼

如果 DHCP 伺服器要提供位址給不在相同 LAN 上的主機，可以設定由路由器介面做為中繼，以轉送 DHCP 客戶端請求，如圖 7.3。如果沒有提供這項服務，路由器會在接收到 DHCP 客戶端廣播後立即丟棄，則遠端主機將永遠無法接收到位址，除非是在每個廣播網域都架設 1 台 DHCP 伺服器！現在讓我們來看看現代網路上 DHCP 服務的典型設定方式。

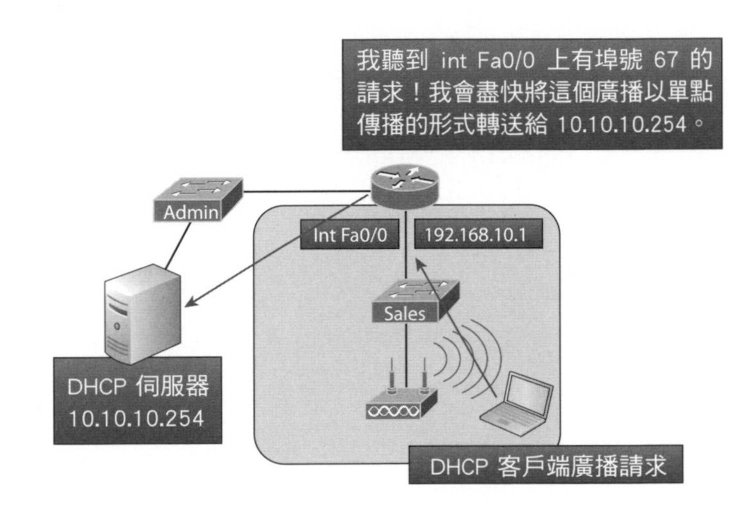

圖 7.3 設定 DHCP 中繼

因為路由器後方的主機沒有 DHCP 伺服器的存取權，路由器根據預設會直接丟棄其客戶端請求的廣播訊息。要解決這個問題，可以將路由器的 Fa0/0 介面設定為接受，並轉送 DHCP 的客戶端請求，如下：

```
Router#config t
Router(config)#interface Fa0/0
Router(config-if)#ip helper-address 10.10.10.254
```

這是個相當簡單的範例，也的確有其他方式來設定中繼，但是這已經足夠符合認證的需要。此外，**ip helper-address** 會轉送的不僅僅是 DHCP 客戶端請求，所以在實作前請務必先研究過這個命令。現在，瞭解如何建立 DHCP 服務之後，我們要來看看如何驗證 DHCP。

驗證 Cisco IOS 上的 DHCP

要在 Cisco IOS 裝置上監控與驗證 DHCP 服務，有一些非常有用的命令。第 9 章的範例會在 2 個遠端 LAN 中加入 DHCP，您可以在那邊看到這些命令的輸出。目前，筆者只是想先讓您開始熟悉它們。下面是 4 個非常重要的命令，和它們的功能：

- **show ip dhcp binding**：列出目前提供給客戶端的所有 IP 位址狀態資訊。
- **show ip dhcp pool [poolname]**：列出設定的 IP 位址範圍，以及目前被使用位址的數量，和每個位址池的高水位等。
- **show ip dhcp server statistics**：列出 DHCP 伺服器的統計值，而且項目相當多！
- **show ip dhcp conflict**：如果有人在 LAN 上做了 IP 位址的靜態設定，且 DHCP 伺服器也送出相同的位址，就會發生位址衝突。這個命令可以幫忙解決這個問題。

7-4 使用 Telnet

Telnet 是 TCP/IP 協定組的成員之一。它是一種虛擬終端機協定，讓您能與終端裝置連線，收集資訊，並執行程式。設定好路由器和交換器之後，可以利用 Telnet 程式來重新設定，或檢查他們的狀況，而不需要使用控制台埠。您可以在任何提示列 (DOS 或 Cisco) 輸入 **telnet** 來執行 Telnet 程式，不過需要在 IOS 裝置上先設定 VTY 密碼才行。

請記住，您無法使用 CDP 來收集那些沒有直接相連的路由器與交換器資訊，但可以利用 Telnet 程式先連到鄰居裝置，然後在那些鄰居裝置上執行 CDP，以收集更遠端裝置的資訊。

您可以從路由器或交換器上送出 **telnet** 命令。下面的例子是從交換器 1 執行 telnet 到交換器 3：

```
SW-1#telnet 10.100.128.8
Trying 10.100.128.8 ... Open
Password required，but none set
[Connection to 10.100.128.8 closed by foreign host]
```

您可以看到，這台裝置沒有設定密碼 (羞愧)。VTY 埠預設是 **login**，這表示我們要不就得設定 VTY 密碼，要不就得使用 **no login** 命令 (如果需要，請複習第 6 章的密碼設定)。

如果您發現無法 telnet 至某部裝置，那可能是該裝置上沒有設置密碼，也可能是因為存取控制清單過濾掉 Telnet 會談。

在 Cisco 路由器上其實不需要使用 **telnet** 命令，而只要在命令提示列輸入 IP 位址，路由器就會假定您想要 telnet 至該裝置。例如：

```
SW-1#10.100.128.8
Trying 10.100.128.8... Open
Password required，but none set
[Connection to 10.100.128.8 closed by foreign host]
SW-1#
```

我們在 SW-3 上設定 VTY 密碼，以便將來能以 telnet 登入。作法如下：

```
SW-3(config)#line vty 0 15
SW-3(config-line)#login
SW-3(config-line)#password telnet
SW-3(config-line)#login
SW-3(config-line)#^Z
```

現在，讓我們再試一次，從 SW-1 的控制台連上 SW-3：

```
SW-1#10.100.128.8
Trying 10.100.128.8 ... Open
User Access Verification
Password:
SW-3>
```

請記住，這個 VTY 密碼是使用者模式的密碼，不是 enable 模式的密碼。注意看當我們 telnet 進入這台交換器後，若試著進入特權模式會發生什麼事：

```
SW-3>en
% No password set
SW-3>
```

基本上這個輸出的意思是 "門都沒有"！這是不錯的安全功能，因為您總不希望任何人 telnet 到您的路由器，然後只要輸入 **enable** 命令就進入特權模式吧！若要利用 telnet 來設定遠端裝置，您得先在該裝置上設定 enable 密碼或 enable secret 密碼！

當您 Telnet 至遠端裝置時，預設上是看不到控制台訊息，例如偵錯的訊息。要讓控制台訊息傳送到 Telnet 會談，可使用 **terminal monitor** 命令；**terminal no monitor** 則可以關閉這個功能。

在以下的範例中，我們將告訴您如何同時 telnet 到多個裝置，然後教您如何使用主機名稱，而非 IP 位址。

同時 Telnet 至多個裝置

如果您 telnet 到路由器或交換器，隨時都可以輸入 **exit** 來結束連線。但如果您想要維持與遠端裝置的連線，而仍然能回到原來路由器的控制台，怎麼辦？其實只要按『Ctrl』+『Shift』+『6』的組合鍵，釋放，再按『X』鍵即可。

以下是從 SW-1 控制台同時連結多部裝置的範例：

```
SW-1#10.100.128.8
Trying 10.100.128.8... Open
User Access Verification
Password:
SW-3>Ctrl+Shift+6
SW-1#
```

在以上的範例中，我們 telnet 到 SW-1，然後輸入密碼進入使用者模式。接下來按『Ctrl』+『Shift』+『6』的組合鍵，然後按『X』鍵 (但您看不到，因為它不會顯示在螢幕輸出上)。請注意現在命令提示列又回到 SW-1 交換器。

接著，我們來討論幾個檢查用的命令。

檢查 Telnet 連線

要檢視路由器或交換器與遠端裝置的連線，可利用 **show sessions** 命令。例如，當我們從 SW-1 執行 telnet 到 SW-3 和 SW-2 交換器時：

```
SW-1#sh sessions
Conn Host Address Byte Idle Conn Name
1 10.100.128.9 10.100.128.9 0 10.100.128.9
* 2 10.100.128.8 10.100.128.8 0 10.100.128.8
SW-1#
```


看到第 2 條連線旁邊的星號嗎？它代表第 2 個會談是您上次的會談，只要按 2 次『Enter』就可以回到上次的會談。您也可以輸入連線的號碼，按下『Enter』，就可回到所要的會談。

檢查 Telnet 使用者

show users 命令會列出路由器上所有作用中的控制台與 VTY 埠，例如：

```
SW-1#sh users
Line User Host(s) Idle Location
* 0 con 0 10.100.128.9 00:00:01
          10.100.128.8 00:01:06
```

這個命令的輸出中，**con** 代表本地的控制台。在這個範例，控制台連結了 2 個遠端 IP 位址，換句話說，就是 2 部裝置。

關閉 Telnet 會談

結束 Telnet 會談的方法有幾種：輸入 **exit** 或 **disconnect** 可能是最簡單、也最快的方法。

以下的 **exit** 命令示範如何結束與遠端裝置的會談：

```
SW-3>exit
[Connection to 10.100.128.8 closed by foreign host]
SW-1#
```

若要從本地裝置來結束會談，可使用 **disconnect** 命令：

```
SW-1#sh session
Conn Host Address Byte Idle Conn Name
*2 10.100.128.9 10.100.128.9 0 10.100.128.9
SW-1#disconnect ?
<2-2> The number of an active network connection
qdm Disconnect QDM web-based clients
ssh Disconnect an active SSH connection
SW-1#disconnect 2
Closing connection to 10.100.128.9 [confirm][enter]
```

在這個範例中，我們使用 2，因為這就是我們想要結束的會談編號。如前所述，您可以使用 **show sessions** 命令來檢視連線號碼。

7-5 解析主機名稱

連接遠端裝置時若要以主機名稱取代 IP 位址，則進行連線的裝置必須有能力將主機名稱轉換為 IP 位址。

將主機名稱解析為 IP 位址的方法有 2 種：在每部路由器上建構主機表 (host table)，或建置 DNS 伺服器 (Domain Name System，網域名稱系統)，類似動態的主機表。

建構主機表

主機表只能為它所在的路由器提供名稱解析的服務，在路由器上建構主機表的命令是：

```
ip host 主機名稱 [TCP_埠號] IP_位址
```

Telnet 的預設 TCP 埠號是 23，但您可以利用不同的 TCP 埠號來建立 Telnet 會談。您最多可指定 8 個 IP 位址給一個主機名稱。

以下的範例在 SW-1 交換器上建構了含有 2 筆記錄的主機表，以解析 SW-2 和 SW-3 的名稱：

```
SW-1#config t
SW-1(config)#ip host SW-2 ?
<0-75537> Default telnet port number
A.B.C.D Host IP address
additional Append addresses
SW-1(config)#ip host SW-2 10.100.128.9
SW-1(config)#ip host SW-3 10.100.128.8
```

請注意在上面的路由器設定中，我們可以一個接著一個地增加 IP 位址來參照同一部主機，最多可有 8 個 IP 位址。而只要使用 **show hosts** 命令就可檢視這個新建構的主機表：

```
SW-1(config)#do sho hosts
Default domain is not set
Name/address lookup uses domain service
Name servers are 255.255.255.255
Codes: u - unknown，e - expired，* - OK，? - revalidate
t - temporary，p - permanent
Host Port Flags Age Type Address(es)
SW-3 None (perm，OK) 0 IP 10.100.128.8
SW-2 None (perm，OK) 0 IP 10.100.128.9
```

這份輸出可以看到 2 筆記錄：主機名稱與它們對應的 IP 位址，**Flags** 欄位中的 **perm** 表示該筆記錄是手動設定的。如果該欄為 **temp**，表示它是由 DNS 解析出來的記錄。

Note **show hosts** 命令提供的資訊包括暫時的 DNS 記錄，以及利用 **ip host** 命令產生的永久性記錄。

要確認主機表是否能解析名稱，請試著在路由器的提示列輸入主機名稱。記住，如果您沒有指定命令，路由器會假定您想要使用 telnet。在以下的範例中，我們使用主機名稱來 telnet 遠端裝置，然後按『Ctrl』+『Shift』+『6』，接著按『X』鍵，以返回 SW-1 的主要控制台：

```
SW-1#sw-3
Trying SW-3 (10.100.128.8)... Open
User Access Verification
Password:
SW-3> Ctrl+Shift+6
SW-1#
```

我們成功地使用主機表中的記錄來產生與 2 部裝置的會談，並且利用這些名稱 telnet 到這 2 部裝置。主機表中的名稱是不分大小寫的。

請注意下列的 **show sessions** 命令輸出，它現在同時顯示了主機名稱與 IP 位址，而非只是 IP 位址：

```
SW -1#sh sessions
Conn Host     Address          Byte    Idle    Conn Name
  1  SW-3     10.100.128.8   0        1        SW-3
* 2  SW-2     10.100.128.9   0        1        SW-2
SW-1#
```

如果想要移除表中的主機名稱，只要使用 **no ip host** 命令即可，例如：

```
SW-1(config)#no ip host SW-3
```

利用主機表來解析名稱的問題是，每部想要解析名稱的路由器都得各自建構一個主機表。如果您有不少路由器，而且想要解析名稱，則使用 DNS 應該會是比較好的選擇！

使用 DNS 來解析名稱

如果有許多裝置，而又不想要個別在每部裝置上建構主機表 (除非您真的時間太多)，可以使用 DNS 伺服器來解析主機名稱。

根據預設，只要 Cisco 裝置收到它不瞭解的命令時，就會試著利用 DNS 來解析。讓我們來看看如果在某部 Cisco 路由器的提示列輸入特殊的命令 **todd** 時，會發生什麼事：

```
SW-1#todd
Translating "todd"...domain server (255.255.255.255)
% Unknown command or computer name，or unable to find
computer address
SW-1#
```

路由器不知道我們所輸入的是什麼名稱或什麼命令，因此它試著透過 DNS 來解析。這真的很惱人，因為我們要一直停在那兒，直到名稱的查詢逾時為止。您可以在路由器上利用整體設定模式的 **no ip domain-lookup** 命令，來避免非常費時的 DNS 查詢。

如果您的網路上有 DNS 伺服器，您必須加上一些命令才能讓 DNS 的名稱解析得以運作：

- 第 1 個命令是 **ip domain-lookup**。預設上這是啟用的，但如果您之前已經關閉 (利用 **no ip domain-lookup** 命令)，則只要輸入這個命令即可。這個命令也可以寫成 **ip domain lookup** (不含底線)。
- 第 2 個命令是 **ip name-server**。這個命令設定 DNS 伺服器的 IP 位址，您最多可輸入 6 部伺服器的 IP 位址。
- 最後一個命令是 **ip domain-name**，雖然這個命令是選擇性的，但真的應該要設定。它會附加網域名稱到您所輸入的主機名稱。因為 DNS 是使用 FQDN 系統，所以必須使用完整的 DNS 名稱，也就是類似 domain.com 的形式。

以下是這 3 個命令的範例：

```
SW-1#config t
SW-1(config)#ip domain-lookup
SW-1(config)#ip name-server ?
A.B.C.D Domain server IP address (maximum of 5)
SW-1(config)#ip name-server 4.4.4.4
SW-1(config)#ip domain-name lammle.com
SW-1(config)#^Z
```

設好這些 DNS 組態之後，就可利用主機名稱來 ping 或 telnet 裝置，以測試 DNS 伺服器。例如：

```
SW-1#ping SW-3
Translating "SW-3"...domain server (4.4.4.4) [OK]
Type escape sequence to abort.
Sending 5, 100-byte ICMP Echos to 10.100.128.8, timeout is
2 seconds:
!!!!!
Success rate is 100 percent (5/5), round-trip min/avg/max
= 28/31/32 ms
```

現在路由器已使用 DNS 伺服器來解析名稱。

利用 DNS 來解析名稱之後，您可使用 **show hosts** 命令來檢視那些快取在主機表中的資訊。如果之前沒有使用 **ip domain-name lammle.com** 命令，那輸入時就必須要使用 **ping sw-3.lammle.com**，這就有點太麻煩了。

真實情境

您應該使用主機表或 DNS 伺服器嗎？

Karen 受雇於德洲達拉斯一家大型醫院，她利用 CDP 完成了網路對照圖。不過 Karen 在網路管理上卻很不順，因為她每次要 telnet 到一部遠端路由器時，都得從網路圖中找尋其 IP 位址。

Karen 想要在每部路由器上放置主機表，不過在幾百部路由器上逐一進行這樣的設定實在是非常可怕。

無論如何，現在大部分的網路都有 DNS 伺服器。要在 DNS 伺服器上增加大約一百台的主機名稱，當然比個別增加這些主機名稱到每部路由器上要容易得多！只要在每部路由器加入 3 個命令就可以解析名稱了！

使用 DNS 伺服器也會讓更改資訊的工作容易得多。記住，如果您使用靜態的主機表，即使只是小小的異動，還是得到每部路由器手動地修改。

請記住這與網路上的名稱解析無關，也與網路上的主機所要完成的事無關，這只是當您試著在路由器控制台上解析名稱時使用。

7-6 檢查網路連通性與問題檢修

您可以使用 **ping** 或 **traceroute** 命令來測試與遠端裝置的連通性，而且它們都可以利用許多協定，而非只是 IP。但別忘了，**show ip route** 命令是不錯的檢修命令，它可用來檢視路徑表。而 **show interfaces** 命令則可顯示每個介面的狀態。

這裡不再詳細地討論第 5 章說明過的 **show interfaces** 命令。不過這裡會討論檢修路由器所需要的 **debug** 命令與 **show process** 命令。

使用 ping 命令

到目前為止，您已經看過許多利用 ping 來測試 IP 連通性，以及配合使用 DNS 進行名稱解析的範例。若要檢視 **ping** 程式能利用的各種協定，請輸入 **ping ?**：

```
SW-1#ping ?
WORD Ping destination address or hostname
clns CLNS echo
ip IP echo
ipv6 IPv6 echo
tag Tag encapsulated IP echo
<cr>
```

ping 的輸出會顯示它的封包找到特定系統並返回所花的最短、平均與最長時間。例如：

```
SW-1#ping SW-3
Translating "SW-3"...domain server (4.4.4.4) [OK]
Type escape sequence to abort.
Sending 5, 100-byte ICMP Echos to 10.100.128.8, timeout is
2 seconds:
!!!!!
Success rate is 100 percent (5/5), round-trip min/avg/max
= 28/31/32 ms
```

您可看到它使用 DNS 伺服器來解析名稱，而且 ping 該裝置所花的時間是 28 ms，平均 31 ms，最多 32 ms。

ping 命令可在使用者與特權模式使用，但設定模式則不行。

使用 traceroute 命令

traceroute (縮寫成 **trace**) 命令顯示封包抵達遠端裝置的路徑。這個命令利用 TTL 與 ICMP 錯誤訊息，勾勒出封包穿越互連網路抵達遠端主機的過程中所採用的路線。

trace 命令可在使用者模式或特權模式下使用，讓您找出通往無法抵達之網路主機的路徑中，哪部路由器應該更仔細地檢查，以找出網路故障的原因。

若要看這個命令可配合那些協定使用，請輸入 **traceroute ?**：

```
SW-1#traceroute ?
WORD Trace route to destination address or hostname
appletalk AppleTalk Trace
clns ISO CLNS Trace
ip IP Trace
ipv6 IPv6 Trace
ipx IPX Trace
mac Trace Layer2 path between 2 endpoints
oldvines Vines Trace (Cisco)
vines Vines Trace (Banyan)
<cr>
```

traceroute 命令顯示封包一路傳送到遠端裝置所經過的中繼站。

考試時不要搞混了，您不可以使用 **tracert** 命令，那是視窗系統的命令。對於路由器，應該要使用 **traceroute** 命令！

下例是 Windows 的 **tracert** 命令 (請注意不是 traceroute 喔)：

```
C:\>tracert www.whitehouse.gov
Tracing route to a1289.g.akamai.net [79.8.201.107]
over a maximum of 30 hops:
1 * * * Request timed out.
2 73 ms 71 ms 73 ms hlrn-dsl-gw17-207.hlrn.qwest.net[207.227.112.207]
3 73 ms 77 ms 74 ms hlrn-agw1.inet.qwest.net [71.217.188.113]
4 74 ms 73 ms 74 ms hlr-core-01.inet.qwest.net[207.171.273.97]
5 74 ms 73 ms 74 ms apa-cntr-01.inet.qwest.net [207.171.273.27]
6 74 ms 73 ms 73 ms 73.170.170.34
7 74 ms 74 ms 73 ms www.whitehouse.gov [79.8.201.107]
Trace complete.
```

現在讓我們繼續，並且討論如何使用 **debug** 命令來檢測網路。

除錯

Debug 是在 Cisco IOS 特權 exec 模式下可以使用的檢測命令。它是用來顯示路由器的各項運作資訊，以及路由器產生或收到的相關交通，和任何的錯誤訊息。

這是很有用、也很具資訊性的工具，但是您確實必須瞭解關於它在使用上的一些重要事實。Debug 被認為是優先權非常高的任務，它可能會消耗大量的資源，而且路由器被迫要處理並交換除錯中的封包。所以您不能將 debug 當做監測工具，它只能在很短的時間內使用，而且僅僅用來做為故障檢測的工具。藉由它，您真的可以找到一些關於正常及故障的軟硬體元件之重要資訊。

因為除錯的輸出比其他網路交通優先，而且 **debug all** 命令產生的輸出比其他的 **debug** 命令更多，所以可能會嚴重影響路由器的效能，甚至讓它變得不穩定。所以在大多數情況下，最好是使用比較具體的 **debug** 命令。

從下面的輸出可以看到，您無法在使用者模式，只能在特權模式開啟除錯：

```
SW-1>debug ?
% Unrecognized command
SW-1>en
SW-1#debug ?
aaa AAA Authentication, Authorization and Accounting
access-expression Boolean access expression
adjacency adjacency
aim Attachment Information Manager
all Enable all debugging
archive debug archive commands
arp IP ARP and HP Probe transactions
authentication Auth Manager debugging
auto Debug Automation
beep BEEP debugging
bgp BGP information
bing Bing(d) debugging
call-admission Call admission control
cca CCA activity
cdp CDP information
cef CEF address family independent operations
cfgdiff debug cfgdiff commands
cisp CISP debugging
clns CLNS information
cluster Cluster information
cmdhd Command Handler
cns CNS agents
condition Condition
configuration Debug Configuration behavior
[output cut]
```

如果您可以自由取用路由器或交換器，而且真的想好好玩玩除錯，就可以使用 **debug all** 命令：

```
Sw-1#debug all
This may severely impact network performance. Continue? (yes/[no]):yes
All possible debugging has been turned on
```

就在此刻，我的交換器就超載而當機了。我必須重新開機。您可以在工作的時候在交換器上試試看會不會有相同的結果，開玩笑的啦！

要關閉路由器上的除錯，只要在除錯命令前加上 **no**：

```
SW-1#no debug all
```

筆者通常是使用 **undebug all** 命令，因為它的縮寫比較簡單：

```
SW-1#un all
```

請記住，通常使用特定命令會比使用 **debug all** 命令要好，而且只能使用一小段時間。例如：

```
S1#debug ip icmp
ICMP packet debugging is on
S1#ping 192.168.10.17
Type escape sequence to abort.
Sending 5, 100-byte ICMP Echos to 192.168.10.17, timeout is 2 seconds:
!!!!!
Success rate is 100 percent (7/7), round-trip min/avg/max = 1/1/1 ms
S1#
1w4d: ICMP: echo reply sent, src 192.168.10.17, dst 192.168.10.17
1w4d: ICMP: echo reply rcvd, src 192.168.10.17, dst 192.168.10.17
1w4d: ICMP: echo reply sent, src 192.168.10.17, dst 192.168.10.17
1w4d: ICMP: echo reply rcvd, src 192.168.10.17, dst 192.168.10.17
1w4d: ICMP: echo reply sent, src 192.168.10.17, dst 192.168.10.17
1w4d: ICMP: echo reply rcvd, src 192.168.10.17, dst 192.168.10.17
1w4d: ICMP: echo reply sent, src 192.168.10.17, dst 192.168.10.17
1w4d: ICMP: echo reply rcvd, src 192.168.10.17, dst 192.168.10.17
1w4d: ICMP: echo reply sent, src 192.168.10.17, dst 192.168.10.17
1w4d: ICMP: echo reply rcvd, src 192.168.10.17, dst 192.168.10.17
SW-1#un all
```

想必您已經看到 **debug** 命令真的是很有威力的一個命令。因此，在開始使用任何除錯命令之前，應該先確實檢查過路由器的使用率。這很重要，因為在大多數情況下，您並不會希望您的除錯動作對這個裝置處理互連網路封包的能力有負面的影響。您可以使用 **show processes** 命令來判斷路由器的使用率資訊。

請記住，當您 telnet 到遠端裝置時，不會看到預設的控制台訊息！舉例而言，您將不會看到除錯的輸出。要讓控制台訊息送到您的 Telnet 會談中，請使用 **terminal monitor** 命令。

運用 show processes 命令

如前所述，您在裝置上使用 **debug** 命令時，真的必須很小心。如果路由器的 CPU 使用率一直維持在 70% 或更多時，可能就不太適合輸入 **debug all** 命令，除非您真的想讓路由器看起來像掛掉一樣。

所以您可以用什麼其他辦法呢？要判斷路由器的 CPU 使用率，**show processes** (或者 **show processes cpu**) 是個不錯的工具。此外，它還會給您一份作用中行程的清單，以及它們對應的行程 ID、優先權、排程器測試 (狀態)、已使用的 CPU 時間、啟動的次數等等。很多很棒的資訊！另外，當您想評估路由器的效能和 CPU 使用率，例如當您發現再不然就要使用 **debug** 命令的時候，這個命令就特別好用。

您在下面的輸出中看到什麼？第一行是最近 5 秒、1 分鐘和 5 分鐘的 CPU 使用率輸出。在最近 5 秒 CPU 使用率的後面是 7%/0%；前面的數字等於整體使用率，後面的數字則是中斷常式的使用率：

```
SW-1#sh processes
CPU utilization for five seconds:7%/0%;one minute:7%;five minutes:8%
PID QTy PC      Runtime(ms) Invoked uSecs       Stacks      TTY Process
1   Cwe 29EBC78 0           22      07237/7000  0           Chunk Manager
2   Csp 1B9CF10 241207881   1       2717/3000   0           Load Meter
3   Hwe 1F108D0 0           1       0           8778/9000   0 Connection Mgr
4   Lst 29FA7C4 9437909     474027  20787       7740/7000   0 Check heaps
5   Cwe 2A02478 0           2       0           7477/7000   0 Pool Manager
6   Mst 1E98F04 0           2       0           7488/7000   0 Timers
7   Hwe 13EB1B4 3787        101399  37          7740/7000   0 Net Input
8   Mwe 13BCD84 0           1       0           23778/24000 0 Crash writer
9   Mwe 1C791B4 4347        73791   804897/7000             0 ARP Input
10  Lwe 1DA1704 0           1       0           7770/7000   0 CEF MIB API
11  Lwe 1E77ACC 0           1       0           7774/7000   0 AAA_SERVER_DEADT
12  Mwe 1E7F980 0           2       0           7477/7000   0 AAA high-capacit
13  Mwe 1F77F24 0           1       0           11732/12000 0 Policy Manager [output cut]
```

基本上，這份 **show processes** 命令的輸出顯示路由器應該能夠快樂地處理除錯命令，而不會過載。

7-7 摘要

本章說明如何設定 Cisco 路由器，以及如何管理這些組態。本章也討論了路由器的內部元件，包括 ROM、RAM、NVRAM 以及快閃記憶體。

接著我們學習了如何備份與還原 Cisco 路由器與交換器的組態設定。您也學到如何利用 CDP 與 telnet 來取得遠端裝置的資訊。最後，本章討論了如何解析主機名稱，如何利用 **ping** 與 **traceroute** 命令，來測試網路的連通性，以及如何使用 **debug** 與 **show processes** 命令。

管理 Cisco 裝置

8

Chapter

本章涵蓋的主題

- 瞭解組態暫存器位元
- 檢視目前的組態暫存器值
- Cisco IOS 的備份與還原
- 使用 Cisco IOS 檔案系統
- 授權的備份與取消安裝

本章將描述如何在互連網路上管理 Cisco 路由器。IOS 和組態檔位於 Cisco 裝置上的不同位置，所以必須要清楚瞭解這些檔案的位置，和它們的運作方式。您將會學到**組態暫存器** (configuration register)，以及如何使用它來復原密碼。

本章最後將說明如何查核 ISRG2 路由器上的授權，以及如何安裝永久授權，和在最新的**通用映像檔** (universal image) 上設定評估功能的方法。

8-1 管理組態暫存器

所有 Cisco 路由器都有一個 16 位元的軟體暫存器，放在 NVRAM 中。這個組態暫存器的預設值是要從快閃記憶體載入 Cisco IOS，然後從 NVRAM 中尋找並載入啟動組態檔。以下討論組態暫存器的設定，以及如何利用這些設定來復原路由器上的密碼。

瞭解組態暫存器位元

這個 16 位元 (2 位元組) 組態暫存器的解讀方式是從 15 到 0，亦即從左至右。Cisco 路由器上的預設組態設定是 0x2102，也就是第 13、8、1 等位元是 on，如表 8.1 所示。請注意每 4 個位元 (半位元組) 一組，其對應的二進位值分別為 8，4，2，1。

表 8.1 組態暫存器的位元值

組態暫存器	2				1				0				2			
位元序	15	14	13	12	11	10	9	8	7	6	5	4	3	2	1	0
二進位	0	0	1	0	0	0	0	1	0	0	0	0	0	0	1	0

在組態暫存器值之前加上 0x，表示其後的值為十六進位。

表 8.2 列出軟體組態位元的意義。請注意第 6 位元可用來忽略 NVRAM 的內容。這個位元是用來復原密碼，我們稍後會再討論。

表 8.2 軟體組態的意義

位元	16 進位	說明
0-3	0x0000-0x000F	開機欄位 (請參考表 8.3)
6	0x0040	忽略 NVRAM 的內容
7	0x0080	OEM 位元開啟
8	0x0100	中斷 (break) 關閉
10	0x0400	全部為 0 的 IP 廣播
5, 11-12	0x0800-0x1000	主控台的線路速度
13	0x2000	如果網路開機失敗，以預設的 ROM 軟體開機
14	0x4000	沒有網路號碼的 IP 廣播
15	0x8000	啟動診斷訊息，並忽略 NVRAM 的內容

請注意十六進位的數字結構是 0-9 與 A-F (A=10，B=11，C=12，D=13，E=14，F=15)。這表示組態暫存器值 210F 的實際值是 210(15) 或二進位的 1111。

開機欄位由組態暫存器的 0-3 位元 (最後 4 個位元) 組成，用來控制路由器的開機序列，並且找出 Cisco IOS 位置。表 8.3 說明開機欄位的位元意義。

表 8.3 開機欄位 (組態暫存器的 00-03 位元)

開機欄位	意義	用途
00	ROM 監視器模式	要開機進入 ROM 監視器模式，必須將組態暫存器設定為 2100。您必須手動以 **b** 命令來開機，而路由器會顯示 **rommon>** 的提示列。
01	從 ROM 開機	要使用 ROM 中的迷你 IOS 映像開機，必須將組態暫存器設定為 2101。路由器會顯示 **Router(boot)>** 的提示列。迷你 IOS 也稱為 RXBOOT，但並不是所有路由器都有迷你 IOS。
02-F	指定預設的開機檔案名稱	2102 到 210F 的值是要告訴路由器使用 NVRAM 中指定的開機命令。

檢視目前的組態暫存器值

利用 **show version** 命令 (縮寫成 **sh version** 或 **show ver**) 可檢視目前的組態暫存器內容，例如：

```
Router#sh version
Cisco IOS Software, 2600 Software (C2600NM-ADVSECURITYK9-M),
Version 15.1(4)M6, RELEASE SOFTWARE (fc2)
[output cut]
Configuration register is 0x2102
```

這個命令的最後一列資訊是組態暫存器的值，在本例中為 0x2102 (預設值)。0x2102 的組態暫存器值是要路由器到 NVRAM 中找尋開機序列。請注意 **show version** 命令也提供 IOS 的版本資訊，此範例中顯示 IOS 的版本為 15.1(4)M6。

show version 命令會顯示路由器的系統硬體組態資訊、軟體版本以及開機映像的名稱。

要改變組態暫存器，在整體組態模式下使用 **config-register** 命令，在設定組態暫存器時，請務必小心。

```
Router(config)#config-register 0x2142
Router(config)#do sh ver
[output cut]
Configuration register is 0x2102 (will be 0x2142 at next reload)
```

如果您儲存組態、進行重新載入、而且路由器以安裝模式啟動，則組態暫存器的設定可能並不正確。

開機系統命令

您知道在快閃記憶體損壞時，可以設定從另一個 IOS 啟動路由器嗎？是的！您可以從 TFTP 伺服器上啟動所有的路由器，但這是老式做法。現在的人已經不這樣做了，現在只用於故障時的備份。

有些開機命令可以協助您管理路由器用 Cisco IOS 開機的方式，但是請務必記住，這裡討論的是路由器的 IOS，而不是路由器的組態。

```
Router>en
Router#config t
Enter configuration commands, one per line. End with CNTL/Z.
Router(config)#boot ?
bootstrap Bootstrap image file
config Configuration file
host Router-specific config file
network Network-wide config file
system System image file
```

事實上，開機命令提供很多的選擇，但是讓我們先來看 Cisco 建議的典型設定。**boot system** 命令可以告訴路由器要用快閃記憶體的哪個系統 IOS 檔案開機。請記住路由器預設是使用在快閃記憶體中找到的第 1 個系統 IOS 檔案來開機。下面輸出中的命令則可以改變這項預設：

```
Router(config)#boot system ?
WORD TFTP filename or URL
flash Boot from flash memory
ftp Boot from a server via ftp
mop Boot from a Decnet MOP server
rcp Boot from a server via rcp
rom Boot from rom
tftp Boot from a tftp server
Router(config)#boot system flash c2600nm-advsecurityk9-mz.151-4.M6.bin
```

請注意我們可以從快閃記憶體、FTP、ROM、TFTP 或是其他無用的選項開機。前例的命令設定路由器中列出來的 IOS 開機。當您將新的 IOS 載入快閃記憶體，想要進行測試的時候，或者當您想完全改變預設載入的 IOS 時，這都是很有用的命令。

下個命令是個應變的作法，不過如前所述，您也可以設定路由器永遠使用 TFTP 主機開機。雖然筆者展示了它的做法，但個人強烈不建議這樣做，因為它可能造成單點故障：

```
Router(config)#boot system tftp ?
WORD System image filename
Router(config)#boot system tftp c2600nm-advsecurityk9-mz.151-4.M6.bin?
Hostname or A.B.C.D Address from which to download the file
<cr>
Router(config)#boot system tftp c2600nm-advsecurityk9-mz.151-4.M6.bin 1.1.1.2
Router(config)#
```

最後一個建議的應變選擇：如果快閃記憶體中的 IOS 無法載入，且 TFTP 主機無法產生 IOS 時，可以從 ROM 載入迷你 IOS。

```
Router(config)#boot system rom
Router(config)#do show run | include boot system
boot system flash c2600nm-advsecurityk9-mz.151-4.M6.bin
boot system tftp c2600nm-advsecurityk9-mz.151-4.M6.bin 1.1.1.2
boot system rom
Router(config)#
```

如果設定前述組態，路由器會在快閃記憶體失效時，從 TFTP 伺服器開機。如果 TFTP 也開機失敗，則會在嘗試尋找 TFTP 伺服器失敗 6 次之後，載入迷你 IOS。

接著要說明如何將路由器載入到 ROM 監視器模式，以執行密碼的復原。

復原密碼

如果因為忘了密碼而被鎖在路由器之外，可以改變組態暫存器來幫助您重新控制路由器。如同剛才所說的，組態暫存器的第 6 個位元是用來告訴路由器是否要使用 NVRAM 的內容來載入路由器的組態。

預設的組態暫存器值是 0x2102，其第 6 個位元是關閉的。根據這個預設值，路由器會找尋並載入 NVRAM 中的路由器組態 (啟動組態)。若要復原密碼，必須將第 6 個位元打開，這樣做會讓路由器忽略 NVRAM 的內容。打開第 6 位元後，組態暫存器的值變成 0x2142。

以下是復原密碼的主要步驟：

1. 開機並執行中斷功能來岔斷開機序列，這會將路由器帶入 ROM 監視器模式。
2. 改變組態暫存器的值，將第 6 個位元打開 (值為 0x2142)。
3. 重新載入路由器。
4. 對進入安裝模式說 "no"，以進入特權模式。
5. 拷貝啟動組態檔給運行組態檔；別忘了檢查介面是否重新開啟。
6. 改變密碼。
7. 將組態暫存器重置為預設值。
8. 儲存路由器組態。
9. 重新載入路由器 (選擇性的)。

接下來，將更進一步地說明這些步驟，以及恢復對 ISR 系列路由器存取的命令。如剛才所述，在路由器開機過程中按下『Ctrl』+『Break』，或是『Ctrl』+『Shift』+『6』，再按下『b』，就可進入 ROM 監視器模式。但如果 IOS 已經損毀或遺失，也沒有網路可以用來找尋 TFTP 主機，最後也無法從 ROM 載入迷你 IOS，則路由器的預設就會進入 ROM 監視器模式。

岔斷路由器的開機序列

第 1 個步驟是要重新開機並執行中斷功能，這通常是在路由器一開始重新開機時，使用 HyperTerminal (筆者個人通常使用 SecureCRT 或 PuTTY)，透過『Ctrl』+『Break』完成的。

```
System Bootstrap, Version 15.1(4)M6, RELEASE SOFTWARE (fc2)
Copyright (c) 1999 by cisco Systems, Inc.
TAC:Home:SW:IOS:Specials for info
PC = 0xfff0a530, Vector = 0x500, SP = 0x660128b0
C2600 platform with 32866 Kbytes of main memory
PC = 0xfff0a530, Vector = 0x500, SP = 0x60004384
monitor: command "boot" aborted due to user interrupt
rommon 1 >
```

請注意 **monitor: command "boot" aborted due to user interrupt.** 這一列。此時會出現 **rommon 1>** 提示列，稱為 ROM 監視器模式。

修改組態暫存器

如之前所述，您可以利用 **config-register** 命令來修改組態暫存器。若要打開暫存器的第 6 位元，請使用值為 0x2142 的組態暫存器。

請記住，如果您將組態暫存器的值修改為 0x2142，則啟動組態檔會被跳過，而路由器會載入成安裝模式。

要在 Cisco ISR 系列的路由器上改變這個位元的值，只需在 **rommon 1>** 提示列輸入如下的命令：

```
rommon 1 >confreg 0x2142
You must reset or power cycle for new config to take effect
rommon 2 >reset
```

重載路由器並進入特權模式

此時您需要重置 (reset) 路由器，做法如下：

- 對於 ISR 系列路由器，輸入 **I** (代表初始化，Initialize) 或 **reset**。
- 對於較舊的系列路由器，輸入 **I**。

路由器會重載，並詢問您是否要使用安裝模式 (因為沒有使用啟動組態檔)。請回答不，進入安裝模式，按下『Enter』鍵進入使用者模式，然後輸入 **enable** 進入特權模式。

檢視與變更組態

現在您已經通過了需要輸入使用者模式與特權模式密碼的地方了。接下來請將啟動組態檔拷貝給運行組態檔：

```
copy startup-config running-config
```

或縮寫成：

```
copy start run
```

這是目前在 RAM 中執行的組態，而您正處於特權模式中，這表示現在您可以檢視與變更組態。但您無法檢視 **enable secret** 的密碼設定，因為它是經過加密的。若要改變這個密碼，請輸入：

```
config t
enable secret todd
```

重設組態暫存器並重載路由器

更改密碼後，請利用 **config-register** 命令將組態暫存器設回原來的預設值：

```
config t
config-register 0x2102
```

在將組態由 NVRAM 複製到 RAM 之後，請務必記得啟用介面。最後，以 **copy running-config startup-config** 命令來儲存這個新的組態設定，並重載路由器。

現在，我們已經將 Cisco 建議的 IOS 備份方式設定在路由器上 (快閃記憶體，TFTP 主機，ROM)。

8-2 Cisco IOS 的備份與還原

在升級或還原 Cisco IOS 之前，應該要拷貝既有的檔案到 TFTP 主機當作備份，以防萬一新的映像檔 (image) 毀損。

您可以使用任何一部 TFTP 主機來完成這個工作。預設是使用路由器中的快閃記憶體來儲存 Cisco IOS。以下幾節將說明如何檢查快閃記憶體的容量，拷貝快閃記憶體中的 Cisco IOS 到 TFTP 主機，以及如何從 TFTP 主機拷貝 Cisco IOS 到快閃記憶體中。

但在您備份 IOS 映像到網路伺服器之前，必須先完成 3 件事：

- 確認您可以存取該網路伺服器。
- 確定網路伺服器有足夠的空間可容納該映像。
- 確認檔案名稱與路徑的要求。

您可以使用筆電或工作站的乙太網路埠直接連到路由器的乙太網路介面，如圖 8.1 所示。

拷貝 IOS 到一部 TFTP 伺服器

Router# copy flash tftp

- TFTP 伺服器的 IP 位址
- IOS 檔案名稱

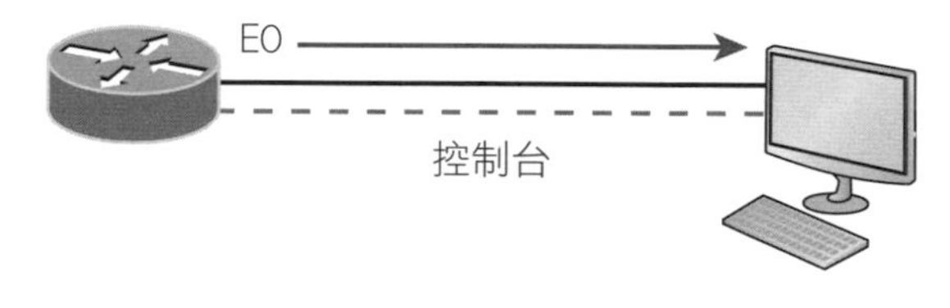


```
RouterX#copy flash tftp:
Source filename [] ?c2800nm-ipbase-mz.124-5a.bin
Address or name of remote host [] ? 10.1.1.1
Destination filename [c2800nm-ipbase-mz.124-5a.bin] [enter]
!!!!!!!!!!!!!!!!!!!!!!!!!!!!!!!!!!!!!!!!!!!!!!!!!!!!!!!!!!!!!!!!<output omitted>
12094416 bytes copied in 98.858 secs (122341 bytes/sec)
RouterX#
```

- TFTP 伺服器軟體必須在 PC 上執行
- PC 必須位於路由器 E0 介面的相同子網路
- **copy flash tftp** 命令必須提供 PC 的 IP 位址

圖 8.1 從路由器拷貝 IOS 到 TFTP 主機

在從電腦拷貝映像到路由器，或從路由器備份映像到電腦之前，要先確認以下幾件事：

- 必須在管理員的工作站上執行 TFTP 伺服軟體。
- 路由器與工作站之間的乙太網路連線必須是交叉式纜線。
- 工作站與路由器的乙太網路介面必須屬於同一個子網路。
- 如果您要備份路由器快閃記憶體中的映像，則必須提供 IP 位址給 **copy flash tftp** 命令。
- 如果您要拷貝映像到快閃記憶體中，則必須先確認快閃記憶體有足夠的空間可容納所要拷貝的檔案。

檢查快閃記憶體

嘗試對路由器升級 Cisco IOS 之前，應該養成一個好習慣，那就是先確認路由器的快閃記憶體是否有足夠的空間可容納新的映像。您可以用 **show flash** 命令 (或縮寫成 **sh flash**) 來確認快閃記憶體的容量，以及快閃記憶體中儲存的檔案。例如：

8

```
Router#sh flash
-#- --length-- -----date/time------ path
1 45392400 Apr 14 2013 05:31:44 +00:00 c2600nm-advsecurityk9-mz.151-4.M6.bin
16620416 bytes available (45395966 byted used)
```

目前大約使用了 45MB 的快閃記憶體，但是還有大約 16MB 可用。如果希望將超過 16MB 的檔案拷貝到快閃記憶體，路由器就會詢問您是否要清除快閃記憶體。

show flash 命令會顯示目前 IOS 映像消耗了多少記憶體，以及是否有足夠的空間可同時容納現在及新的映像。如果沒有足夠的空間可同時容納原有映像與想要載入的新映像，則舊的映像就會被消除。

路由器上的 **show version** 命令可以算出快閃記憶體的量：

```
Router#show version
[output cut]
System returned to ROM by power-on
System image file is "flash:c2600nm-advsecurityk9-mz.151-4.M6.bin"
[output cut]
Cisco 2611 (revision 1.0) with 249656K/12266K bytes of memory.
Processor board ID FTX1049A1AB
2 FastEthernet interfaces
2 Serial(sync/async) interfaces
1 Virtual Private Network (VPN) Module
DRAM configuration is 64 bits wide with parity enabled.
239K bytes of non-volatile configuration memory.
62820K bytes of ATA CompactFlash (Read/Write)
```

輸出中顯示路由器配置了大約 256MB 的 RAM，而快閃記憶體的容量則顯示在最後一列，大約是 64MB。

請注意這個範例中的檔案名稱是 c2600nm-advsecurityk9-mz.151-4.M6.bin。**show flash** 命令與 **show version** 命令輸出的主要差異是，**show flash** 命令會顯示快閃記憶體中的所有檔案，而 **show version** 命令則會顯示當時真正在路由器上運行的檔案名稱，以及它載入的位置 (本例為快閃記憶體)。

備份 Cisco IOS

要備份 Cisco IOS 到 TFTP 伺服器，要使用 **copy flash tftp** 命令。這是個很直覺的命令，只需來源檔案名稱與 TFTP 伺服器的 IP 位址。備份工作的成功關鍵是要確認您已經與 TFTP 伺服器有良好的連通性。要做這樣的檢查，請在路由器控制台的提示列對 TFTP 裝置執行 ping 程式，例如：

```
Router#ping 1.1.1.2
Type escape sequence to abort.
Sending 5, 100-byte ICMP Echos to 1.1.1.2, timeout is 2 seconds:
!!!!!
Success rate is 100 percent (5/5), round-trip min/avg/max
= 4/4/8 ms
```

使用 ping 連到 TFTP 伺服器確認該 IP 運作正常之後，就可使用 **copy flash tftp** 命令來拷貝 IOS 到 TFTP 伺服器，例如：

```
Router#copy flash tftp
Source filename []?c2600nm-advsecurityk9-mz.151-4.M6.bin
Address or name of remote host []?1.1.1.2
Destination filename [c2600nm-advsecurityk9-mz.151-4.M6.bin]?[enter]
!!!!!!!!!!!!!!!!!!!!!!!!!!!!!!!!!!!!!!!!!!!!!!!!!!!!!!!!!!!!!!!!!!!!!!!!!!!!
45395966 bytes copied in 123.824 secs (358532 bytes/sec)
Router#
```

只要複製 **show flash** 命令或 **show version** 命令輸出的 IOS 檔案名稱，然後在螢幕提示您輸入來源檔案名稱時貼上即可。

以上的範例成功地拷貝快閃記憶體的內容給 TFTP 伺服器。遠端主機的位址就是 TFTP 伺服器的 IP 位址，而來源檔案就是快閃記憶體中的檔案名稱。

許多較新的 Cisco 路由器都具有可消除式記憶體，以諸如 **flash0:** 之類的名稱顯示。此時，上例中的命令要修改為 **copy flash0: tftp:**。或者，您也可能看到類似 usbflash0: 的名稱。

還原或升級 Cisco 路由器 IOS

如果您需要將 Cisco IOS 還原到快閃記憶體中，以取代已經被損毀的原始檔案，或是想要升級 IOS，要怎麼辦？您可以利用 **copy tftp flash** 命令從 TFTP 伺服器下載檔案到快閃記憶體中，這個命令需要 TFTP 伺服器的 IP 位址，以及您想要下載的檔案名稱。

但是今日的 Cisco IOS 可能很龐大，而 tftp 不可靠又只能傳送小檔案，因此您可能會想要使用其他的工具來取代。請看看以下的輸出：

```
Corp#copy ?
/erase          Erase destination file system.
/error          Allow to copy error file.
/noverify       Don't verify image signature before reload.
/verify         Verify image signature before reload.
```

```
archive:         Copy from archive:  file system
cns:             Copy from cns:      file system
flash:           Copy from flash:    file system
ftp:             Copy from ftp:      file system
http:            Copy from http:     file system
https:           Copy from https:    file system
null:            Copy from null:     file system
nvram:           Copy from nvram:    file system
rcp:             Copy from rcp:      file system
running-config   Copy from current   system configuration
scp:             Copy from scp:      file system
startup-config   Copy from startup   configuration
system:          Copy from system:   file system
tar:             Copy from tar:      file system
tftp:            Copy from tftp:     file system
tmpsys:          Copy from tmpsys:   file system
xmodem:          Copy from xmodem:   file system
ymodem:          Copy from ymodem:   file system
```

從這份輸出可以看到其實有許多選項可以用。對於較大的檔案而言，我們可以用 **ftp:** 或 **scp:**，將 Cisco IOS 複製到路由器或交換器上，或是從這些設備中複製出來。您甚至還可以在命令的結尾加上 **/verify** 來執行 MD5 認證。

本章只使用 tftp 當作範例，因為它最簡單。但在開始之前，請先確定要放入快閃記憶體的檔案確實在主機預設的 TFTP 目錄中。當您發出這個命令時，TFTP 不會詢問您檔案的位置。所以如果想要復原的檔案不在 TFTP 伺服器的預設目錄中，則這個命令就會失敗。

```
Router#copy tftp flash
Address or name of remote host []?1.1.1.2
Source filename []?c2600nm-advsecurityk9-mz.151-4.M6.bin
Destination filename [c2600nm-advsecurityk9-mz.151-4.M6.bin]?[enter]
%Warning: There is a file already existing with this name
Do you want to over write? [confirm][enter]
Accessing tftp://1.1.1.2/ c2600nm-advsecurityk9-mz.151-4.M6.bin...
Loading c2600nm-advsecurityk9-mz.151-4.M6.bin from 1.1.1.2 (via
FastEthernet0/0): !!!!!!!!!!!!!!!!!!!!!!!!!!!!!!!!!!!!!!!!!!!!!!!!
[OK - 21810844 bytes]
45395966 bytes copied in 62.660 secs (261954 bytes/sec)
Router#
```

在上述的例子裡，筆者拷貝同名的檔案到快閃記憶體中，所以路由器會詢問筆者是否真的想要覆蓋舊檔。如果因為覆寫而破壞了檔案，那就要到路由器重開機時才會發現。請小心使用這個命令，如果檔案毀損了，則需要從 ROM 監視器模式來復原 IOS。

如果當您在載入新檔案時，快閃記憶體沒有足夠的空間可同時容納新的與既存的檔案，則路由器會要求在寫入新檔案至快閃記憶體之前，先消除快閃記憶體的內容。如果您可以拷貝 IOS 而不需移除舊的版本，則請記得要使用 **boot system flash:ios-file** 命令。

如同**真實情境**中所示範的，Cisco 路由器可以為了在快閃記憶體中執行的路由器系統映像，而成為 TFTP 伺服器主機。這個整體設定命令是 **tftp-server flash: ios_file**。

真實情境

這是週一早晨，而您剛升級了 IOS

您一早就到公司來升級路由器上的 IOS。在升級之後，您重載路由器，而路由器現在顯示出命令提示列 **rommon>**。

看起來今天不會是個好日子！所以，現在要怎麼辦呢？首先，保持冷靜。照著下面的步驟來 "拯救" 您的工作：

```
rommon 1 > tftpdnld
Missing or illegal ip address for variable IP_ADDRESS
Illegal IP address.
usage: tftpdnld [-hr]
Use this command for disaster recovery only to recover an image via TFTP.
Monitor variables are used to set up parameters for the transfer.
(Syntax: "VARIABLE_NAME=value" and use "set" to show current variables.)
"ctrl-c" or "break" stops the transfer before flash erase begins.

The following variables are REQUIRED to be set for tftpdnld:
IP_ADDRESS: The IP address for this unit
```

接下頁

```
IP_ADDRESS: The IP address for this unit
IP_SUBNET_MASK: The subnet mask for this unit
DEFAULT_GATEWAY: The default gateway for this unit
TFTP_SERVER: The IP address of the server to fetch from
TFTP_FILE: The filename to fetch
The following variables are OPTIONAL:
[unneeded output cut]
rommon 2 >set IP_Address:1.1.1.1
rommon 3 >set IP_SUBNET_MASK:255.0.0.0
rommon 4 >set DEFAULT_GATEWAY:1.1.1.2
rommon 5 >set TFTP_SERVER:1.1.1.2
rommon 6 >set TFTP_FILE: flash:c2600nm-advipservicesk9-mz.124-12.bin
rommon 7 >tftpdnld
```

從這邊可以看到必須使用 **set** 命令來設定變數；請確定在命令中使用的是大寫和底線。您必須設定路由器的 IP 位址、遮罩和預設閘道，以及 TFTP 主機的 IP 位址，在本例中是 1 台直接相連的路由器，以下列命令轉換為 TFTP 伺服器：

```
Router(config)#tftp-server flash:c2600nm-advipservicesk9-mz.124-12.bin
```

最後，將 IOS 檔案名稱設為 TFTP 伺服器上的檔案。呼！工作保住了！

這是在路由器上復原 IOS 的另一種方法，不過它需要花上一些時間。您也可以利用 Xmodem 協定，透過控制台埠將 IOS 檔案上傳到快閃記憶體。如果您沒有能夠連到路由器或交換器的網路連線，可以透過控制台埠程序來使用 Xmodem。

使用 Cisco IOS 檔案系統

Cisco 建立了稱為 Cisco IFS (IOS File System) 的檔案系統，能夠讓您用 Windows DOS 提示列的方式來使用檔案和目錄，包括 **dir**、**copy**、**more**、**delete**、**erase**、**format**、**cd**、**pwd**、**mkdir** 和 **rmdir**。

IFS 可讓您對所有檔案進行檢視和分類，包括位於遠端伺服器上的檔案。您一定想要在複製遠端伺服器上的某個映像檔之前，先確定它是有效的，不是嗎？您或許還想知道它有多大。另外，您可能也會想要檢查遠端伺服器的組態，以便在將檔案載入路由器之前先確定一切都很好。

IFS 讓檔案系統的使用者介面能一體適用——它不與特定平台相關。您現在可以在所有路由器上用相同語法來使用所有的命令，而不論是什麼平台！

這聽起來好像美好得難以置信？的確有一點，因為您會發現不是所有檔案系統和平台都支援所有的命令。不過這並不是大問題，因為不同檔案系統可執行的動作並不相同；所以與特定檔案系統不相干的命令通常也就是那些沒有被支援的命令。您可以確信所有檔案系統或平台，對於您在管理上需要的所有命令都有提供完整的支援。

IFS 另一項很酷的功能就是它大幅縮減許多命令必須經過的必要提示。如果您要輸入一個命令，只要將必要的資訊直接輸入命令列即可，不再需要穿越一大堆的提示列！因此，如果您希望將一個檔案拷貝到 FTP 伺服器上，則只要先在路由器上指出所需的來源檔案，精確地指出目標檔案在 FTP 伺服器的位置，決定您連到伺服器時要使用的使用者名稱和密碼，並且通通輸入在一行之中就好了！對於不願意改變的人而言，還是可以讓路由器的提示列逐一要求您輸入所需的資訊，同時享受比以前更優雅的簡化版命令。

但即使如此，甚至即便您命令列的使用正確無誤，路由器可能還是會提示訊息給您。這取決於您如何設定 **file prompt** 命令，以及您要使用的是哪個命令。但是別擔心，就算如此，命令的預設值還是會被提示，您只要按下『Enter』來確認這些值正確無誤就好了。

IFS 還讓您能在任何目錄下檢視各種目錄和檔案。此外，您還可以在快閃記憶體或介面卡上建立子目錄——但這僅限於較新的平台。

另外，請記住新的檔案系統介面是使用 URL 來決定檔案的位置。所以，就像 URL 可以指定網站的位置一樣，它現在也可以用來指示檔案是位於 Cisco 路由器或甚至於遠端檔案伺服器的何處！只要在命令中輸入 URL 來指定檔案或目錄的位置即可。要將檔案從一處拷貝至另一處真的很簡單，只要輸入 **copy 來源_URL 目的_URL** 命令就 OK 了！不過，IFS 的 URL 和過去的用法略有不同，它所使用的格式有相當多種，取決於您要使用的檔案位置。

我們使用 Cisco IFS 命令的方式，跟在前面 IOS 一節中使用 **copy** 命令的方式非常相似：

- 用來備份 IOS
- 用來升級 IOS
- 用來檢視文字檔案

現在就讓我們來檢視用來管理 IOS 的常見 IFS 命令。我們很快就會進入組態檔了，但是目前要先概略說明管理新 Cisco IOS 的基礎。

- **dir**：跟 Windows 一樣，這個命令可以檢視目錄中的檔案。輸入 **dir**，按下『Enter』，根據預設，您就會取得 **flash:/** 目錄的內容輸出。
- **copy**：這是很常用的命令，通常用來升級、復原或備份 IOS。但是使用時，請務必要注意細節：您在拷貝什麼、它從哪裡來、要拷貝到哪裡。
- **more**：跟 Unix 一樣，這個命令會提供文字檔讓您檢視。您可以使用它來檢查目前的組態檔或是備份的組態檔。在討論真正的組態設定時還會更詳細討論這個命令。
- **show file**：這個命令會提供指定檔案或檔案系統的內容，但是人們很少用它，所以比較不為人知。
- **delete**：猜猜看它的作用？沒錯，它會刪除一些東西。但是在某些類型的路由器上，可能跟您想像的不一樣。因為即使它會破壞檔案，不表示它會將所佔用的空間釋放出來。要真正釋放空間，必須使用 **squeeze** 命令。

- **erase/format**：請務必小心使用！當您在拷貝檔案的時候，對於詢問是否要清除檔案系統的對話框，請確定說「不」！您所使用的記憶體種類會決定是否能禁止快閃磁碟。
- **cd/pwd**：跟 Unix 和 DOS 一樣，**cd** 是用來改變目錄的命令。使用 **pwd** 命令則會列出工作中的目錄。
- **mkdir/rmdir**：有些路由器和交換器使用這些命令來建立和刪除目錄，**mkdir** 命令是用來建立目錄，**rmdir** 是用來刪除目錄。使用 **cd** 和 **pwd** 命令可以變換位置到指定的目錄。

Cisco IFS 在拷貝路由器組態時，會使用 **system:running-config** 和 **nvram:startup-config**，不過並沒有強制要使用這種命名習慣。

利用 Cisco IFS 來升級 IOS

現在以主機名稱 R1 的 ISR 路由器 (1841 系列) 為例，檢視一些 Cisco IFS 命令。

首先用 **pwd** 命令來確認預設的目錄，然後使用 **dir** 命令確認預設目錄 (flash:/) 的內容：

```
R1#pwd
flash:
R1#dir
Directory of flash:/
1 -rw- 13938482 Dec 20 2006 19:56:16 +00:00 c1641-ipbase-mz.124-1c.bin
2 -rw- 1621     Dec 20 2006 20:11:24 +00:00 sdmconfig-16xx.cfg
3 -rw- 4834464  Dec 20 2006 20:12:00 +00:00 sdm.tar
4 -rw- 633024   Dec 20 2006 20:12:24 +00:00 es.tar
5 -rw- 1052160  Dec 20 2006 20:12:50 +00:00 common.tar
6 -rw- 1036     Dec 20 2006 20:13:10 +00:00 home.shtml
7 -rw- 102400   Dec 20 2006 20:13:30 +00:00 home.tar
8 -rw- 491213   Dec 20 2006 20:13:56 +00:00 126MB.sdf
9 -rw- 1664588  Dec 20 2006 20:14:34 +00:00 securedesktop-ios-3.1.1.28-k9.pkg
10 -rw- 396305  Dec 20 2006 20:15:04 +00:00 sslclient-win-1.1.0.154.pkg
32081660 bytes total (6616666 bytes free)
```

從上面可以看到這台是基本的 IP IOS (c1641-iphase-mz.124-1c.bin)。看來我們必須升級這個 1641。您還可以看到 Cisco 現在是如何將 IOS 的種類放進檔名中。首先讓我們先使用 **show file** 命令來檢視快閃記憶體中某個檔案的大小 (也可以使用 **show flash**)：

```
R1#show file info flash:c1641-ipbase-mz.124-1c.bin
flash:c1641-ipbase-mz.124-1c.bin:
type is image (elf) []
file size is 13938482 bytes, run size is 14103140 bytes
Runnable image, entry point 0x6000F000, run from ram
```

在我們加入新的 IOS 檔案 (c1641-advipservicesk9-mz.124-12.bin) 之前，因為 IOS 檔案很大，檔案長度超過 21MB，所以必須先將現有的 IOS 清除。我們將使用 **delete** 命令，但別忘了，我們可以更動快閃記憶體中的任何檔案，但是除非重開機，否則不會發生什麼嚴重的事情 (也就是說，如果犯錯的話，這時我們可能也不會發現)。所以，顯然我們在此必須非常小心。

```
R1#delete flash:c1641-ipbase-mz.124-1c.bin
Delete filename [c1641-ipbase-mz.124-1c.bin]?[enter]
Delete flash:c1641-ipbase-mz.124-1c.bin? [confirm][enter]
R1#sh flash
-#- --length-- -----date/time------ path
1    1621 Dec 20 2006 20:11:24 +00:00 sdmconfig-16xx.cfg
2 4834464 Dec 20 2006 20:12:00 +00:00 sdm.tar
3  633024 Dec 20 2006 20:12:24 +00:00 es.tar
4 1052160 Dec 20 2006 20:12:50 +00:00 common.tar
5    1036 Dec 20 2006 20:13:10 +00:00 home.shtml
6  102400 Dec 20 2006 20:13:30 +00:00 home.tar
7  491213 Dec 20 2006 20:13:56 +00:00 126MB.sdf
8 1664588 Dec 20 2006 20:14:34 +00:00 securedesktop-ios-3.1.1.28-k9.pkg
9  396305 Dec 20 2006 20:15:04 +00:00 sslclient-win-1.1.0.154.pkg
22858386 bytes available (9314304 bytes used)
R1#sh file info flash:c1641-ipbase-mz.124-1c.bin
%Error opening flash:c1641-ipbase-mz.124-1c.bin (File not found)
R1#
```

利用上面的命令，我們刪除了現有檔案，並且使用 **show flash** 和 **show file** 命令來驗證這項刪除。現在讓我們使用 **copy** 命令加入新的檔案，但是同樣地要非常小心，因為這也不會比先前的第一個動作更安全：

```
R1#copy tftp://1.1.1.2/c1641-advipservicesk9-mz.124-12.bin/ flash:/
c1641-advipservicesk9-mz.124-12.bin
Source filename [/c1641-advipservicesk9-mz.124-12.bin/]?[enter]
Destination filename [c1641-advipservicesk9-mz.124-12.bin]?[enter]
Loading /c1641-advipservicesk9-mz.124-12.bin/ from 1.1.1.2 (via
FastEthernet0/0): !!!!!!!!!!!!!!!!!!!!!!!!!!!!!!!!!!!!!!!
[output cut]
!!!!!!!!!!!!!!!!!!!!!!!!!!!!!!!!!!!!!!!!!!!!!!!!!!!!!!
[OK - 22103052 bytes]
22103052 bytes copied in 82.006 secs (306953 bytes/sec)
R1#sh flash
-#- --length-- -----date/time------ path
1      1621 Dec 20 2006 20:11:24 +00:00 sdmconfig-16xx.cfg
2   4834464 Dec 20 2006 20:12:00 +00:00 sdm.tar
3    633024 Dec 20 2006 20:12:24 +00:00 es.tar
4   1052160 Dec 20 2006 20:12:50 +00:00 common.tar
5      1036 Dec 20 2006 20:13:10 +00:00 home.shtml
6    102400 Dec 20 2006 20:13:30 +00:00 home.tar
7    491213 Dec 20 2006 20:13:56 +00:00 126MB.sdf
8   1664588 Dec 20 2006 20:14:34 +00:00 securedesktop-ios-3.1.1.28-k9.pkg
9    396305 Dec 20 2006 20:15:04 +00:00 sslclient-win-1.1.0.154.pkg
10 22103052 Mar 10 2008 19:40:50 +00:00 c1641-advipservicesk9-mz.124-12.bin
651264 bytes available (31420416 bytes used)
R1#
```

我們可以使用 **show file** 命令來檢查檔案資訊：

```
R1#sh file information flash:c1641-advipservicesk9-mz.124-12.bin
flash:c1641-advipservicesk9-mz.124-12.bin:
type is image (elf) []
file size is 22103052 bytes, run size is 22266836 bytes
Runnable image, entry point 0x6000F000, run from ram
```

請記住當路由器開機時，IOS 會展開到 RAM 中，所以新的 IOS 要等到您重載路由器時才會執行。

強烈建議您在路由器上練習一下 Cisco 的 IFS 命令，以便對它們有些感覺。如同前面說的，它們在一開始可能會讓您感覺有些挫敗。

本章提到很多次「更安全」的方法。顯然，筆者在使用快閃記憶體的時候曾經因為不夠小心，幫自己找了一些很大的麻煩！在此只能再次叮嚀：處理快閃記憶體時務必要小心！

ISR 路由器有一項很棒的功能就是它們使用實體的快閃記憶卡，可以從路由器的前面或後面存取。它們通常會有像 usbflash0: 之類的名稱，所以你可以輸入像 **dir usbflash0:** 之類的命令來檢視其內容。您可以將這些快閃記憶卡抽出，插入 PC，然後這個卡就會以磁碟形式出現。接著您就可以新增、改變和刪除檔案。只要將快閃記憶卡再放回路由器的背後並打開電源——立刻升級！

授權

目前 IOS 的授權方式跟以前 IOS 版本的授權有很大的差異。事實上，在新的 15.0 IOS 之前可以說是榮譽制，並沒有真正的授權，我們也只能根據每天透過網際網路下載的所有產品數來推測 Cisco 的表現如何。

從 IOS 15.0 開始，情況就完全不同，甚至是天差地別。筆者認為 Cisco 將來會在授權這個議題上做些退讓，才不會像現在 15.0 的授權造成那麼多管理和行政上的負擔；當然，您可以在讀完本節之後做出自己的判斷。

新的 ISR 路由器是根據訂購的項目預先安裝軟體映像檔和授權，所以在訂購與付款之後，所有的設定就完成了。不然，您也可以先只安裝一種相當陽春的授權，陽春到足夠讓 Cisco 將安裝授權當做認證的一部分。當然，這也是種做法，但是需要費些工夫。根據 Cisco 的典型作風，如果你出的錢夠多，它就會幫您簡化您的管理工作。最新的 IOS 授權也是如此。

從正面來看，Cisco 在您購買的硬體上提供了大多數軟體套件和功能的評估授權，購買之前先試用也的確是個不錯的做法。但是在 60 天的臨時授權過期之後，您就必須取得永久性授權才能繼續使用目前版本上沒有的延伸功能。這種授權方式讓您可以設定路由器使用 IOS 的不同部分。所以，在 60 天後會發生什麼事情呢？其實，什麼也不會發生，目前只是回到了榮譽制而已。這種授權目前稱為使用授權 (RTU，Right-To-Use licensing)，未來則不保證會一直提供。

不過，這並不是新授權功能的最大優點。在 15.0 版之前，每種硬體路由器有 8 種不同的軟體功能組。IOS 15.0 的套件稱為**通用映像檔** (universal image)，表示所有功能組都簡潔地封裝在單一檔案中。即便如此，不同的路由器型號或系列，仍舊需要不同的通用映像檔，只是每種功能組不再需要不同的映像檔了。

要使用 IOS 軟體的功能，必須先使用軟體啟用程序來解除鎖定。因為所有功能都已經放在通用映像檔中，所以可以在需要的時候直接解除特定功能的鎖定，並且在確定它們能滿足企業需求的時候再付費。所有路由器出廠時都附有 IP 基礎授權 (IP Base licensing)；這是安裝所有其他功能的先決要求。

在預設的 IP 基礎授權之上，有 3 種不同的技術套件可以安裝，提供 IOS 的入門功能。包括：

- **資料套件**：MPLS、ATM 和多重協定支援。
- **整合式通訊套件**：VoIP 和 IP 電話系統。
- **安全套件**：Cisco IOS 防火牆、IPS、IPSec、3DES 和 VPN。

舉例而言，假設您需要 MPLS 和 IPsec，就需要預設的 IP 基礎授權、資料及安全套件，來解除路由器的鎖定。

要取得授權需要 UDI (Unique device identifier，唯一裝置識別子)；每個 UDI 由 2 個部分組成：產品 ID (PID，Product ID) 和路由器的序號。**show license UDI** 命令會提供這項資訊，例如：

```
Router#sh license udi Device# PID SN UDI
-----------------------------------------------------------------
*0 CISCO2901/K9 FTX1641Y08J CISCO2901/K9:FTX1641Y08J
```

8

在 60 天的試用期到期之前，您可以透過自動流程從 Cisco 授權管理員 (CLM，Cisco License Manager) 取得授權檔案，或是手動透過 Cisco 產品授權註冊的入口網站取得。通常只有較大型企業會使用 CLM，因為它需要在伺服器上安裝軟體，負責追蹤目前使用中的所有授權。如果您只有使用少量授權，可以選擇在 Cisco 產品授權註冊網站上找到的瀏覽器手動程序，再加上幾個 CLI 命令。之後，只需要將所有裝置的不同授權功能都加以記錄追蹤即可。雖然聽起來很麻煩，但這些步驟並不需要常常執行。當然，如果有一大堆授權需要管理時，使用 CLM 就適合多了；它會將每台路由器的所有授權都放在一個簡單的流程中管理。

當購買想要安裝的功能軟體套件時，必須使用 UDI 和採購時收到的產品授權金鑰 (PAK，Product authorization key) 來永久啟用該軟體套件。接著在 Cisco 產品授權註冊入口網站 (www.cisco.com/go/license)，線上結合 PAK 與 UDI，將授權連結到特定路由器。如果您還沒有在其他路由器上註冊這份授權，它就是份合法授權。Cisco 會透過電子郵件寄給您永久授權，或是您也可以從帳號中自行下載。

但是稍等一下！這還不算完工喔！您現在必須在路由器上啟用這份授權。嗯…也許在伺服器上安裝 CLM 也不失為一個好主意！如果繼續堅持手動方式，則必須透過路由器的 USB 埠，或是 TFTP 伺服器，讓路由器可以取得這個新的授權檔案。之後，在特權模式下執行 **license install** 命令。

下面是將檔案拷貝至快閃記憶體的輸出範例：

```
Router#license install ?
archive: Install from archive: file system
flash:   Install from flash:   file system
ftp:     Install from ftp:     file system
http:    Install from http:    file system
https:   Install from https:   file system
null:    Install from null:    file system
nvram:   Install from nvram:   file system
rcp:     Install from rcp:     file system
scp:     Install from scp:     file system
syslog:  Install from syslog:  file system
```

```
system:  Install from system:  file system
tftp:    Install from tftp:    file system
tmpsys:  Install from tmpsys:  file system
xmodem:  Install from xmodem:  file system
ymodem:  Install from ymodem:  file system
Router#license install flash:FTX1626636P_20130211432454160.lic
Installing licenses from "flash::FTX1626636P_20130211432454160.lic"
Installing...Feature:datak9...Successful:Supported
1/1 licenses were successfully installed
0/1 licenses were existing licenses
0/1 licenses were failed to install
April 12 2:31:19.866: %LICENSE-6-INSTALL: Feature datak9 1.0 was
installed in this device. UDI=CISCO2901/K9:FTX1626636P;
StoreIndex=1:Primary License Storage
April 12 2:31:20.086: %IOS_LICENSE_IMAGE_APPLICATION-6-LICENSE_LEVEL:
Module name =c2600 Next reboot level = datak9 and License = datak9
```

您必須重新開機，新的授權才會生效。在安裝完畢並執行授權之後，您要如何透過 "使用授權" 來檢查路由器上的新功能呢？這是接下來的重點。

使用授權 (評估授權)

使用授權 (RTU，Right-To-Use) 原本稱為評估授權，用在更新 IOS 以載入新的功能，但是又不想等到取得授權，或是想要測試該功能是否真的符合企業需要的時候。Cisco 這樣的做法很合理；因為如果載入與檢視新功能的程序太複雜，可能會嚇跑一些潛在客戶！當然，如果試用後發現這項功能確實有用，Cisco 會希望您能購買永久授權。不過直到本書撰寫的時候，這都還是 "榮譽制"。

Cisco 的授權模式讓您可以在沒有 PAK 的情況下安裝功能。使用授權的期限為 60 天，之後就必須安裝永久授權。啟用使用授權的命令為 **license boot module**。下面的範例是在 2900 系列路由器上啟用使用授權，開啟稱為 "securityk9" 的安全模組：

```
Router(config)#license boot module c2900 technology-package securityk9
PLEASE READ THE FOLLOWING TERMS CAREFULLY. INSTALLING THE LICENSE OR
LICENSE KEY PROVIDED FOR ANY CISCO PRODUCT FEATURE OR USING
SUCHPRODUCT FEATURE CONSTITUTES YOUR FULL ACCEPTANCE OF THE
FOLLOWING TERMS. YOU MUST NOT PROCEED FURTHER IF YOU ARE NOT WILLING
TO BE BOUND BY ALL THE TERMS SET FORTH HEREIN.
[output cut]
Activation of the software command line interface will be evidence of
your acceptance of this agreement.
ACCEPT? [yes/no]: yes
% use 'write' command to make license boot config take effect on next boot
Feb 12 01:35:45.060: %IOS_LICENSE_IMAGE_APPLICATION-6-LICENSE_LEVEL:
Module name =c2900 Next reboot level = securityk9 and License = securityk9
Feb 12 01:35:45.524: %LICENSE-6-EULA_ACCEPTED: EULA for feature
securityk9 1.0 has been accepted. UDI=CISCO2901/K9:FTX1626636P;
StoreIndex=0:Built-In License Storage
```

路由器重載之後，就可以使用安全功能組件。如果您選擇安裝這項功能的永久授權，則不需再次執行重載。**show license** 命令會顯示安裝在路由器上的授權：

```
Router#show license
Index 1 Feature: ipbasek9
Period left: Life time
License Type: Permanent
License State: Active, In Use
License Count: Non-Counted
License Priority: Medium
Index 2 Feature: securityk9
Period left: 6 weeks 2 days
Period Used: 0 minute 0 second
License Type: EvalRightToUse
License State: Active, In Use
License Count: Non-Counted
License Priority: None
Index 3 Feature: uck9
Period left: Life time
License Type: Permanent
License State: Active, In Use
License Count: Non-Counted
License Priority: Medium
```

```
Index 4 Feature: datak9
Period left: Not Activated
Period Used: 0 minute 0 second
License Type: EvalRightToUse
License State: Not in Use, EULA not accepted
License Count: Non-Counted
License Priority: None
Index 5 Feature: gatekeeper
[output cut]
```

在上面的輸出中，可以看到 ipbasek9 是永久授權，而 securityk9 的授權類型為 EvalRightToUse。**show license feature** 命令提供與 **show license** 相同的資訊，但是會摘要為 1 列，如下面的輸出所示：

```
Router#sh license feature
Feature name       Enforcement  Evaluation  Subscription  Enabled  RightToUse
ipbasek9               no           no           no          yes        no
securityk9             yes          yes          no          no         yes
uck9                   yes          yes          no          yes        yes
datak9                 yes          yes          no          no         yes
gatekeeper             yes          yes          no          no         yes
SSL_VPN                yes          yes          no          no         yes
ios-ips-update         yes          yes          yes         no         yes
SNASw                  yes          yes          no          no         yes
hseck9                 yes          no           no          no         no
cme-srst               yes          yes          no          yes        yes
WAAS_Express           yes          yes          no          no         yes
UCVideo                yes          yes          no          no         yes
```

show version 命令也會在命令輸出的最後顯示授權資訊：

```
Router#show version
[output cut]
License Info:
License UDI:
]]>--------------------- Device# PID SN -------------------------
*0 CISCO2901/K9 FTX1641Y08J
Technology Package License Information for Module:'c2900'
-----------------------------------------------------------------
Technology Technology-package Technology-package
```

```
                  Current     Type              Next reboot
---------------------------------------------------------------------
ipbase            ipbasek9    Permanent         ipbasek9
security          None        None              None
uc                uck9        Permanent         uck9
data              None        None              None
Configuration register is 0x2102
```

show version 命令會顯示授權是否啟用。別忘了，如果之前從未啟用過評估授權，路由器就必須重載，授權功能才會生效。

授權的備份與取消安裝

如果授權是儲存在快閃記憶體，而快閃的檔案發生損壞因而失去了您的授權檔案，是件很尷尬的事。所以一定要記得備份 IOS 的授權。

如果授權有儲存在快閃記憶體之外的地方，就可以輕易地透過 **license save** 命令將它備份回快閃記憶體：

```
Router#license save flash:Todd_License.lic
```

上述命令會將您目前的授權儲存到快閃記憶體。您可以使用稍早介紹的 **license install** 命令來復原授權。要在路由器上解除授權的安裝需要 2 個步驟。首先，在 **license boot module** 命令後面加上關鍵字 **disable**，以針對要關閉之技術套件進行授權的解除安裝：

```
Router#license boot module c2900 technology-package securityk9 disable
```

第 2 步是清除授權。使用 **license Clear** 命令進行清除，然後使用 **no license boot module** 命令來移除授權。

```
Router#license clear securityk9
Router#config t
Router(config)#no license boot module c2900 technology-package
securityk9 disable
Router(config)#exit
Router#reload
```

在執行完前述命令之後，路由器上的授權就會被移除。

下面是本章使用的授權命令摘要。這些是很重要的命令，必須要徹底瞭解以滿足 Cisco 認證目標：

- **show license**：會顯示系統上啟用的授權。它也會顯示目前運作中 IOS 映像檔的每個功能，以及軟體啟用和授權 (含授權及未授權功能) 相關的幾個狀態變項。
- **show license feature**：可以檢視路由器上支援的技術套件授權和功能授權，以及軟體啟用和授權 (含授權及未授權功能) 相關的幾個狀態變項。
- **show license udi**：顯示路由器的 UDI，由產品 ID 與路由器序號組成。
- **show version**：顯示目前 IOS 版本的各項資訊，命令輸出的結尾處還包含授權的細項。
- **license install url**：將授權金鑰檔案拷貝至路由器。
- **license boot module**：在路由器上安裝使用授權。

您可以到 Cisco.com 搜尋 Cisco Smart Software Manager，用它來協助您管理大量的授權。該網頁可以讓您從一個集中的網站來管理您所有的授權。藉由 Cisco Smart Software Manager，您可以從一個稱為**虛擬帳戶** (virtual account) 的群組來組織和檢視您的授權，包括授權和產品的彙編。

8

8-3 摘要

本章教您如何設定 Cisco 路由器，以及如何管理這些組態設定。本章涵蓋了路由器的內部元件，包括 ROM、RAM、NVRAM 以及快閃記憶體。

此外，我們也討論了路由器開機時發生哪些動作，以及載入哪些檔案。組態暫存器告訴路由器要如何開機，以及要到哪兒去找檔案。我們也學習如何修改與確認組態暫存器的設定，以進行密碼的復原。此外，我們也展示了如何利用 CLI 與 IFS 來管理這些檔案。

最後，本章涵蓋新版 15.0 的授權，包括如何安裝永久授權，以及 60 天的使用授權。另外還有相關的驗證命令，可以檢視安裝了哪些授權，以及這些授權的狀態。

IP 遶送

本章涵蓋的主題

- 遶送基本觀念
- IP 遶送流程
- 設定 IP 遶送
- 動態遶送
- RIP (Routing Information Protocol)

本章討論 IP 遶送流程。這個主題非常重要，與路由器及其設定息息相關。IP 遶送係指使用路由器將某個網路的封包移往另一網路的基本過程；當然，此處所討論的仍是 Cisco 的路由器。不過，路由器與第 3 層裝置這 2 個詞彙可以交替使用，本章使用「路由器」一詞時，其實是泛指所有第 3 層的裝置。

在閱讀本章之前，您應該已經瞭解**遶送協定** (routing protocol) 與**被遶送協定** (routed protocol) 間的差異；路由器使用遶送協定來動態找出互連網路中的所有網路，並且確保所有路由器擁有相同的路徑表。遶送協定也被用來判斷封包要穿越互連網路抵達目的地時的最佳路徑。RIP、RIPv2、EIGRP 與 OSPF 都是最常見的遶送協定。

一旦所有路由器都知道每一個網路之後，就可以使用被遶送協定來傳送使用者資料 (封包)。我們會指定被遶送協定給介面，並且用它來判斷封包的遞送方式。IP 與 IPv6 都是被遶送協定。

根據前面的討論，您可以看出這些東西真的非常重要。Cisco 路由器基本上就是在做 IP 遶送，而且它們的表現相當不錯，所以對這個主題的基礎有深入的瞭解，是非常重要的，對您順利通過考試也是不可或缺。

本章教您瞭解如何設定與檢驗 Cisco 路由器的 IP 遶送，包括：

- 遶送基本觀念
- IP 遶送流程
- 靜態遶送 (static routing)
- 預設遶送 (default routing)
- 動態遶送 (dynamic routing)

首先我們從較基本的遶送開始，看看封包實際上如何在互連網路移動。

9-1 遶送基礎

當您將 WAN 與 LAN 連到路由器而建立互連網路時，就必須為互連網路上的所有主機設定邏輯網路位址，例如 IP 位址，這樣它們才能跨越互連網路來進行通訊。

遶送 (routing) 一詞是指將某裝置的封包，透過網路傳送給位於不同網路上的另一裝置。路由器實際上並不太在意主機，而只關心網路和通往每個網路的最佳路徑。目的主機的邏輯網路位址是用來讓封包能透過遶送抵達某個網路，然後再用主機的硬體位址將封包從路由器送往正確的目的主機。

要能夠有效地遶送封包，路由器就至少必須知道下列資訊：

- 目的位址
- 能夠從該處取得遠端網路資訊的鄰接路由器
- 通往所有遠端網路的可能路徑
- 通往每個遠端網路的最佳路徑
- 如何維護與驗證遶送資訊

路由器會從鄰接路由器或管理者取得遠端網路的資訊，然後建立起如何抵達遠端網路的路徑表 (互連網路地圖)。如果某個網路直接相連，則路由器原本就會知道要如何抵達該網路；但如果該網路與路由器不是直接相連，路由器有 2 種方式取得如何抵達該遠端網路的資訊。**靜態遶送**需要有人手動將所有網路位置輸入路徑表；除非是在極小的網路上，否則這項工作是很令人畏懼的。

在**動態遶送**時，某台路由器上的協定會與相鄰路由器上執行的相同協定互相溝通，接著這些路由器再相互更新彼此所知道的網路資訊，並且將資訊放入各自的路徑表中。如果網路發生變化，動態遶送協定會自動通知所有路由器，而如果是使用靜態遶送，管理者就要手動為所有路由器更新所有的改變。通常在大型網路中會同時使用動態與靜態遶送。

在我們往下討論遶送流程之前，先來看一個簡單的例子，在此說明路由器如何利用路徑表把封包從介面遶送出去。現在讓我們來看看圖 9.1，以便對整個流程有個大略的瞭解。

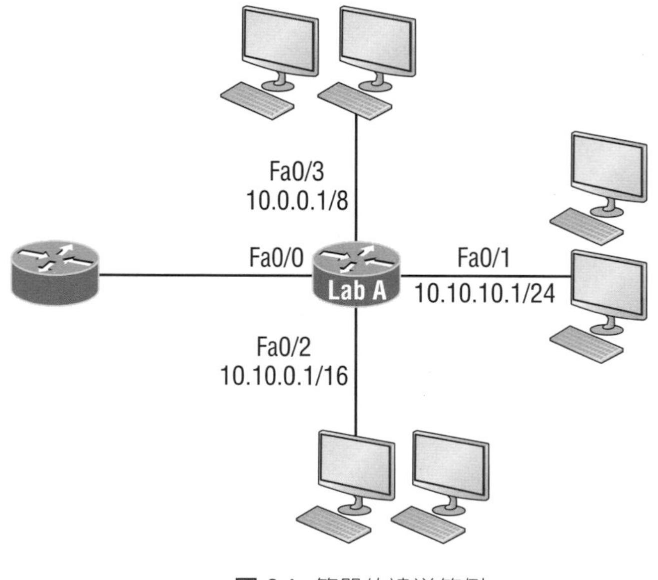

圖 9.1 簡單的遶送範例

圖 9.1 顯示一個簡單的網路。Lab_A 有 4 個介面。您可以看出 Lab_A 會使用哪一片介面來轉送目的地為 10.10.10.30 之主機的 IP 封包嗎？

藉由使用 **show ip route** 命令，就可以看到 Lab_A 做轉送決策所依據的路徑表：

```
Lab_A#sh ip route
Codes: L - local, C - connected, S - static,
[output cut]
10.0.0.0/8        is variably subnetted, 6 subnets, 4 masks
C  10.0.0.0/8     is directly connected, FastEthernet0/3
L  10.0.0.1/32    is directly connected, FastEthernet0/3
C  10.10.0.0/16   is directly connected, FastEthernet0/2
L  10.10.0.1/32   is directly connected, FastEthernet0/2
C  10.10.10.0/24 is directly connected, FastEthernet0/1
L  0.10.10.1/32   is directly connected, FastEthernet0/1
S* 0.0.0.0/0      is directly connected, FastEthernet0/0
```

路徑表輸出中的 C 表示所列出的網路是直接相連的，除非我們互連網路的路由器上加入遶送協定，例如 RIPv2 或 OSPF 等，或是使用靜態路徑，否則它的路徑表中就只會有直接相連的網路。不過，路徑表中的 L 呢？這是新的 Cisco IOS 15 中定義的另一種路徑，稱為本地主機路徑。每條本地路徑都具有 /32 的前綴，表示這是只針對一個位址定義的路徑。在本例中，路由器依賴這些列有本地 IP 位址的路徑，以便更有效率的轉送給路由器自己的封包。

讓我們回到原來的問題：根據這張圖與路徑表輸出，當 IP 收到目的地為 10.10.10.30 的封包時，要如何處理？路由器會將這個封包交換到 FastEthernet 0/1 介面，該介面再將這個封包封裝成訊框，然後從該網段傳送出去。讓我們演練一下這個匹配的過程是如何進行的：IP 會先從路徑表中尋找 10.10.10.30；如果找不到，接著就會尋找 10.10.10.0，然後再找 10.10.0.0…依此類推，一直到找到一條路徑為止。

下面再來看另一個例子：根據下個路徑表的輸出，目的位址為 10.10.10.14 的封包將會從哪個介面轉送出去？

```
Lab_A#sh ip route
[output cut]
Gateway of last resort is not set
C 10.10.10.16/28 is directly connected, FastEthernet0/0
L 10.10.10.17/32 is directly connected, FastEthernet0/0
C 10.10.10.8/29  is directly connected, FastEthernet0/1
L 10.10.10.9/32  is directly connected, FastEthernet0/1
C 10.10.10.4/30  is directly connected, FastEthernet0/2
L 10.10.10.5/32  is directly connected, FastEthernet0/2
C 10.10.10.0/30  is directly connected, Serial 0/0
L 10.10.10.1/32  is directly connected, Serial0/0
```

首先，您可以看到這個網路被分割為子網路，而且每個介面有不同的遮罩，如果您不懂子網路分割，您就無法回答這個問題！10.10.10.14 應該是 FastEthernet0/1 介面連結的 10.10.10.8/29 子網路中的一台主機。如果您不懂的話，請別驚慌。直接回頭重讀第 4 章，然後再來看這個應該就沒有問題了。

9-2 IP 遶送流程

IP 的遶送流程相當簡單，而且不會因為網路的規模不同而有所改變。我們以圖 9.2 為例，逐步地描述 Host_A 如何與不同網路上的 Host_B 進行通訊的過程。

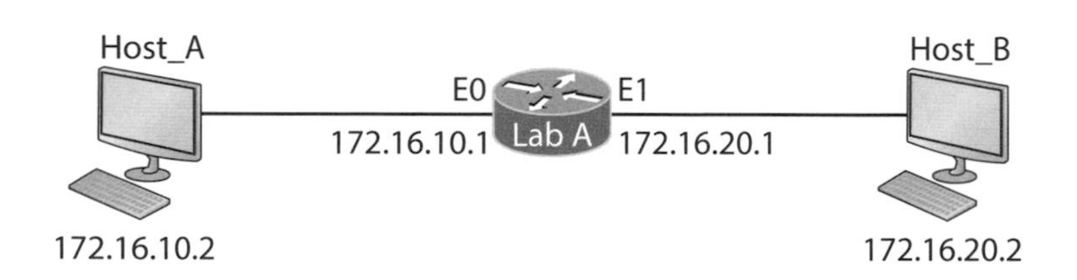

圖 9.2 兩台主機與一台路由器之 IP 遶送範例

在本例中，Host_A 上的使用者對 Host_B 的 IP 位址進行 ping 的動作；這是最簡單的遶送，但是仍然涉及許多步驟，包括：

1. ICMP (Internet Control Message Protocol) 產生 echo 請求的有效負載 (payload)。
2. ICMP 將有效負載傳給 IP 以建立封包；這個封包中至少包含 IP 來源位址、IP 目的位址和內容為 01h 的協定欄位 (Cisco 習慣在十六進位數字前加上 0x，所以它也可以表示為 0x01)。當封包抵達目標時，這個資訊能告訴接收端主機應該將此有效負載交給誰 (在本例為 ICMP)。
3. 一旦建立封包後，IP 會判斷目標 IP 位址是位於本地網路或遠端網路。
4. 由於 IP 判定這是遠端請求，所以封包必須送往預設閘道以便遶送至遠端網路。於是藉由解析 Windows 中的 Registry，以找出設定的預設閘道。
5. 主機 172.16.10.2 (Host_A) 的預設閘道是 172.16.10.1。為了要將該封包送到預設閘道，必須先知道路由器介面 Ethernet 0 的硬體位址。為什麼呢？因為如此該封包才能往下送給「資料鏈結層」來建立訊框，並且送往路由器上連結 172.16.10.0 網路的介面。因為本地 LAN 上的主機間只會透過硬體位址進行通訊，所以當 Host_A 要與 Host_B 進行通訊時，必須先將封包送往本地網路預設閘道的 MAC 位址。

MAC 位址的作用只在 LAN 當地，從不會穿越路由器。

6. 接著，檢查 ARP 快取記憶體，看預設閘道的 IP 位址是否已被解析為硬體位址。

   - 如果已有這項資訊，封包就可以送往「資料鏈結層」建立訊框。硬體目的位址也會隨著封包向下傳。若要檢視主機上的 ARP 快取，可利用以下的命令：

```
C:\>arp -a
Interface: 172.16.10.2 --- 0x3
Internet Address      Physical Address      Type
172.16.10.1           00-15-05-06-31-b0     dynamic
```

   - 如果主機的 ARP 快取記憶體中還沒有這個硬體位址，則會對區域網路送出 ARP 廣播，以搜尋 172.16.10.1 的硬體位址。路由器會回應這個請求，並且提供它的 Ethernet0 硬體位址。該主機則會將此位址放入快取中。

7. 當封包與目標硬體位址傳給「資料鏈結層」後，就會利用 LAN 驅動程式透過所使用的區域網路類型 (在本例為乙太網路) 來提供媒介存取。接著使用控制資訊封裝這個封包而產生訊框；在本例中，該訊框除了包含硬體的目的與來源位址外，還包含 Ether-Type 欄位，用來描述將該封包傳給「資料鏈結層」的網路層協定 (在此為 IP)。訊框的結尾是 FCS 欄位，存放 CRC 的值。訊框看起來會像圖 9.3 的樣子，它包含 Host_A 主機的硬體位址 (MAC) 與預設閘道的目標硬體位址。但並不包括遠端主機的 MAC 位址——切記！

目的 MAC (路由器 E0 的 MAC 位址)	來源 MAC (Host_A 的 MAC 位址)	乙太類型 欄位	封包	FCS CRC

圖 9.3 ping Host_B 時從 Host_A 到 Lab_A 路由器所用的訊框

8. 一旦完成訊框的裝填，就會交由「實體層」逐一將每個位元放入實體媒介中 (本例為雙絞線)。

9. 碰撞網域中的每個裝置都會收到這些位元，建立訊框，執行 CRC，並且檢查 FCS 欄位中的結果。如果結果不符，訊框就會被丟棄。
    - 如果 CRC 相符，則檢查硬體目的位址，判斷是否也符合 (在本例為路由器的 Ethernet 0 介面)。
    - 如果符合，則檢查 Ether-Type 欄位以找出「網路層」所使用的協定。
10. 將封包由訊框中取出，傳給 Ether-Type 欄位中所指定的協定 (亦即 IP)，並且丟棄訊框的剩餘部份。
11. IP 收到封包，並且檢查 IP 目的位址。因為該封包的目的位址並不符合路由器本身所設定的任何位址，該路由器會在它的路徑表中尋找目的 IP 的網路位址。
12. 路徑表必須包含網路 172.16.20.0 的資料，否則封包會立刻被丟棄，並且將包含「destination network unreachable」資訊的 ICMP 訊息回送給最初的裝置。
13. 如果路由器在表中找到目的網路，則封包會被交換到離開的介面 (在本例為 Ethernet1)。以下的輸出顯示 Lab_A 路由器的路徑表。C 表示直接相連。這個網路並不需要遶送協定，因為所有網路 (圖 9.2 中的兩個網路) 都是**直接相連**的。

```
Lab_A>sh ip route
C 172.16.10.0 is directly connected, Ethernet0
L 172.16.10.1/32 is directly connected, Ethernet0
C 172.16.20.0 is directly connected, Ethernet1
L 172.16.20.1/32 is directly connected, Ethernet1
```

14. 路由器透過封包交換，將封包送入 Ethernet1 的緩衝區。
15. Ethernet1 緩衝區必須知道目的主機的硬體位址，所以會先檢查它的 ARP 快取。
    - 如果過去已經解析過 Host_B 的硬體位址，並且放在路由器的 ARP 快取中，這時就會將封包與硬體位址向下傳給「資料鏈結層」建立訊框。讓我們利用 **show ip arp** 命令來檢視 Lab_A 路由器上的 ARP 快取：

```
Lab_A#sh ip arp
Protocol  Address       Age(min) Hardware Addr   Type   Interface
Internet  172.16.20.1     -      00d0.58ad.05f4  ARPA   Ethernet1
Internet  172.16.20.2     3      0030.9492.a5dd  ARPA   Ethernet1
Internet  172.16.10.1     -      00d0.58ad.06aa  ARPA   Ethernet0
Internet  172.16.10.2    12      0030.9492.a4ac  ARPA   Ethernet0
```

破折號 (-) 表示它是路由器上的實體介面。從以上的路由器輸出可看出路由器知道 172.16.10.2 (Host_A) 與 172.16.20.2 (Host_B) 的硬體位址。Cisco 路由器對於 ARP 表格中的記錄會保存 4 小時。

- 如果尚未解析過該硬體位址，路由器會從 Ethernet1 送出 ARP 請求，以尋找 172.16.20.2 的硬體位址。Host_B 會回應自己的硬體位址，接著封包與目的位址會送往「資料鏈結層」建立訊框。

16. 「資料鏈結層」建立的訊框，包含目的與來源硬體位址、Ether-Type 欄位與訊框尾端的 FCS 欄位。將該訊框送往「實體層」以便逐一將位元送到實體媒介中。

17. Host_B 收到訊框，並且立即執行 CRC。如果結果與 FCS 欄位相符，就檢查目的硬體位址。如果仍然相符，就檢查 Ether-Type 欄位以判斷封包應該送往「網路層」的哪個協定 (在本例為 IP)。

18. 在「網路層」，IP 會接收這個封包，並且檢查 IP 目的位址。當確定符合後會檢查協定欄位，以找出有效負載要交給誰。

19. 將有效負載被交給 ICMP；它能瞭解這是個 echo 請求，並且加以回應——立即丟棄這個封包，並且產生新的有效負載作為 echo 的回應。

20. 接著建立封包，包含來源與目的位址、協定欄位以及負載；現在的目的裝置為 Host_A。

21. IP 接著檢查目的 IP 位址是位於本地 LAN 或遠端網路上的裝置。因為目的裝置是位於遠端網路，所以該封包必須送往預設的閘道。

22. 在 Windows 裝置的 Registry 中找到預設的閘道 IP，並且檢查 ARP 快取以檢查該 IP 位址是否已經解析為硬體位址。

23. 一旦找到預設閘道的硬體位址，將封包與目的硬體位址向下傳給資料鏈結層以建立訊框。

24. 「資料鏈結層」的訊框標頭中包含下列資訊：

 - 目的與來源硬體位址
 - 值為 0x800 (IP) 的 Ether-Type 欄位
 - 包含 CRC 結果的 FCS 欄位

25. 將訊框下傳給「實體層」以逐一將每個位元送到網路媒介上。

26. 路由器的 Ethernet 1 介面會接收這些位元並且建立訊框，執行 CRC，檢查 FCS 欄位以確保結果相符。

27. 如果 CRC 正確，接著檢查目的硬體位址。因為符合路由器的介面，所以將封包由訊框中取出，並且檢查 Ether-Type 欄位，以找出應該將封包遞送給「網路層」的哪個協定。

28. 判定協定為 IP，所以由它取得封包。IP 會先對 IP 標頭執行 CRC 檢查，然後檢查目的 IP 位址。

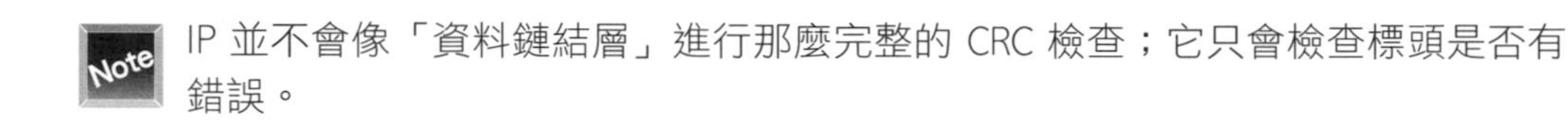

IP 並不會像「資料鏈結層」進行那麼完整的 CRC 檢查；它只會檢查標頭是否有錯誤。

因為 IP 目的位址並不符合路由器的任何介面，所以會檢查路徑表以找出是否有通往 172.16.10.0 的路徑。如果沒有通往目的網路的路徑，封包就會立刻被丟棄 (這是許多管理者發生混淆的地方，當 ping 失敗時，大多數人會認為是因為封包並沒有抵達目的主機。但是在此可以看出，事實上未必如此。它可能只是因為某個遠端路由器中少了一條回到原始主機網路的路徑罷了！此時，封包是在回程、而不是前往主機的途中被丟棄的)。

以下是個簡單的備註：當封包是在回程中遺失時，通常會看到「request timed out」訊息，因為它是個未知的錯誤。如果是因為已知問題所造成的錯誤，例如路由器的路徑表中沒有通往目的裝置的路徑，則會看到「destination unreachable」的訊息。這應該有助於判斷問題是發生在前往目標的途中，或是在回程的路上。

29. 在這個例子中，路由器確實知道如何抵達網路 172.16.10.0，離開的介面是 Ethernet 0，所以封包被交換到介面 Ethernet0。

30. 路由器檢查 ARP 快取，以判斷是否已經解析過 172.16.10.2 的硬體位址了。

31. 因為 172.16.10.2 的硬體位址已經在前往 Host_B 的旅程中就放入快取了，所以將硬體位址與封包傳給「資料鏈結層」。

32. 「資料鏈結層」使用目的硬體位址與來源硬體位址建立訊框，並且將 IP 放入 Ether-Type 欄位。對訊框執行 CRC，將結果放入 FCS 欄位中。

33. 接著將訊框傳給「實體層」，以便逐一將每個位元送入區域網路中。

34. 目的主機收到訊框，執行 CRC，檢查目的硬體位址，並且檢視 Ether-Type 欄位以找出要將封包傳給誰。

35. IP 是被指定的接收者；當封包傳給「網路層」的 IP 時，它會檢查協定欄位尋求更進一步的指示。IP 根據指示將有效負載交給 ICMP，而 ICMP 接著判斷出這個封包是 ICMP 的 echo 回應。

36. ICMP 送出驚歎號（!）到使用者介面以確認它已經收到回應，接著再嘗試傳送另外 4 個 echo 請求給目的主機。

您剛剛經歷了 Todd 式 36 步驟的簡化版 IP 遶送說明。重點在於即使您擁有非常大的網路，這個流程仍然不變。在很大的互連網路中，封包只是在找到目的主機之前，經過了更多的中繼站罷了。

請務必記住當 Host_A 傳送封包給 Host_B 時，所使用的目的硬體位址是預設閘道的乙太網路介面；這是因為訊框只能送往本地網路，不能送往遠端網路，且送往遠端網路的封包必須要經過預設的閘道。

現在讓我們來檢視 Host_A 的 ARP 快取：

```
C:\ >arp -a
Interface: 172.16.10.2 --- 0x3
Internet Address        Physical Address        Type
172.16.10.1             00-15-05-06-31-b0       dynamic
172.16.20.1             00-15-05-06-31-b0       dynamic
```

您注意到 Host_A 用來抵達 Host_B 所用的硬體位址 (MAC) 是 Lab_A E0 介面嗎？硬體位址一定是當地的，它從不會穿越路由器的介面。瞭解這個流程是非常重要的，請植入您的記憶中吧！

Cisco 路由器內部流程

在測試您對 IP 遶送 36 步驟的瞭解之前，很重要的是要先說明路由器內部的封包轉送方式。要在路由器的路徑表中查詢目標 IP 位址，路由器必須進行一些處理，如果表中有數萬筆路徑，就會需要相當大量的 CPU 時間。這可能會導致相當大量的額外負擔。想像一下 ISP 的路由器，每秒必須處理數百萬筆封包，甚至處理子網路來找出正確的離開介面！即使是本書中使用的小網路，只要有連上真正的主機並且傳送資料，都會需要大量的處理。

Cisco 使用 3 種封包轉送技術。

- **程序交換技術** (process switching)：這是今日許多人看待路由器的方式，因為當 Cisco 在 1990 年開始推出最早期路由器的時候，路由器真的是執行這種單純的封包交換技術。但是這種小小流量的美好時光已經一去不回了！這個流程現在已經極度複雜，涉及在路徑表中查找每個目標位址，並且為每個封包找出離開的介面——差不多就是上述 36 步驟所說明的流程。但是即使上述步驟在觀念上是正確的，因為每秒必須處理的數百萬封包數，今日實際的內部流程需要的已不僅止於封包交換技術。所以 Cisco 提出一些其他技術來協助因應這個「大型程序問題」。
- **快速交換技術** (fast switching)：這是為了加速程序交換的效能所提出的解決方案。快速交換使用快取儲存最近使用的目標，所以不再需要為每個封包進行查詢。藉由將目標裝置的離開介面和第 2 層標頭放入快取，可以大幅改善效能。但是隨著網路成長到需要更快的速度，Cisco 又建立了另一種技術！
- **Cisco 快速轉送技術** (Cisco Express Forwarding，CEF)：這是 Cisco 較新的發明，也是所有新型 Cisco 路由器所使用的預設封包轉送方法。CEF 建立許多不同的快取表來協助改善效能，並且是採用變動觸發，而非封包觸發，這意謂著當網路拓墣改變時，快取也會隨之改變。

若要知道您的路由器介面使用哪一種封包交換技術，請使用 **show ip interface** 命令。

測試您對 IP 遶送的瞭解

我們希望您能確實瞭解 IP 遶送，因為這非常非常重要。因此本節藉由讓您檢視一些網路圖，並且回答一些非常基本的 IP 遶送問題，以確定您真的瞭解 IP 遶送流程。

圖 9.4 顯示一個連到 RouterA 的 LAN，然後透過 WAN 鏈路連到 RouterB。RouterB 所連結的 LAN 上有一部 HTTP 伺服器。

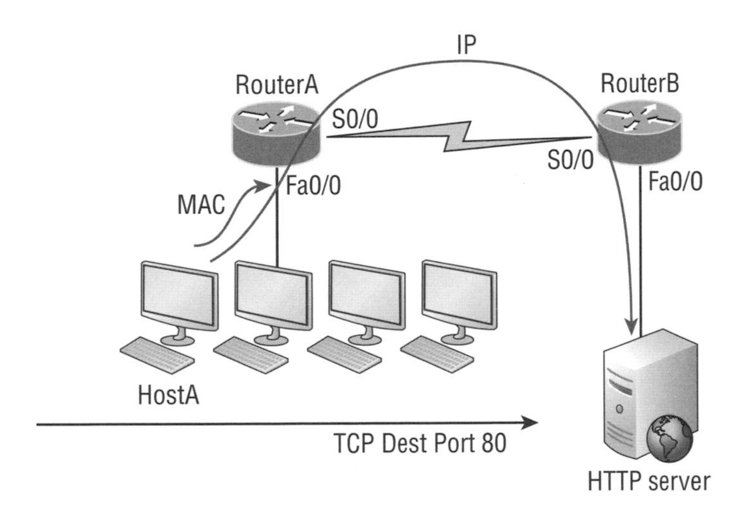

圖 9.4 IP 遶送範例 1

您需要從這張圖收集到的重要資訊，就是這個範例如何發生 IP 遶送。這題我們會先給答案，但您應該好好研究一下，看是否能不看答案就回答出範例 2。

1. 從 HostA 送出的訊框目的位址是 RouterA 路由器之 Fa0/0 介面的 MAC 位址。
2. 封包的目標位址是 HTTP 伺服器網路介面卡的 IP 位址。
3. 資料段標頭中目的埠號的值是 80。

這個範例相當簡單扼要。要記住當多台主機使用 HTTP 和伺服器溝通時，必須各自使用不同的來源埠號。伺服器利用來源及目標的 IP 位址和埠號來區分傳輸層的資料

因此讓我們再加入更多互連網路裝置到網路中，然後看您是否還能找到答案。圖 9.5 顯示一個只有 1 部路由器，但有 2 部交換器的網路。

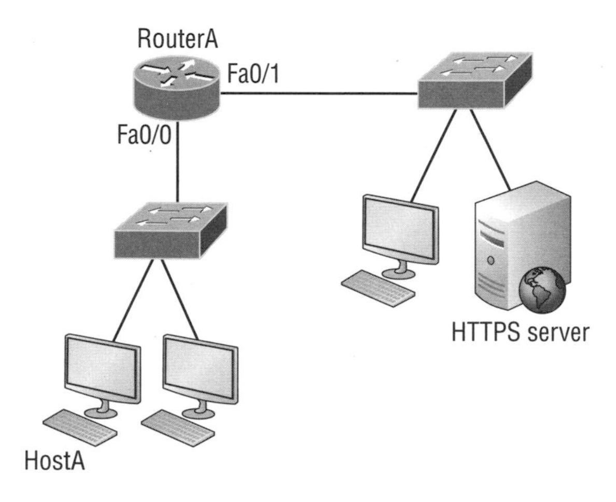

圖 9.5 IP 遶送範例 2

這裡對於 IP 遶送流程所要瞭解的是當 HostA 傳送資料到 HTTPS 伺服器時，會發生什麼事：

1. 從 HostA 送出的訊框目的位址是 RouterA 路由器之 Fa0/0 介面的 MAC 位址。
2. 封包的目標位址是 HTTPS 伺服器之網路介面卡的 IP 位址。
3. 資料段標頭中目的埠號的值是 443。

請注意交換器並沒有被用來當作預設閘道或其他目的地，因為交換器與遶送無關。筆者很好奇會有多少讀者選擇交換器當作 HostA 的預設閘道 (目標) MAC 位址？如果您就是這樣，不要放在心上——只要再多注意一下正確觀念即可。如果封包的目的地是外部的 LAN，就如同前 2 個例子一樣，目的 MAC 位址永遠是路由器的介面，這是非常重要的，一定要記住。

在我們往下討論更進階的 IP 遶送觀念之前，先來看看另一個問題，看一下路由器路徑表的輸出：

```
Corp#sh ip route
[output cut]
R 192.168.215.0 [120/2] via 192.168.20.2, 00:00:23, Serial0/0
R 192.168.115.0 [120/1] via 192.168.20.2, 00:00:23, Serial0/0
R 192.168.30.0 [120/1] via 192.168.20.2, 00:00:23, Serial0/0
C 192.168.20.0 is directly connected, Serial0/0
L 192.168.20.1/32 is directly connected, Serial0/0
C 192.168.214.0 is directly connected, FastEthernet0/0
L 192.168.214.1/32 is directly connected, FastEthernet0/0
```

假設 Corp 路由器收到一個來源 IP 位址為 192.168.214.20、目的位址為 192.168.22.3 的 IP 封包，您認為 Corp 路由器會如何處理這個封包？

假如您說：「該封包來自 FastEthernet 0/0 介面，但由於路徑表並沒有顯示任何可抵達 192.168.22.0 的路徑 (也沒有預設路徑)，所以路由器會丟掉這個封包，並且從 FastEthernet 0/0 介面送出「目的地無法抵達」的 ICMP 訊息。」那您說對啦！不過正確的理由，其實是因為那是送出封包的來源 LAN。

現在讓我們檢視另一張圖，並且討論訊框和封包的細節。事實上，我們並沒有談到什麼新東西；只是要確定您真的完完全全地瞭解基本的 IP 遶送。這是因為本書重點和考試方向都與 IP 遶送有關，所以您對此必須非常熟悉！我們要使用圖 9.6 來進行下面幾個問題。

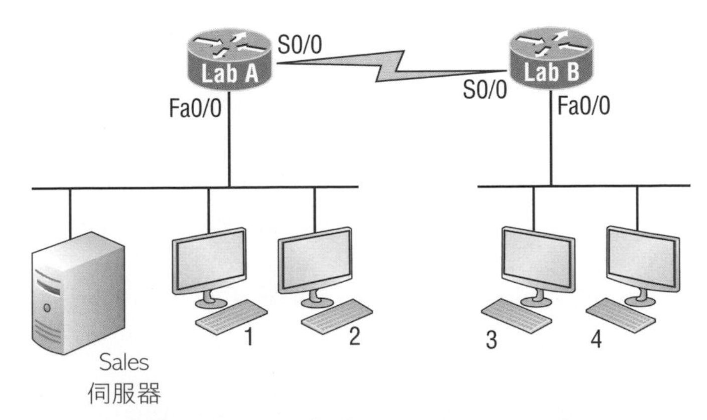

圖 9.6 使用 MAC 和 IP 位址的基本 IP 遶送

根據圖 9.6，下面是您要動腦筋回答的一些問題：

1. 為了與 Sales 伺服器開始通訊，Host 4 送出一個 ARP 請求。這個拓樸中的裝置會如何回應這個請求？

2. Host 4 收到 ARP 回應。它現在會建立封包，然後將這個封包放入訊框中。如果 Host 4 要與 Sales 伺服器溝通，則 Host 4 送出的封包標頭中會放入甚麼資訊呢？

3. 最後，Lab_A 路由器收到封包，並且從 Fa0/0 送出到伺服器的 LAN 中。訊框標頭中的來源和目的位址是什麼呢？

4. Host 4 會同時在兩個瀏覽器視窗中顯示來自 Sales 伺服器的兩份網站文件。資料如何找到正確的瀏覽器視窗呢？

下面的答案或許應該以很小的字體書寫在本書的另一部分，讓您無法偷看解答。不過如果您真的偷看的話，那可是您自己的損失喔。下面是解答：

1. **為了與 Sales 伺服器開始通訊，Host 4 送出一個 ARP 請求。這個拓樸中的裝置會如何回應這個請求？**因為 MAC 位址必須保留在本地網路中，所以 Lab_B 路由器會回應 Fa0/0 介面的 MAC 位址，而 Host 4 在傳送封包給 Sales 伺服器時，會將所有的訊框送往 Lab_B 路由器 Fa0/0 介面的 MAC 位址。

2. **Host 4 收到 ARP 回應。它現在會建立封包，然後將這個封包放入訊框中。如果 Host 4 要與 Sales 伺服器溝通，則 Host 4 送出的封包標頭中會放入甚麼資訊呢？**因為我們現在討論的是封包，而不是訊框，所以來源位址會是 Host 4 的 IP 位址，而目的位址則是 Sales 伺服器的 IP 位址。

3. **最後，Lab_A 路由器收到封包，並且從 Fa0/0 送出到伺服器的 LAN 中。訊框標頭中的來源和目的位址是什麼呢？**來源的 MAC 位址是 Lab_A 路由器的 Fa0/0 介面，而目標的 MAC 位址則是 Sales 伺服器的 MAC 位址 (所有 MAC 位址都必須限制在本地的 LAN 中)。

4. **Host 4 會同時在兩個瀏覽器視窗中顯示來自 Sales 伺服器的兩份網站文件。資料如何找到正確的瀏覽器視窗呢？**會用 TCP 埠碼來指引資料到正確的應用視窗。

很好！但是我們還沒有完工。在您開始在真正的網路上設定遶送之前，再多練習幾個問題。準備好了嗎？圖 9.7 是基本的網路，而 Host 4 想要收取電子郵件。當訊框離開 Host 4 時，它的目標位址欄位中應該放什麼呢？

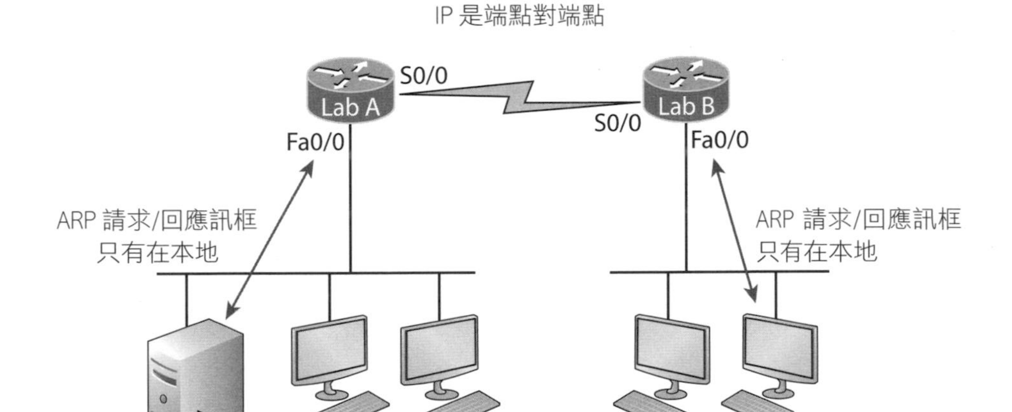

圖 9.7 測試基本的遶送知識

答案是 Host 4 會使用 Lab_B 路由器 Fa0/0 介面的 MAC 位址。

再次檢視圖 9.7：Host 4 必須與 Host 1 通訊，則當封包抵達 Host 1 時，標頭中 OSI 第 3 層的來源位址會放什麼呢？

在第 3 層，封包的來源 IP 位址會是 Host 4，而目的位址則是 Host 1 的 IP 位址。當然，Host 4 的目標 MAC 位址一定會是 Lab_B 路由器 Fa0/0 的位址。因為我們有不只一台路由器，所以需要有在它們之間互相溝通的遶送協定，讓交通可以轉送到正確的方向，以抵達 Host 1 所連結的網路。

好了！還有一個問題，您就可以開始踏上成為 IP 遶送高手的路途了。同樣使用圖 9.7，Host 4 正要將檔案傳送給連到 Lab_A 路由器的電子郵件伺服器。離開 Host 4 的第 2 層目的位址是什麼？是的，這個問題已經問過好幾遍了，但是下面這個可沒有：當電子郵件伺服器收到這個訊框時，它的來源 MAC 位址又是什麼？

希望您會回答離開 Host 4 的第 2 層目的位址是 Lab_B 路由器 Fa0/0 的 MAC 位址，而電子郵件伺服器收到的第 2 層來源位址則是 Lab_A 路由器的 Fa0/0 介面。如果您真的是這樣回答，表示您已經準備好要瞭解大型網路環境如何處理 IP 遶送了。

9-3 設定 IP 遶送

該是真正設定路由器的時候了！圖 9.8 顯示 3 部路由器：Corp、SF 與 LA。請記住，預設情形下這些路由器只會知道與它們直接相連的網路。本章接下來的部分都會運用這張圖和這個網路。隨著本書的進展，這張圖中還會加入越來越多的路由器和交換器。

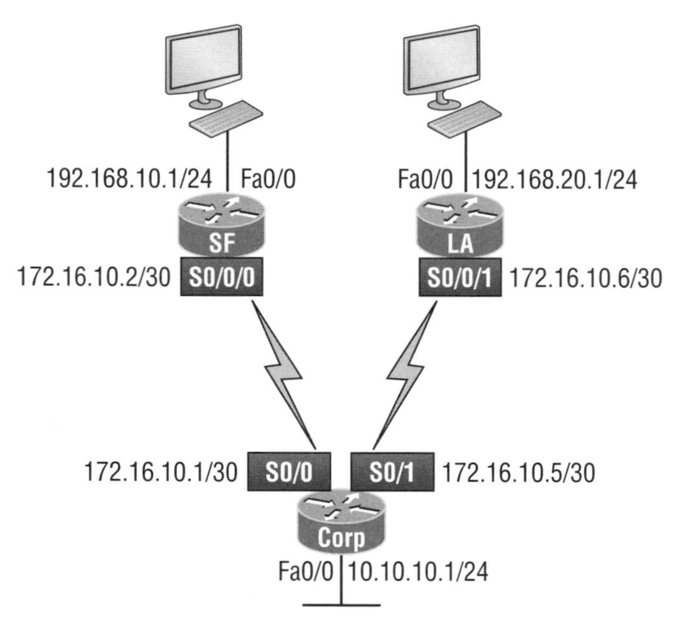

圖 9.8 設定 IP 遶送

您可能會想，筆者一定有一組不錯的路由器可以拿來玩。但是其實並不需要一大堆的裝置，就能練習本書的大多數命令。您幾乎可以使用任何路由器，或甚至是不錯的路由器模擬程式，就能達到相同的效果。

回到正題，Corp 路由器有 2 個序列介面，提供到 SF 和 LA 路由器的 WAN 連線，以及 1 個 FastEthernet 介面。而兩部遠端路由器則各有一個序列介面和 1 個 FastEthernet 介面。

這個專案的第 1 步是要先正確地為每台路由器上的每個介面設定一個 IP 位址。下面的清單列出用來設定網路的 IP 架構。我們先說明網路的組態設定之後，再介紹 IP 遶送的設定方式。請注意那些子網路遮罩，它們非常重要！LAN 都是使用/24 遮罩，而 WAN 則使用/30。

- **Corp**
  - Serial 0/0: 172.16.10.1/30
  - Serial 0/1: 172.16.10.5/30
  - Fa0/0: 10.10.10.1/24
- **SF**
  - S0/0/0: 172.16.10.2/30
  - Fa0/0: 192.168.10.1/24
- **LA**
  - S0/0/0: 172.16.10.6/30
  - Fa0/0: 192.168.20.1/24

其實路由器的組態設定是個相當直接的過程，只需為介面加上 IP 位址，然後在這些介面上執行 **no shutdown**。後面會稍微複雜一些，不過現在讓我們先來設定網路的 IP 位址。

Corp 的組態設定

針對 Corp 路由器需要設定 3 個介面。若為每台路由器設定主機名稱，會讓我們較容易辨識它們。另外，也順便設定一下介面說明、標題訊息與路由器密碼。能養成習慣在每台路由器上設定這些命令是不錯的做法。

首先，在路由器上執行 **erase startup-config** 命令，並重載路由器，以便從安裝模式開始。選擇 **n**，不要進入安裝模式，然後直接進入控制台的使用者模式提示列。之後我們會用這樣的方法來設定所有的路由器。

以下是執行的過程：

```
--- System Configuration Dialog ---
Would you like to enter the initial configuration dialog? [yes/no]: n

Press RETURN to get started!
Router>en
Router#config t
Router(config)#hostname Corp
Corp(config)#enable secret GlobalNet
Corp(config)#no ip domain-lookup
Corp(config)#int f0/0
Corp(config-if)#desc Connection to LAN BackBone
Corp(config-if)#ip address 10.10.10.1 255.255.255.0
Corp(config-if)#no shut
Corp(config-if)#int s0/0
Corp(config-if)#desc WAN connection to SF
Corp(config-if)#ip address 172.16.10.1 255.255.255.252
Corp(config-if)#no shut
Corp(config-if)#int s0/1
Corp(config-if)#desc WAN connection to LA
Corp(config-if)#ip address 172.16.10.5 255.255.255.252
Corp(config-if)#no shut
Corp(config-if)#line con 0
Corp(config-line)#password console
Corp(config-line)#loggin
Corp(config-line)#loggin sync
Corp(config-line)#exit
Corp(config)#line vty 0 ?
  <1-181> Last Line number
  <cr>
```

```
Corp(config)#line vty 0 181
Corp(config-line)#password telnet
Corp(config-line)#login
Corp(config-line)#exit
Corp(config)#banner motd # This is my Corp Router #
Corp(config)#^Z
Corp#copy run start
Destination filename [startup-config]?
Building configuration...
[OK]
Corp# [OK]
```

現在來討論 Corp 路由器的組態設定。首先，設定主機名稱並啟用密碼。使用 **no ip domain-lookup** 讓路由器停止解析主機名稱的嘗試，除非已經設定了主機表或 DNS，否則這會是個煩人的功能。接著，設定 3 個介面的描述與 IP 位址，並且使用 **no shutdown** 命令啟動它們。然後是控制台與 VTY 密碼。但是控制台設定下方的 **logging sync** 命令又是什麼？它會讓控制台訊息不會覆蓋掉您的輸入；這是個保持整潔的好命令！最後，設定標題訊息並儲存設定。

如果您無法瞭解這個設定過程，請回頭參考第 6 章。

使用 **show ip route** 命令檢視在 Cisco 路由器上建立的 IP 路徑表。該命令的輸出如下：

```
Corp#sh ip route
Codes: L - local, C - connected, S - static, R - RIP, M - mobile, B - BGP
D - EIGRP, EX - EIGRP external, O - OSPF, IA - OSPF inter area
N1 - OSPF NSSA external type 1, N2 - OSPF NSSA external type 2
E1 - OSPF external type 1, E2 - OSPF external type 2
i - IS-IS, su - IS-IS summary, L1 - IS-IS level-1, L2 - IS-IS level-2
ia - IS-IS inter area, * - candidate default, U - per-user static route
o - ODR, P - periodic downloaded static route, H - NHRP, l - LISP
+ - replicated route, % - next hop override
Gateway of last resort is not set
10.0.0.0/24 is subnetted, 1 subnets
C 10.10.10.0 is directly connected, FastEthernet0/0
L 10.10.10.1/32 is directly connected, FastEthernet0/0
Corp#
```

請注意只有經過設定、直接相連的網路才會顯示在路徑表中；那麼為什麼路徑表中只看到 FastEthernet0/0 介面呢？別擔心，這只是因為我們一直要等到序列鏈路的另外一端也在運作時，才會看到序列介面。一旦我們設定好 SF 與 LA 路由器，所有這些介面應該就會出現。

您注意到路由器輸出的左邊的 C 了嗎。當它出現時，表示該網路是直接相連的。在 **show ip route** 命令輸出的開頭會列出每種連線的代碼與說明。

為了精簡起見，本章後續部份將會移除開頭這些代碼。

SF 的組態設定

現在開始設定下個路由器——SF。若要順利完成這個工作，請記住我們有 2 個介面要處理：serial 0/0/0 及 FastEthernet 0/0。請確定您沒有忘記在路由器組態中加入主機名稱、密碼、介面說明與標題訊息。如同之前設定 Corp 路由器一樣，因為這台路由器已經做過設定，所以開始前要先消除組態，然後重載路由器；如下所示：

```
R1#erase start
% Incomplete command.
R1#erase startup-config
Erasing the nvram filesystem will remove all configuration files!
Continue? [confirm][enter]
[OK]
Erase of nvram: complete
R1#reload
Proceed with reload? [confirm][enter]
[output cut]
%Error opening tftp://255.255.255.255/network-confg (Timed out)
%Error opening tftp://255.255.255.255/cisconet.cfg (Timed out)
--- System Configuration Dialog ---
Would you like to enter the initial configuration dialog? [yes/no]: n
```

在繼續之前，讓我們先來討論以上的畫面。首先，請注意新型的 12.4 ISR 路由器不再接受 **erase start** 命令。以 **erase s** 開頭的命令只有一個，如：

```
Router#erase s?
startup-config
```

您一定在想，IOS 應該會繼續接受這個命令，不過很抱歉，答案是否定的。其次要特別提出的地方是，這個輸出告訴我們路由器正在尋找 TFTP 主機，看是否能下載組態檔。如果尋找失敗，就直接進入安裝模式。這剛好可以描繪出我們在第 7 章所討論的，Cisco 路由器的預設開機順序。

好的，讓我們再回去設定路由器吧：

```
Press RETURN to get started!
Router#config t
Router(config)#hostname SF
SF(config)#enable secret GlobalNet
SF(config)#no ip domain-lookup
SF(config)#int s0/0/0
SF(config-if)#desc WAN Connection to Corp
SF(config-if)#ip address 172.16.10.2 255.255.255.252
SF(config-if)#no shut
SF(config-if)#clock rate 1000000
SF(config-if)#int f0/0
SF(config-if)#desc SF LAN
SF(config-if)#ip address 192.168.10.1 255.255.255.0
SF(config-if)#no shut
SF(config-if)#line con 0
SF(config-line)#password console
SF(config-line)#login
SF(config-line)#logging sync
SF(config-line)#exit
SF(config)#line vty 0 ?
<1-1180> Last Line number
<cr>
SF(config)#line vty 0 1180
SF(config-line)#password telnet
SF(config-line)#login
SF(config-line)#banner motd #This is the SF Branch router#
SF(config)#exit
SF#copy run start
Destination filename [startup-config]?
Building configuration...
[OK]
```

讓我們使用下面 2 個命令來設定介面。

```
SF#sh run | begin int
interface FastEthernet0/0
  description SF LAN
  ip address 192.168.10.1 255.255.255.0
  duplex auto
  speed auto
!
interface FastEthernet0/1
  no ip address
  shutdown
  duplex auto
  speed auto
!
interface Serial0/0/0
  description WAN Connection to Corp
  ip address 172.16.10.2 255.255.255.252
  clock rate 1000000
!
SF#sh ip int brief
Interface         IP-Address      OK?   Method   Status              Protocol
FastEthernet0/0   192.168.10.1    YES   manual   up                  up
FastEthernet0/1   unassigned      YES   unset    administratively down down
Serial0/0/0       172.16.10.2     YES   manual   up                  up
Serial0/0/1       unassigned      YES   unset    administratively down down
SF#
```

現在序列鏈結的兩端都已經完成設定，所以鏈結就啟用了。介面上的 up/up 狀態是實體/資料鏈結層的狀態指示子，而不是第 3 層的狀態！如果問您鏈結顯示 up/up，可以 ping 到直接相連的網路嗎？答案不是：「可以！」，正確答案是：「不知道」，因為從這個命令看不到第 3 層的狀態；我們只能看到第 1、2 層的狀態，並且檢查 IP 位址是否打錯——千萬別誤會了這些狀態的意義喔～

show ip route 命令的輸出如下：

```
SF#sh ip route
C  192.168.10.0/24 is directly connected, FastEthernet0/0
L  192.168.10.1/32 is directly connected, FastEthernet0/0
```

```
172.16.0.0/30     is subnetted, 1 subnets
C  172.16.10.0    is directly connected, Serial0/0/0
L  172.16.10.2/32 is directly connected, Serial0/0/0
```

請注意 SF 路由器知道如何抵達 172.16.10.0/30 與 192.168.10.0/24 網路。現在可以從 SF 路由器 ping 到 Corp 路由器了：

```
SF#ping 172.16.10.1
Type escape sequence to abort.
Sending 5, 100-byte ICMP Echos to 172.16.10.1, timeout is 2 seconds:
!!!!!
Success rate is 100 percent (5/5), round-trip min/avg/max = 1/3/4 ms
```

現在回到 Corp 路由器，並且檢視一下它的路徑表：

```
Corp>sh ip route
172.16.0.0/30     is subnetted, 1 subnets
C  172.16.10.0    is directly connected, Serial0/0
L  172.16.10.1/32 is directly connected, Serial0/0
10.0.0.0/24       is subnetted, 1 subnets
C  10.10.10.0     is directly connected, FastEthernet0/0
L  10.10.10.1/32  is directly connected, FastEthernet0/0
```

SF 序列介面 0/0/0 是 DCE 連線，表示需要在介面上設定時脈。請記住您不必在正式網路中使用 **clock rate** 命令。

使用 **show controllers** 命令可以看到時脈速率：

```
SF#sh controllers s0/0/0
Interface Serial0/0/0
Hardware is GT96K
DCE V.35, clock rate 1000000
Corp>sh controllers s0/0
Interface Serial0/0
Hardware is PowerQUICC MPC860
DTE V.35 TX and RX clocks detected.
```

因為 SF 路由器有 DCE 纜線連結，且 DTE 會接收時脈，所以必須在介面加上時脈速率。請記住新的 ISR 路由器會自動偵測，並且自動設定時脈速率為 2000000 嗎？當然，您還是要去找到 DCE 介面，並且設定時脈速率，以滿足認證的目標！

因為序列鏈路啟用了，所以現在這 2 個網路都在 Corp 的路徑表中。等到我們設好 LA 之後，Corp 路由器的路徑表中還可以再多看到 1 個網路。Corp 路由器無法看到 192.168.10.0 網路，因為我們還沒有設定遶送——路由器預設只能看到直接相連的網路。

LA 的組態設定

LA 的組態設定與另外 2 台路由器非常類似。它有 2 個介面要處理：serial 0/0/1 與 FastEthernet 0/0。同樣地，請記得在路由器組態中加入主機名稱、密碼、介面說明、與標題訊息：

```
Router(config)#hostname LA
LA(config)#enable secret GlobalNet
LA(config)#no ip domain-lookup
LA(config)#int s0/0/1
LA(config-if)#ip address 172.16.10.6 255.255.255.252
LA(config-if)#no shut
LA(config-if)#clock rate 1000000
LA(config-if)#description WAN To Corporate
LA(config-if)#int f0/0
LA(config-if)#ip address 192.168.20.1 255.255.255.0
LA(config-if)#no shut
LA(config-if)#description LA LAN
LA(config-if)#line con 0
LA(config-line)#password console
LA(config-line)#login
LA(config-line)#loggin sync
LA(config-line)#exit
LA(config)#line vty 0 ?
<1-1180> Last Line number
<cr>
LA(config)#line vty 0 1180
LA(config-line)#password telnet
LA(config-line)#login
```

```
LA(config-line)#exit
LA(config)#banner motd #This is my LA Router#
LA(config)#exit
LA#copy run start
Destination filename [startup-config]?
Building configuration...
[OK]
```

很好。下面是 **show ip route** 命令的輸出，顯示出直接相連的網路有 192.168.20.0 與 172.16.10.0：

```
LA#sh ip route
172.16.0.0/30        is subnetted, 1 subnets
C  172.16.10.4       is directly connected, Serial0/0/1
L  172.16.10.6/32    is directly connected, Serial0/0/1
C  192.168.20.0/24 is directly connected, FastEthernet0/0
L  192.168.20.1/32 is directly connected, FastEthernet0/0
```

現在這 3 台路由器都已經設定好 IP 位址和管理功能，可以開始處理遶送了。但是我還要在 SF 和 LA 路由器上做一件事。因為這是個很小的網路，讓我們在 Corp 路由器上為這些 LAN 建立 DHCP 伺服器。

在我們的路由器上設定 DHCP

我們的確可以在每台遠端路由器上建立位址池，來完成這項任務；但是既然我們可以輕易地在 Corp 路由器上建立 2 個位址池，並且讓遠端路由器轉送請求給 Corp 路由器，幹嘛還要這麼麻煩呢！當然，您應該還記得第 7 章的做法吧！讓我們試試看：

```
Corp#config t
Corp(config)#ip dhcp excluded-address 192.168.10.1
Corp(config)#ip dhcp excluded-address 192.168.20.1
Corp(config)#ip dhcp pool SF_LAN
Corp(dhcp-config)#network 192.168.10.0 255.255.255.0
Corp(dhcp-config)#default-router 192.168.10.1
Corp(dhcp-config)#dns-server 4.4.4.4
Corp(dhcp-config)#exit
Corp(config)#ip dhcp pool LA_LAN
Corp(dhcp-config)#network 192.168.20.0 255.255.255.0
```

```
Corp(dhcp-config)#default-router 192.168.20.1
Corp(dhcp-config)#dns-server 4.4.4.4
Corp(dhcp-config)#exit
Corp(config)#exit
Corp#copy run start
Destination filename [startup-config]?
Building configuration...
```

在路由器上建立 DHCP 位址池是個相當簡單的流程，任何路由器的設定都一樣。要在路由器上建置 DHCP 伺服器，您只要建立位址池名稱，加入網路/子網路和預設閘道，並且排除您不想提供的位址。您必定想要排除預設閘道的位址。此外，通常還有 DNS 伺服器的位址。我通常會先加入要排除的位址，別忘了，您可以很輕易地在 1 行命令中排除一整段位址範圍。稍後，我們將會用到第 7 章提到的那些查核命令，不過首先，讓我們先找出 Corp 路由器仍舊無法根據預設找到遠端網路的原因。

我們的 DHCP 設定十分正確，但是我總有種不好的感覺，好像忘了甚麼重要的事情！嗯…這些主機是跨越路由器的遠端主機，所以我要做什麼讓它們能從 DHCP 伺服器取得位址呢？如果您的回答是：必須設定 SF 和 LA 的 F0/0 介面轉送 DHCP 客戶端請求給 DHCP 伺服器——恭喜您答對了！

下面是它的做法：

```
LA#config t
LA(config)#int f0/0
LA(config-if)#ip helper-address 172.16.10.5
SF#config t
SF(config)#int f0/0
SF(config-if)#ip helper-address 172.16.10.1
```

這樣的做法應該是正確的，但是除非我們完成某種遶送設定，並且使它運作，否則就是無法確認是否成功。所以，讓我們繼續往下囉！

9-4 在我們的網路中設定 IP 遶送

現在我們的網路已經準備好了，不是嗎？畢竟我們已經設定好了 IP 位址，管理性功能，而時脈在 ISR 路由器上是自動偵測、自動設定的。但是當路由器只能透過檢查路徑表來找出如何將封包傳送到遠端網路的時候，我們路由器的路徑表中只擁有直接相連網路的資訊，它要如何傳送呢？當路由器收到目的網路不在路徑表中的封包時，路由器並不會送出廣播來尋找遠端網路，它只是將這些封包丟棄罷了。

所以我們還沒有真正完成呢！不過別擔心，有好幾種路徑表的設定方法，都能夠應付我們這個小小的互連網路，以便能適當地轉送封包。每種網路適合的方式並不相同，所以瞭解不同的遶送類型，將有助您針對特定環境與企業需求找出最佳的解決方案。

本節所介紹的遶送類型包括：

- 靜態遶送
- 預設遶送
- 動態遶送

我們從靜態遶送的實作開始，因為如果您能夠實作靜態遶送，並且讓它成功地運作，就表示您對互連網路已經有了紮實的瞭解。現在讓我們上路囉！

靜態遶送

靜態遶送是指在每台路由器的路徑表中手動地加入路徑。靜態遶送有其優點與缺點，不過每種遶送程序都是如此。

靜態遶送具有下列優點：

- **不會造成路由器 CPU 資源的額外負擔**；這意謂著您購買這種路由器所花的錢可能要比使用動態遶送所需的路由器便宜。

- **路由器之間沒有消耗額外的頻寬**；這意謂著您可能可以節省 WAN 線路上的花費。
- **增加安全性**；因為管理者可以選擇讓遶送只能存取某些特定的網路。

靜態遶送具有下列缺點：

- 管理者必須確實熟悉整個互連網路，以及每台路由器的連結方式，才能正確地設定路由器。
- 如果要新增網路到互連網路中，管理者必須手動在所有路由器中加入通往新網路的路徑。當網路成長的時候，這項工作會越來越瘋狂。
- 因為上述原因，靜態遶送在大型網路中並不可行。單單維護這些靜態路徑就是很繁重的全天候工作。

但是上述缺點並不表示您應該直接跳過對靜態遶送的學習，因為正如第 1 項缺點所言，要能夠適當的設定網路，就必須先對它有紮實的瞭解。所以讓我們開始鑽研這些技術吧！下面是在整體組態下，為路徑表加入靜態路徑的命令語法：

```
ip route [目的網路] [遮罩] [下一中繼站位址或離開介面] [管理性距離] [permanent]
```

下面是字串中每個命令的解說：

- **ip route**：用來建立靜態路徑的命令。
- **目的網路**：要放在路徑表中的網路。
- **遮罩**：該網路使用的子網路遮罩。
- **下一中繼站位址**：負責接收封包並轉送至遠端網路的下一中繼路由器位址，這是位於直接相連網路的路由器介面。在新增路徑前，必須先能夠 ping 到該路由器介面；如果輸入錯誤的下一中繼站位址，或是通往該路由器的介面沒有啟用，則路由器組態中會包含該靜態路徑，但是路徑表中卻不會有這條路徑。
- **離開介面**：您也可以用它來取代下一中繼站位址，這會顯示成直接相連的路徑。

- **管理性距離**：根據預設，靜態路徑的管理性距離 (Administrative Distance，AD) 為 1，如果您使用離開介面取代下一中繼站位址，則管理性距離甚至為 0。您可以在命令最後面加入管理權重以改變預設值，這部份在稍後的**動態遶送**中討論。
- **permanent**：如果介面被關閉，或者路由器無法與下一中繼站路由器通訊，該路徑將會自動從路徑表中移除。反之若選擇這個選項，就能夠在任何情況下都將這個項目保留在路徑表中。

在我們進一步討論靜態路徑的設定之前，先檢視一下簡單的靜態路徑，看我們能發現什麼。

```
Router(config)#ip route 172.16.3.0 255.255.255.0 192.168.2.4
```

- **ip route** 命令告訴我們它是一條靜態路徑。
- 172.16.3.0 是我們想要將封包送達的遠端網路。
- 255.255.255.0 是遠端網路的遮罩。
- 192.168.2.4 是我們送出封包的下個中繼站 (或路由器) 位址。

然而，如果靜態路徑看起來像這樣：

```
Router(config)#ip route 172.16.3.0 255.255.255.0 192.168.2.4 150
```

結尾的 150 將預設的管理性距離由 1 改成 150。別擔心，當我們討論動態路徑時，會更詳細地說明 AD。現在您只要記住，AD 是路徑的可信賴程度，0 最好，而 255 最差。

再一個範例，然後就要開始設定我們的路由器了：

```
Router(config)#ip route 172.16.3.0 255.255.255.0 s0/0/0
```

我們可以用離開介面來取代下一中繼站位址，然後路徑會顯示成直接相連的網路。在功能上，下個中繼站和離開介面的運作是一模一樣的。為了協助您瞭解靜態路徑的運作方式，接下來要說明稍早圖 9.8 之互連網路的組態設定。為了便於查閱，我們在圖 9.9 中再次重複圖 9.8 的互連網路圖，這樣您就不必再往前翻閱。

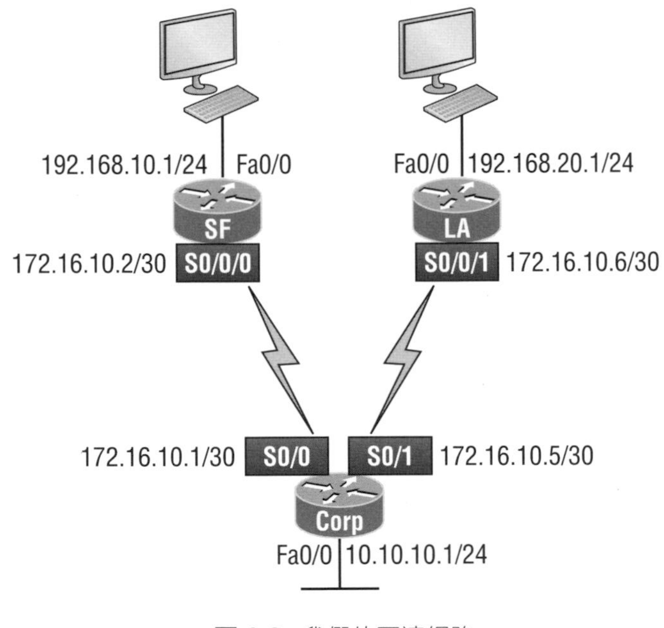

圖 9.9 我們的互連網路

Corp

每個路徑表中都會自動包含直接相連的網路。為了能夠遶送到互連網路中的所有網路，路徑表中還必須包含描述其他網路位置和如何抵達這些網路的資訊。

Corp 路由器直接連到 3 個網路，要讓它能夠遶送到所有網路時，還必須在其路徑表中設定下列網路：

- 192.168.10.0
- 192.168.20.0

從下面的路由器輸出可以看到 Corp 路由器的靜態路徑，以及完成設定之後的路徑表。為了讓 Corp 路由器找到某個遠端網路，就必須在路徑表中加入一筆記錄，描述該遠端網路、遠端遮罩以及封包要往何處轉送。我們會在每一列尾端加上「150」來增加管理性距離 (當我們討論到動態遶送時，您就會知道為什麼要這麼設)。很多時候我們會稱這個為**浮點靜態路徑** (floating static route)，因為這種靜態路徑擁有比任何繞送協定還大的管理性距離，只有當繞送協定所找到的路徑掛掉時，這種路徑才會起作用。

```
Corp#config t
Corp(config)#ip route 192.168.10.0 255.255.255.0 172.16.10.2 150
Corp(config)#ip route 192.168.20.0 255.255.255.0 s0/1 150
Corp(config)#do show run | begin ip route
ip route 192.168.10.0 255.255.255.0 172.16.10.2 150
ip route 192.168.20.0 255.255.255.0 Serial0/1 150
```

對於 192.168.10.0 與 192.168.20.0 網路，必須使用不同的路徑，所以筆者對 SF 路由器使用了下一中繼站位址，而 LA 路由器則是使用離開介面。設定好路由器之後，可以用 **show ip route** 命令來檢視這些靜態路徑：

```
Corp(config)#do show ip route
S  192.168.10.0/24 [150/0] via 172.16.10.2
172.16.0.0/30       is subnetted, 2 subnets
C  172.16.10.4      is directly connected, Serial0/1
L  172.16.10.5/32  is directly connected, Serial0/1
C  172.16.10.0      is directly connected, Serial0/0
L  172.16.10.1/32  is directly connected, Serial0/0
S  192.168.20.0/24 is directly connected, Serial0/1
10.0.0.0/24         is subnetted, 1 subnets
C  10.10.10.0       is directly connected, FastEthernet0/0
L  10.10.10.1/32   is directly connected, FastEthernet0/0
```

Corp 路由器上的路徑設定完成，並且知道抵達所有網路的所有路徑。您有看出在路徑表中，SF 和 LA 路由器的路徑有何不同嗎？是的，下一中繼站的設定會顯示「via」，而離開介面的設定會顯示為靜態，且直接相連。本例是用來顯示這 2 者雖然運作效果相同，但在路徑表的呈現方式不同。

9

請記得如果某條路徑沒有出現在路徑表中，表示路由器無法與您在該路徑記錄所設定的「下一中繼站位址」通訊。您可以使用 **permanent** 參數讓路徑保留在路徑表中，而不論是否能夠聯繫到下一中繼站的裝置。

上面路徑表項目中的 S 表示該網路屬於靜態項目，[150/0] 則是到遠端網路的管理性距離與衡量指標 (稍後會討論)。

Corp 路由器現在擁有它與其他遠端網路溝通所需的所有資訊。然而，如果 SF 與 LA 路由器沒有設定相同的資訊，封包就只會被丟棄。我們使用靜態路徑來解決這個問題。

千萬不要對靜態路徑設定結尾的 150 感到緊張，本章稍後會討論這個主題，現在請不必擔心。

SF

SF 路由器直接連到 172.16.10.0/30 與 192.168.10.0/24 網路，所以必須在 SF 路由器上設定如下的靜態路徑：

- 10.10.10.0/24
- 192.168.20.0/24
- 172.16.10.4/30

下面是 SF 路由器的組態設定。記住，我們從來不須為直接相連的網路產生靜態路徑。此外，我們只能使用下個中繼站的 172.16.10.1，因為這是僅有的路由器連線。

```
SF(config)#ip route 10.10.10.0 255.255.255.0 172.16.10.1 150
SF(config)#ip route 172.16.10.4 255.255.255.252 172.16.10.1 150
SF(config)#ip route 192.168.20.0 255.255.255.0 172.16.10.1 150
SF(config)#do show run | begin ip route
ip route 10.10.10.0 255.255.255.0 172.16.10.1 150
ip route 172.16.10.4 255.255.255.252 172.16.10.1 150
ip route 192.168.20.0 255.255.255.0 172.16.10.1 150
```

從路徑表中可以看到 SF 路由器現在已經知道如何找到每個網路了：

```
SF(config)#do show ip route
C  192.168.10.0/24 is directly connected, FastEthernet0/0
L  192.168.10.1/32 is directly connected, FastEthernet0/0
172.16.0.0/30 is subnetted, 3 subnets
S  172.16.10.4 [150/0] via 172.16.10.1
C  172.16.10.0 is directly connected, Serial0/0/0
L  172.16.10.2/32 is directly connected, Serial0/0
S  192.168.20.0/24 [150/0] via 172.16.10.1
10.0.0.0/24 is subnetted, 1 subnets
S  10.10.10.0 [150/0] via 172.16.10.1
```

SF 路由器現在擁有完整的路徑表了，只要 LA 路由器的路徑表中也有所有的網路資訊後，SF 就能夠與所有的遠端網路通訊了。

LA

LA 路由器直接連到 192.168.20.0/24 與 172.16.10.4/30 網路，所以需要加入下列路徑：

- 10.10.10.0/24
- 172.16.10.0/30
- 192.168.10.0/24

下面是 LA 路由器的組態設定：

```
LA#config t
LA(config)#ip route 10.10.10.0 255.255.255.0 172.16.10.5 150
LA(config)#ip route 172.16.10.0 255.255.255.252 172.16.10.5 150
LA(config)#ip route 192.168.10.0 255.255.255.0 172.16.10.5 150
LA(config)#do show run | begin ip route
ip route 10.10.10.0 255.255.255.0 172.16.10.5 150
ip route 172.16.10.0 255.255.255.252 172.16.10.5 150
ip route 192.168.10.0 255.255.255.0 172.16.10.5 150
```

下面是 LA 路由器的路徑表輸出：

```
LA(config)#do show ip route
S  192.168.10.0/24 [150/0] via 172.16.10.5
172.16.0.0/30 is subnetted, 3 subnets
C  172.16.10.4 is directly connected, Serial0/0/1
L  172.16.10.6/32 is directly connected, Serial0/0/1
S  172.16.10.0 [150/0] via 172.16.10.5
C  192.168.20.0/24 is directly connected, FastEthernet0/0
L  192.168.20.1/32 is directly connected, FastEthernet0/0
10.0.0.0/24 is subnetted, 1 subnets
S  10.10.10.0 [150/0] via 172.16.10.5
```

LA 現在能顯示出互連網路中的 5 個網路，並且能夠與所有路由器與網路通訊了。但是在測試這個網路和 DHCP 伺服器之前，我們還有個主題要談。

預設遶送

連結 Corp 路由器的 SF 和 LA 路由器，其實被視為是**殘根路由器** (stub router)。所謂殘根網路就是它只有一條路徑可抵達所有其他的網路；也就是說，我們可以只使用單一預設路徑，而不需要建立多條靜態路徑。IP 會將所有目的位址不在路徑表中的封包，使用這條預設路徑轉送；所以它又稱為**閘道**。以下就是基於這種殘根特性，在 LA 路由器上取代靜態路徑的設定方式：

```
LA#config t
LA(config)#no ip route 10.10.10.0 255.255.255.0 172.16.10.5 150
LA(config)#no ip route 172.16.10.0 255.255.255.252 172.16.10.5 150
LA(config)#no ip route 192.168.10.0 255.255.255.0 172.16.10.5 150
LA(config)#ip route 0.0.0.0 0.0.0.0 172.16.10.5
LA(config)#do show ip route
[output cut]
Gateway of last resort is 172.16.10.5 to network 0.0.0.0
172.16.0.0/30 is subnetted, 1 subnets
C  172.16.10.4 is directly connected, Serial0/0/1
L  172.16.10.6/32 is directly connected, Serial0/0/1
C  192.168.20.0/24 is directly connected, FastEthernet0/0
L  192.168.20.0/32 is directly connected, FastEthernet0/0
S* 0.0.0.0/0 [1/0] via 172.16.10.5
```

我們移除了先前設定的靜態路徑。設定預設路徑似乎比設定一堆靜態路徑容易許多！您看到路徑表最後一行的預設路徑嗎？ S* 表示它是候選的預設路徑。路由器接收到的所有東西，只要在路徑表中找不到目的位址，都會轉送到 172.16.10.5。在加入預設路徑時務必小心，否則很容易造成網路迴圈。

大功告成了！所有路由器都有正確的路徑表，且所有路由器與主機如果沒有故障的話，目前應該都能夠順利地進行通訊了。但如果您要在互連網路中新增一個網路或是另一台路由器，就必須手動更新所有路由器的路徑表。天啊！如前所述，如果您的網路很小，這當然不成問題。但如果是個大型的互連網路，這個任務就非常費時費力了。

檢查組態設定

工作還沒完成呢！當所有路由器的路徑表組態設定完成後，還得進行檢查。檢查設定的最佳方法，除了使用 **show ip route** 命令外，就是使用 ping 程式。接下來讓我們從 Corp 路由器 ping 到 SF 路由器。

這是它的輸出：

```
Corp#ping 192.168.10.1
Type escape sequence to abort.
Sending 5, 100-byte ICMP Echos to 192.168.10.1, timeout is 2 seconds:
!!!!!
Success rate is 100 percent (5/5), round-trip min/avg/max = 4/4/4 ms
Corp#
```

您可以看到我從 Corp 路由器 ping 到 SF 路由器的遠端介面。現在先 Ping 到 LA 路由器的遠端網路；接著，就可以測試 DHCP 伺服器是否運作正常。

```
Corp#ping 192.168.20.1
Type escape sequence to abort.
Sending 5, 100-byte ICMP Echos to 192.168.20.1, timeout is 2 seconds:
!!!!!
Success rate is 100 percent (5/5), round-trip min/avg/max = 1/2/4 ms
Corp#
```

既然我們是在 Corp 路由器上，那何不就在它上面測試 DHCP 伺服器是否正常？我們將使用 SF 和 LA 路由器上的每台主機當作 DHCP 客戶端。為了便於習作，使用一台舊的路由器當作 "主機群"。 做法如下：

```
SF_PC(config)#int e0
SF_PC(config-if)#ip address dhcp
SF_PC(config-if)#no shut
Interface Ethernet0 assigned DHCP address 192.168.10.8, mask 255.255.255.0
LA_PC(config)#int e0
LA_PC(config-if)#ip addr dhcp
LA_PC(config-if)#no shut
Interface Ethernet0 assigned DHCP address 192.168.20.4, mask 255.255.255.0
```

很好！當初次嘗試就一切順利的時候，真是令人開心。可惜在網路世界中，這通常是不切實際的期望，所以我們必須具備偵錯與查核網路的能力。現在讓我們使用第 7 章學到的一些命令來檢查 DHCP 伺服器。

```
Corp#sh ip dhcp binding
Bindings from all pools not associated with VRF:
IP address      Client-ID/              Lease expiration    Type
Hardware address/
User name
192.168.10.8    0063.6973.636f.2d30.    Sept 16 2013 10:34 AM Automatic
3035.302e.3062.6330.
2e30.3063.632d.4574.
30
192.168.20.4    0063.6973.636f.2d30.    Sept 16 2013 10:46 AM Automatic
3030.322e.3137.3632.
2e64.3032.372d.4574.
30
```

從上例可以看到我們的小小 DHCP 伺服器運作得很好！現在讓我們嘗試其他的一些命令：

```
Corp#sh ip dhcp pool SF_LAN
Pool SF_LAN :
Utilization mark (high/low) : 100 / 0
Subnet size (first/next)    : 0 / 0
Total addresses             : 254
```

```
Leased addresses : 3
Pending event : none
1 subnet is currently in the pool :
Current index IP address range Leased addresses
192.168.10.9 192.168.10.1 - 192.168.10.254 3
Corp#sh ip dhcp conflict
IP address Detection method Detection time VRF
```

最後一個命令會顯示是否有 2 台主機使用相同的 IP 位址，所以沒有回報任何位址衝突是件好事！另外 2 個用來確認的偵測方法為：

- 從 DHCP 伺服器執行 ping，確定在發出位址之前，沒有其他主機會回應。
- 從伺服器接收到 DHCP 位址的主機送出無償 ARP (gratuitous ARP)。

DHCP 客戶端會使用新的 IP 位址傳送 ARP 請求，看看是否有任何人回應；如果有的話，它就會跟伺服器回報衝突。

既然我們可以進行端點對端點的通訊，並且在每台主機向伺服器接收 DHCP 位址都沒有問題，那麼就可以確定靜態和預設路徑的設定是成功的！

9-5 動態遶送

動態遶送是使用協定來尋找網路，並且更新路由器上的路徑表。當然，這比使用靜態或預設遶送簡單，但是會消耗路由器的 CPU 處理資源與網路鏈結的頻寬。遶送協定會定義路由器與其鄰接路由器間溝通路徑資訊時所使用的一組規則。

本章討論 2 種遶送協定：遶送資訊協定(Routing Information Protocol，RIP) 第一版與第二版。

互連網路中使用的遶送協定有 2 種，包括：**內部閘道協定** (IGP，Interior gateway protocol) 與**外部閘道協定** (EGP，Exterior gateway protocol)。IGP 是位於**相同自治系統** (AS，Autonomous System) 中的路由器用來交換遶送資訊的協定；AS 是在相同行政管理網域之下的一組網路，基本上相同 AS 中的所有路由器應該共享相同的路徑表資訊。EGP 則是用在 AS 之間的溝通。**邊界閘道協定** (BGP，Border Gateway Protocol) 就是 EGP 的一個例子，不過這已超出本書的討論範圍。

因為遶送協定對動態遶送而言非常重要，所以接著要提供您有關它們的基本資訊，稍後再來專心地設定它們。

遶送協定基礎

在更深入鑽研遶送協定之前，您必須先瞭解關於它們的一些重要觀念，特別是管理性距離、3 種不同的遶送協定與最重要的**遶送迴圈** (routing loop)。下面幾節就來詳細地討論這幾個部份。

管理性距離

管理性距離 (AD，Administrative Distance) 是用來評比路由器從鄰接路由器所收之路徑資訊的可信度，其值為 0 到 255 間的整數，0 代表最值得信任，255 則表示沒有交通會透過這條路徑傳送。

如果路由器收到兩筆關於相同遠端網路的路徑更新，它會先檢查 AD。如果其中一筆通告 (advertise) 路徑有較低的 AD，則最低 AD 的路徑會被放入路徑表中。

如果所收到之通往相同網路的 2 條路徑具有相同的 AD，則會使用遶送協定的衡量指標 (例如中繼站數目或是線路頻寬) 來找出通往該網路的最佳路徑。被通告的路徑中具有最低衡量指標者會被放入路徑表中。但是如果兩者同時具有相同的 AD 與衡量指標，則遶送協定會去平衡通往遠端網路的負載 (亦即它會同時使用這 2 條線路來傳送封包)。

表 9.1 是 Cisco 用來判斷要選擇哪條路徑來抵達遠端網路時的管理性距離。

表 9.1 預設的管理性距離

路徑來源	預設 AD
相連的介面	0
靜態路徑	1
外部 BGP	20
EIGRP	90
OSPF	110
RIP	120
外部 EIGRP	170
內部 BGP	200
未知	255 (這條路徑絕不會被使用)

如果是直接相連的網路，路由器一定會使用連到該網路的介面。如果管理者有設定靜態路徑，則路由器對這條路徑的信任會高過從其他來源學得的任何路徑資訊。您也可以更改靜態路徑的管理性距離，但是它們的預設 AD 值為 1。在我們前面的靜態路徑設定中，每條路徑的 AD 不是 150 就是 151。這可讓我們在設定遶送協定時，不必先移除靜態路徑。萬一遶送協定因某種原因失敗時，先前設定的靜態路徑還可以用來當作備援路徑。

例如，如果某個網路同時有靜態路徑、由 RIP 通告的路徑和由 EIGRP 通告的路徑，則除非您更改靜態路徑的 AD (我們就是這麼做)，否則根據預設，路由器一定會使用靜態路徑。

遶送協定

遶送協定共有 3 類，包括：

- **距離向量**：距離向量協定 (distance-vector protocol) 會根據距離找出通往遠端網路的最佳路徑。封包每經過一台路由器，稱為一個**中繼站** (hop)。向量會指示通往遠端網路的方向。RIP 屬距離向量遶送協定，它會將整個路徑表傳送給直接相連的鄰居。
- **鏈路狀態**：鏈路狀態協定 (link-state protocol) 又稱為**最短路徑優先協定** (shortest-path-first protocol)；在這種協定中，每台路由器會建立 3 個獨立的表格，其中之一會追蹤直接相連的鄰居，一個會決定整個互連網路的拓樸，而最後一個則是路徑表。鏈路狀態路由器對互連網路瞭解會比距離向量遶送協定清楚。OSPF 是完全屬於鏈路狀態的 IP 遶送協定。這種協定不會定期交換鏈路狀態的路徑表，而是在觸發式的路徑更新封包中傳送特定的鏈路狀態資訊。直接相連的鄰居之間會定期交換 hello 訊息，這種訊息小而有效，可得知對方是否還存活著，用來建立與維護鄰居關係。
- **高階的距離向量**：高階的距離向量同時使用到距離向量和鏈路狀態協定的觀念，EIGRP 就是這樣的例子。EIGRP 有類似鏈路狀態繞送協定的行為，因為它使用 Hello 協定來發現鄰居，形成鄰居關係，而且發生異動時只傳送部分的更新資訊。然而，EIGRP 仍然依據距離向量繞送協定的重要原則，從直接相連的鄰居學習網路其他部分的資訊。

沒有一種遶送協定的設定方式適合所有情況，您只能視情況見招拆招。如果瞭解不同遶送協定的運作方式，就能夠做出良好決策，真正符合任何情況之獨特需求。

9-6 RIP (Routing Information Protocol)

遶送資訊協定 (RIP，Routing Information Protocol) 是個純正的距離向量協定，它會每隔 30 秒從所有作用中的介面送出完整的路徑表。RIP 只使用中繼站數目來判斷通往遠端網路的最佳路徑，但是預設的最大中繼站數目為 15，亦即 16 代表無法抵達。RIP 在小型網路中運作情況良好，但是在設有緩慢之 WAN 鏈路的大型網路，或是安裝大量路由器的網路上，則缺乏效率。如果是在具有變動頻寬鏈路的網路上，那就完全無用了。

RIPv1 只使用**有級別遶送** (classful routing)，亦即網路上的所有裝置必須使用相同的子網路遮罩；這是因為 RIPv1 在傳送路徑更新時並沒有附帶子網路遮罩的資訊。RIPv2 提供所謂**前置位址遶送** (prefix routing)，並且在路徑更新中包含了子網路遮罩的資訊——這稱為**無級別遶送** (classless routing)。

所以，讓我們在開始下一章之前，先在目前的網路上設定 RIPv2。

設定 RIP 遶送

要設定 RIP 遶送，只要使用 **router rip** 命令來開啟協定，並且告訴 RIP 遶送協定要通告哪些網路就成了。還記得在設定靜態遶送時，我們只設定遠端網路，並且從不輸入通往直接相連網路的路徑嗎？動態遶送則剛好相反。我們不會在遶送協定中輸入遠端網路——只輸入直接相連的網路！現在讓我們回到圖 9.9，在 3 台路由器的互連網路中進行 RIP 遶送的設定。

Corp

RIP 的管理性距離為 120，而靜態路徑預設的管理性距離為 1。因此，由於目前已經設定了靜態路徑，所以並不會靠 RIP 資訊來通告路徑表。不過因為我們在每條靜態路徑的尾端都加上了 150，所以應該沒問題。

我們可以使用 **router rip** 命令與 **network** 命令來新增 RIP 遶送協定。**network** 命令會告訴遶送協定要通告哪個有級別的網路。這個設定流程啟動了該介面的 RIP 遶送程序，並且用 RIP 遶送程序之下的 network 命令，設定該介面座落的有級別網路位址。

看看 Corp 路由器的設定，就可發現這是多麼容易啊！不過等一下，首先，我想先檢查直接連結的網路，才知道要怎麼設定 RIP：

```
Corp#sh ip int brief
Interface          IP-Address   OK? Method  Status               Protocol
FastEthernet0/0    10.10.10.1   YES manual  up                   up
Serial0/0          172.16.10.1  YES manual  up                   up
FastEthernet0/1    unassigned   YES unset   administratively     down down
Serial0/1          172.16.10.5  YES manual  up                   up
Corp#config t
Corp(config)#router rip
Corp(config-router)#network 10.0.0.0
Corp(config-router)#network 172.16.0.0
Corp(config-router)#version 2
Corp(config-router)#no auto-summary
```

這樣就成了！只要 2 或 3 個命令就完工了，比使用靜態路徑更簡單，不是嗎？不過請記住，代價是會消耗掉額外的路由器 CPU 資源與頻寬。

上面究竟做了什麼事呢？筆者開啟了 RIP 遶送協定，加入直接相連網路，確定只有執行 RIPv2 這個無級別遶送協定，然後關閉自動總結功能。我們通常不希望遶送協定進行總結，因為這最好是手動進行，而 RIP 和 EIGRP 預設都會自動總結。所以根據經驗法則，應該要關閉自動總結，讓它們去通告子網路。

請注意我們並沒有輸入子網路，而只是輸入有級別的網路位址 (所有子網路位元與主機位元都是關閉的)。找尋子網路並產生路徑表是遶送協定的工作。但因為目前還沒有其他的路由器夥伴在執行 RIP，所以路徑表中還看不到任何 RIP 路徑。

請記住，在設定網路位址時，RIP 使用的是有級別的位址。以我們的網路為例：它的位址是 172.16.0.0/16，且子網路為 172.16.10.0/30 與 172.16.20.4/30。所以只要輸入有級別網路位址 172.16.0.0，就可以讓 RIP 找出子網路，並且將它們放入路徑表中。這並不表示您在執行的是有級別的遶送協定；這只是 RIP 和 EIGRP 的設定方式。

SF

下面是 SF 路由器的組態設定。SF 路由器連接了 2 個網路，而我們需要設定所有直接相連的有級別網路 (而非子網路)。

```
SF#sh ip int brief
Interface         IP-Address      OK?  Method  Status                Protocol
FastEthernet0/0   192.168.10.1    YES  manual  up                    up
FastEthernet0/1   unassigned      YES  unset   administratively      down down
Serial0/0/0       172.16.10.2     YES  manual  up                    up
Serial0/0/1       unassigned      YES  unset   administratively      down down
SF#config
SF(config)#router rip
SF(config-router)#network 192.168.10.0
SF(config-router)#network 172.16.0.0
SF(config-router)#version 2
SF(config-router)#no auto-summary
SF(config-router)#do show ip route
C 192.168.10.0/24is directly connected, FastEthernet0/0
L 192.168.10.1/32 is directly connected, FastEthernet0/0
172.16.0.0/30 is subnetted, 3 subnets
R 172.16.10.4 [120/1] via 172.16.10.1, 00:00:08, Serial0/0/0
C 172.16.10.0 is directly connected, Serial0/0/0
L 172.16.10.2/32 is directly connected, Serial0/0
S 192.168.20.0/24 [150/0] via 172.16.10.1
10.0.0.0/24 is subnetted, 1 subnets
R 10.10.10.0 [120/1] via 172.16.10.1, 00:00:08, Serial0/0/0
```

這樣的設定非常直接了當。讓我們討論一下這個路徑表。因為現在已有一個 RIP 夥伴可以彼此交換路徑表，我們可以看到來自 Corp 路由器的 RIP 網路。所有其他路徑仍然以靜態及本地狀態顯示。RIP 也發現了透過 Corp 路由器的兩條連線，通往網路 10.10.10.0 與 172.16.10.4。不過我們還沒有完工！

LA

現在來設定 LA 路由器的 RIP。首先我要先移除預設路徑 (雖然這並不是必要的步驟)。您很快就會看到原因：

```
LA#config t
LA(config)#no ip route 0.0.0.0 0.0.0.0
LA(config)#router rip
LA(config-router)#network 192.168.20.0
LA(config-router)#network 172.16.0.0
LA(config-router)#no auto
LA(config-router)#vers 2
LA(config-router)#do show ip route
R 192.168.10.0/24  [120/2] via 172.16.10.5, 00:00:10, Serial0/0/1
172.16.0.0/30 is subnetted, 3 subnets
C 172.16.10.4 is directly connected, Serial0/0/1
L 172.16.10.6/32 is directly connected, Serial0/0/1
R 172.16.10.0 [120/1] via 172.16.10.5, 00:00:10, Serial0/0/1
C 192.168.20.0/24 is directly connected, FastEthernet0/0
L 192.168.20.1/32 is directly connected, FastEthernet0/0
10.0.0.0/24 is subnetted, 1 subnets
R 10.10.10.0 [120/1] via 172.16.10.5, 00:00:10, Serial0/0/1
```

當我們增加 RIP 夥伴後，路徑表的 R 記錄也跟著增加了。我們仍然可以看到路徑表中有所有的路徑。

從上面的輸出可以看到路徑表中除了大寫的 **R** 字之外，所有項目都與使用靜態路徑時相同。R 表示該網路是使用 RIP 遶送協定所動態加入的，而 [120/1] 則是路徑的管理性距離 (120) 與抵達遠端網路的中繼站數目 (1)。從 Corp 路由器出去，所有路都是相隔 1 個中繼站。

因此，RIP 已經在我們小小的互連網路上運作了；它並不是適用於所有企業的解決方案。因為這項技術的最大中繼站數目只有 15 (絕對到不了 16)。此外，它每隔 30 秒就會進行整個路徑表的更新，很快就會讓較大型的互連網路進入痛苦的爬行速度！

關於 RIP 路徑表和用來通告遠端網路的參數方面，還有一件事情需要說明。以下面的例子來說，請注意其路徑表的 10.1.3.0 網路的衡量指標顯示 [120/15]；這表示它的管理性距離是 120 (RIP 的預設值)，但是中繼站數目是 15。請記住，每次路由器送出更新給鄰居路由器時，都會為每條路徑的中繼站數目加 1。下面是它的輸出：

```
Router#sh ip route
10.0.0.0/24 is subnetted, 12 subnets
C 10.1.11.0 is directly connected, FastEthernet0/1
L 10.1.11.1/32 is directly connected, FastEthernet0/1
C 10.1.10.0 is directly connected, FastEthernet0/0
L 10.1.10.1/32  is directly connected, FastEthernet/0/0
R 10.1.9.0 [120/2] via 10.1.5.1, 00:00:15, Serial0/0/1
R 10.1.8.0 [120/2] via 10.1.5.1, 00:00:15, Serial0/0/1
R 10.1.12.0 [120/1] via 10.1.11.2, 00:00:00, FastEthernet0/1
R 10.1.3.0 [120/15] via 10.1.5.1, 00:00:15, Serial0/0/1
R 10.1.2.0 [120/1] via 10.1.5.1, 00:00:15, Serial0/0/1
R 10.1.1.0 [120/1] via 10.1.5.1, 00:00:15, Serial0/0/1
R 10.1.7.0 [120/2] via 10.1.5.1, 00:00:15, Serial0/0/1
R 10.1.6.0 [120/2] via 10.1.5.1, 00:00:15, Serial0/0/1
C 10.1.5.0 is directly connected, Serial0/0/1
L 10.1.5.1/32 is directly connected, Serial0/0/1
R 10.1.4.0 [120/1] via 10.1.5.1, 00:00:15, Serial0/0/1
```


這個 [120/15] 實在不好，因為下一個從這個路由器收到這份路徑表的路由器，就會因為接續的中繼站數目為無效的 16，而把 10.1.3.0 網路丟棄。

如果路由器收到一筆路徑更新記錄，而更新記錄中抵達某個網路的路徑成本比路徑表中既存路徑的成本還高，則路由器就會忽視這筆更新。

限制 RIP 的通告 (advertise)

您可能並不希望您的 RIP 網路被通告到 LAN 與 WAN 上的每個地方。至少，把您的 RIP 網路傳到網際網路上可就不是什麼好事吧！

要阻止某些 RIP 更新資訊在您的 LAN 與 WAN 上到處通告，有幾種不同的方式。最簡單的是使用 **passive-interface** 命令。這個命令會阻止 RIP 的更新廣播從某個介面中送出，但是該介面仍舊可以接收 RIP 更新。

下面是在 Corp 路由器 Fa0/1 介面上設定 **passive-interface** 的範例 (假設該介面是連到某個不希望開啟 RIP 的網路)：

```
Corp#config t
Corp(config)#router rip
Corp(config-router)#passive-interface FastEthernet 0/1
```

這個命令會阻止 RIP 更新從 FastEthernet 介面 0/1 中通告出去，但該介面仍然可以接收 RIP 更新。

真實情境

我們真的應該在互連網路中使用 RIP 嗎？

有人雇您擔任顧問，負責在一個成長中的網路安裝數台 Cisco 路由器。他們仍希望保留幾台舊的 Unix 路由器在網路中。這些路由器只支援 RIP 遶送協定。我猜這表示您只能在整個網路上執行 RIP。

這種說法只對了一半。您可以在連到舊網路的路由器上執行 RIP，但不必在整個互連網路上執行 RIP。

您可以利用所謂的 "重分送" (redistribution)，基本上就是將一種遶送協定轉換成另一種。這表示您可以使用 RIP 支援這些舊的路由器，但是在網路的其他部份使用諸如 EIGRP 等。

這會阻止 RIP 路徑在整個互連網路上傳送，並且吃掉珍貴的頻寬。

使用 RIP 通告預設路徑

現在筆者要說明從自治系統通告到其他路由器的方法，您會看到它的做法和 OSPF 完全相同。

想像 Corp 路由器的 Fa0/0 介面是連到某種都會乙太網路，以連結網際網路，這種連結在今日十分常見，例如使用 LAN 介面、而非序列介面連往 ISP。

如果我們真的新增一條網際網路連線到 Corp，AS 中的所有路由器 (SF 和 LA) 都必須知道要如何傳送目的地為網際網路的封包，否則它們在收到遠端請求的封包時，就會將它丟棄。解決方案之一是在每台路由器中放入預設路徑，將資訊送到 Corp；Corp 中則包含通往 ISP 的預設路徑。大多數人會在中小型網路中用這種方式設定，因為這樣確實可以運作得不錯。

不過，因為所有路由器都有執行 RIPv2，所以只要在 Corp 路由器加入通往 ISP 的預設路徑 (筆者平常都是這樣做)，然後新增一個命令將這個網路通告到 AS 的其他路由器做為預設路徑，讓它們知道要將目的地為網際網路的封包往哪裡送。

下面是 Corp 的新組態：

```
Corp(config)#ip route 0.0.0.0 0.0.0.0 fa0/0
Corp(config)#router rip
Corp(config-router)#default-information originate
```

現在讓我們來看看 Corp 的路徑表：

```
S* 0.0.0.0/0 is directly connected, FastEthernet0/0
```

現在讓我們來看看 LA 路由器是否可以看到相同的項目：

```
LA#sh ip route
Gateway of last resort is 172.16.10.5 to network 0.0.0.0

R 192.168.10.0/24 [120/2] via 172.16.10.5, 00:00:04, Serial0/0/1
172.16.0.0/30 is subnetted, 2 subnets
C 172.16.10.4 is directly connected, Serial0/0/1
L 172.16.10.5/32 is directly connected, Serial0/0/1
R 172.16.10.0 [120/1] via 172.16.10.5, 00:00:04, Serial0/0/1
C 192.168.20.0/24 is directly connected, FastEthernet0/0
L 192.168.20.1/32 is directly connected, FastEthernet0/0
10.0.0.0/24 is subnetted, 1 subnets
R 10.10.10.0 [120/1] via 172.16.10.5, 00:00:04, Serial0/0/1
R 192.168.218.0/24 [120/3] via 172.16.10.5, 00:00:04, Serial0/0/1
R 192.168.118.0/24 [120/2] via 172.16.10.5, 00:00:05, Serial0/0/1
R* 0.0.0.0/0 [120/1] via 172.16.10.5, 00:00:05, Serial0/0/1
```

請觀察最後一個項目，代表它是由 RIP 注入的路徑，不過它也是預設路徑。這表示 **default-information originate** 命令發揮作用！最後，請注意閘道現在也已經設定好了。

9-7 摘要

本章涵蓋了 IP 遶送的細節，您務必要確實瞭解本章所涵蓋的這些基本原理，因為在 Cisco 路由器上所作的任何事情，通常都會設定與執行某種類型的 IP 遶送。

本章教您 IP 遶送如何使用訊框在路由器間傳送封包，以及送到目的主機。之後，我們在路由器上設定了靜態遶送，並且討論 IP 用來決定通往目的網路路徑的管理性距離。如果您擁有殘根型網路，就可以設定預設遶送，在路由器上設定預設閘道。

然後我們討論了動態遶送，特別是 RIP，以及它在互連網路上的運作方式——不是非常的好！

廣域網路

10

Chapter

本章涵蓋的主題

- 廣域網路簡介
- 序列廣域網路的佈線
- HDLC 協定
- 點對點協定 (PPP)

Cisco IOS 支援許多種不同的 WAN 協定，協助您擴展您的區域網路到遠地的其他區域網路。在今日的經濟環境中，將公司的各個地點連接起來，以分享資訊是非常必要的。但若只是自行連結自己公司的所有遠端位置，並不一定符合經濟效益，比較好的方式應該是考慮租用服務供應商已有的建設。

因此，本章主要討論今日廣域網路所用的各種連線、技術與裝置，深入討論如何實作與設定 HDLC (High-Level Data-Link Control) 與 PPP (Point-to-Point Protocol)。本章還會介紹 PPPoE(Point-to-Point Protocol over Ethernet)、有線電視網路 (Cable)、DSL (digital subscriber line (DSL)、MPLS (MultiProtocol Label Switching)、都會乙太網路、以及最後一哩和長途的 WAN 技術。

10-1 廣域網路簡介

廣域網路 (WAN，Wide Area Network) 和**區域網路** (LAN，Local Area Network) 有什麼不同呢？當然，距離是一個因素，但目前無線區域網路可以涵蓋相當範圍的區域！所以是頻寬嗎？同樣地，很多地方都建置了大量的頻寬；所以這兩者都不是。那到底是什麼呢？

也許區別 LAN 與 WAN 最好的方式就是：通常您會擁有 LAN 的基礎建設，但卻會從服務供應商租用 WAN 的基礎建設。雖然現代的技術也漸漸地模糊了這個定義，但至少在 Cisco 認證中這個定義還非常適用。

我們在討論乙太網路時，已經討論過您通常會自行擁有的資料鏈路，現在即將討論的則是您通常會從服務供應商租來的線路。

今日的企業通常需要 WAN 的原因如下：

LAN 技術提供驚人的速度 (10/40/100Gbps，現在已經都十分普遍)，並且相當便宜。但這類方案只能在相當小的地理區域中運作。您的通訊環境中還是需要 WAN，因為某些商業需求必須要能連結到遠方，包括：

- 企業分公司或辦事處的人必須能夠進行溝通與分享資料。
- 組織常需要與遠距的其他組織分享資訊。
- 出差的員工必須經常存取位於企業網路內的資訊。

下面是 WAN 的三項主要特徵：

- WAN 連接的裝置間的距離，通常會遠大於 LAN 的服務範圍。
- WAN 會使用諸如電信公司、有線電視、衛星系統或網路供應商等服務供應商所提供的服務。
- WAN 會使用各種序列式連線來提供大範圍地理區域的頻寬存取。

瞭解廣域網路技術的關鍵是要熟悉各種廣域網路的拓樸、術語，以及服務供應商用來連結網路的連線類型。

廣域網路的拓樸選擇

實體拓樸是指網路的實體配置，而邏輯拓樸指的是信號穿越實體拓樸時的路徑。在 WAN 的設計上，有三種基本的拓樸形式。

星狀或軸幅式拓樸 (hub-and-spoke)：這種拓樸的特性是有一個中樞 (中心路由器)，提供從遠端網路到核心路由器的存取。圖 10.1 就是軸幅式拓樸。

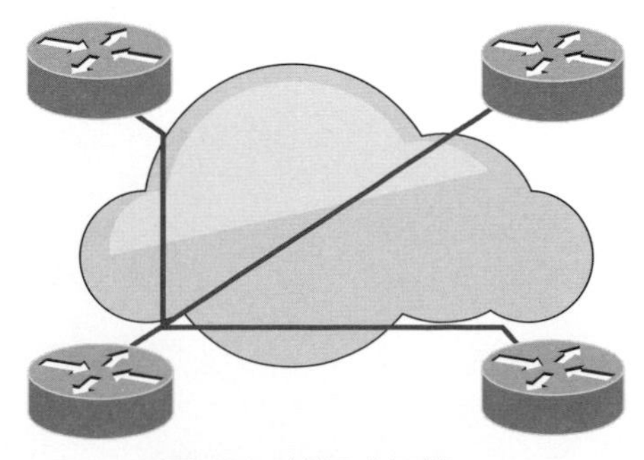

圖 10.1 軸幅式拓樸

網路間的所有通訊都會穿越核心路由器。星狀實體拓樸的優點是成本較低，並且比較容易管理，但是缺點也很嚴重：

- 中心路由器代表有單點故障的可能性。
- 中心路由器限制了對集中式資源的整體存取效能。無論是對集中式資源或其他區域路由器的所有交通，都是經由這個單一管道來管理。

全網狀拓樸 (fully meshed)：在這種拓樸中，位於封包交換網路邊緣的每個繞送節點，都擁有直接連到網路中其他任意節點的路徑。圖 10.2 就是全網狀拓樸。

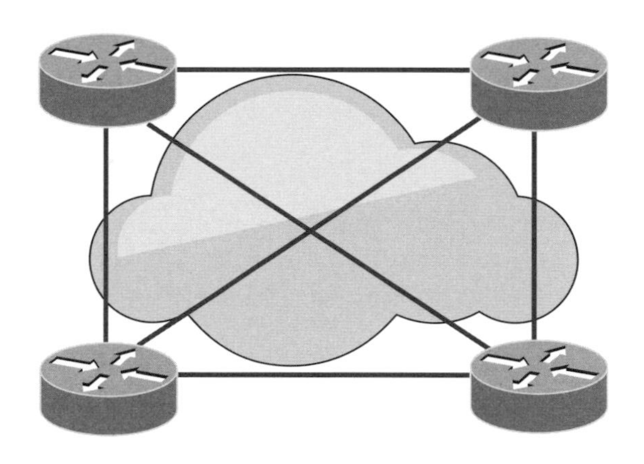

圖 10.2 全網狀拓樸

這種組態顯然提供了高度的冗餘，但是成本也最高。所以在大型的封包交換網路中，事實上是沒辦法使用全網狀的拓樸。下面是使用全網狀拓樸可能遇到的一些議題：

- 需要許多虛擬電路，路由器間的每個連線都需要一條，這也提高了成本。
- 在非廣播式環境中，對沒有支援多點傳播的路由器而言，設定會更為複雜。

部分網狀拓樸 (partially meshed)：這種拓樸可以減少全網狀網路中的路由器數量。圖 10.3 是一個部份網狀拓樸。

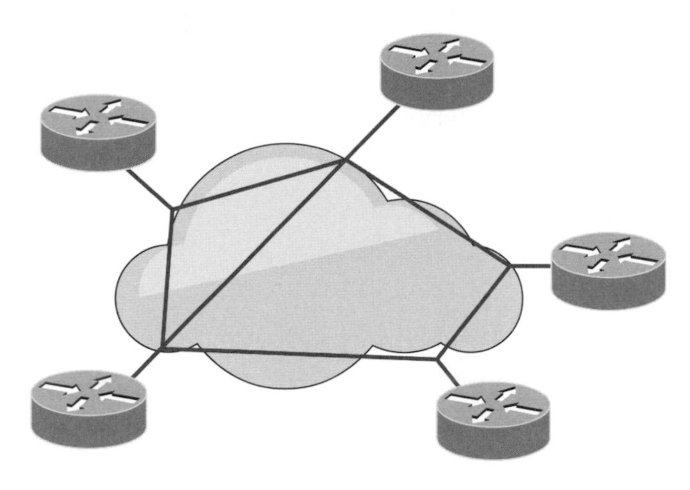

圖 10.3 部分網狀拓樸

不像在全網狀拓樸，這裡的路由器並不會連到其他所有的路由器，但仍舊提供優於軸輻式設計的冗餘。這被認為是最平衡的設計，提供更多的虛擬電路，以及冗餘性和效能。

定義廣域網路術語

在您從服務供應商訂購某種 WAN 服務之前，必須先瞭解服務供應商經常使用的術語，如圖 10.4 所示。

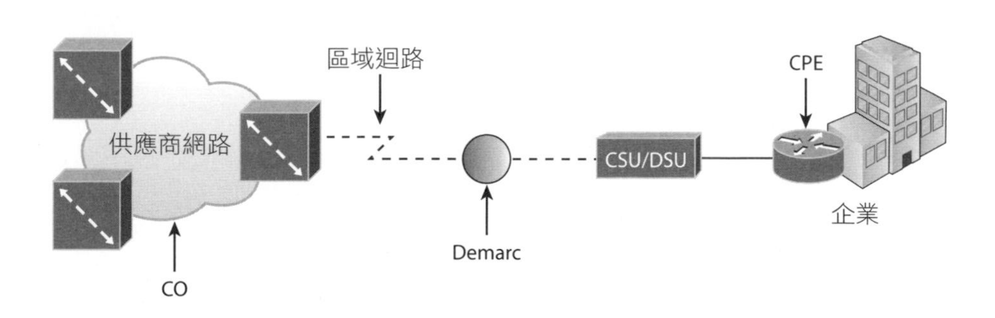

圖 10.4 WAN 術語

- **用戶端設備 (Customer Premises Equipment，CPE)**：用戶端設備一般 (但非一定) 是由用戶擁有，並且位於用戶場地。
- **頻道服務單元/資料服務單元 (channel service unit/data service unit，CSU/DSU)**：CSU/DSU 是用來將資料終端設備 (DTE) 連接到數位電路，例如 T1/T3 專線。如果一台裝置是數位資料的來源或目的地，就會被視為是 DTE，例如 PC、伺服器和路由器。在圖 10.4 中，路由器被認為是 DTE，因為它會將資料傳送給 CSU/DSU，由 CSU/DSU 再轉送給服務供應商。雖然 CSU/DSU 是使用電話線或同軸電纜 (如 T1 或 E1 線路) 連接到服務供應商的基礎建設，但它對路由器的連線是使用序列式纜線。在 CCNA 認證中，務必記住 CSU/DSU 會提供對路由器線路的時脈。您必須對此有完全的瞭解，所以在序列式 WAN 介面設定一節中，將對此有更深入的介紹。
- **責任分界點 (Demarcation Point)**：責任分界點是服務供應商責任終了、而 CPE 責任開始的分野，它通常是放在電信公司擁有與安裝的通訊箱中的裝置。用戶要負責從這個箱子接線到 CPE，通常是連到 CSU/DSU 介面的連線。
- **區域迴路 (Local Loop)**：區域迴路連接責任分界點到最近的交換機房，稱為中央機房。
- **中央機房 (Central Office，CO)**：這個點連結用戶網路與供應商的交換網路，中央機房有時又稱為 POP (Point of Presence)。
- **長途網路 (Toll Network)** 長途網路是 WAN 供應商網路內部的主幹鏈路。這個網路由 ISP 擁有的交換機與設備所組成。
- **光纖轉換器 (Optical fiber converter)**：雖然圖 10.4 中沒有特別畫出這個裝置，但其實在光纖線路端點都有光纖轉換器，負責光學信號與電子信號間的轉換。您也可以將轉換器實作為路由器或交換器的模組。

熟悉這些術語的意義，以及它們在圖 10.4 的位置是很重要的，因為他們對於瞭解廣域網路技術非常重要。

WAN 線路頻寬

以下介紹 WAN 線路基本使用的頻寬術語：

- **數位信號 0 (Digital Signal 0，DS0)**：這是基本的數位信號速率 64 Kbps，相當於一個通道。歐規使用 E0，而日規使用 J0 來表示相同的通道速率。對於典型的 T 型載波傳輸而言，這是幾個多工數位載波系統通用的術語，而且是最小容量的數位電路。一個 DS0 就相當於一條語音/資料電路。
- **T1**：又稱為 DS1，包含 24 條捆在一起的 DS0 電路，總頻寬是 1.544Mbps。
- **E1**：歐規的 T1，包含 30 條捆在一起的 DS0 電路，總頻寬是 2.048Mbps。
- **T3**：又稱為 DS3，包含 28 條捆在一起的 DS1 電路或 672 條 DS0，總頻寬是 44.736Mbps。
- **OC-3**：OC-3 是 Optical Carrier 3 的縮寫，這種電路使用光纖，由 3 條捆在一起的 DS3 組成，包含 2,016 條 DS0，總頻寬是 155.52Mbps。
- **OC-12**：OC-12 是 Optical Carrier 12 的縮寫，這種電路使用光纖，由 4 條捆在一起的 OC-3 組成，包含 8,064 條 DS0，總頻寬是 622.08Mbps。
- **OC-48**：OC-48 是 Optical Carrier 48 的縮寫，這種電路使用光纖，由 4 條捆在一起的 OC-12 組成，包含 32,256 條 DS0，總頻寬是 2488.32Mbps。

廣域網路連線類型

廣域網路使用數種不同的連線。本節將會介紹目前市面上的各種廣域網路連線。圖 10.5 顯示一些可透過 DCE 網路連結區域網路 (由 DTE 組成) 的各種廣域網路連線。

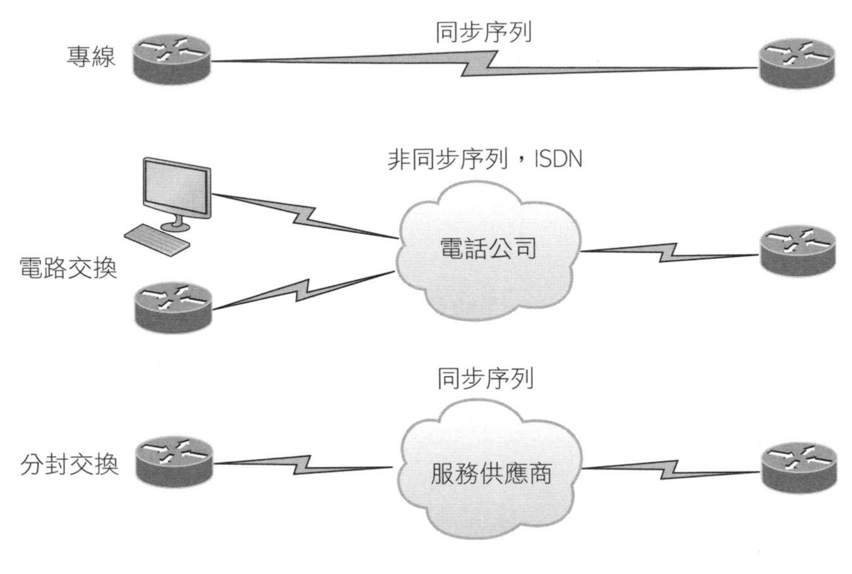

圖 10.5 廣域網路連線類型

以下說明廣域網路連線的類型：

- **專線 (leased line)**：通常也稱為點對點連線。專線是從 CPE 經過 DCE 交換機到遠端的 CPE、且事先建置好的 WAN 通訊線路。CPE 讓 DTE 網路隨時都可以通訊，傳送資料之前並不需要繁瑣的準備程序。如果您有豐沛的現金，這會是最佳的選擇。因為它使用同步的序列線路，速率最高可達 45Mbps。專線上最常使用的封裝是 HDLC 與 PPP，稍後會詳細地說明。

- **電路交換 (circuit switching)**：思考這個術語時，想想電話就對了。它的最大優勢就是成本，我們只要為實際使用的時間量來付費即可。在建好端點對端點的連線之前，不能傳送任何資料，電路交換利用撥接數據機或 ISDN，供低頻寬需求的資料傳輸使用。好啦！筆者知道您正在想：「數據機？他是說數據機嗎？那種東西現在不是只能在博物館裡找到嗎？」畢竟，在無線技術之下，今日還有誰要使用數據機？嗯，有些人還是有 ISDN，而且它也還是可用 (而且筆者認為的確有些人偶爾還會使用數據機)。不過，電路交換還可以使用在一些較新的 WAN 技術上。

● **分封交換 (packet switching)**：這是一種廣域網路的交換方式，讓您能與其他公司分享頻寬，以節省金錢。分封交換可以想成一種類似專線的設計，但付費的方式 (與成本) 比較像電路交換。不過成本低總有代價，它有個不利的地方：如果需要持續地傳送資料，那麼就撇開這種選擇吧，這時您要的是專線。分封交換只有在資料傳輸的特性是爆發式 (bursty)，也就是不連續時，才運作得很好。訊框中繼與 X.25 都是分封交換的技術，他們的速度從 56Kbps 到 T3 (45Mbps)。

MPLS (MultiProtocol Label Switching，多重協定標籤交換) 同時結合了電路交換與分封交換。

廣域網路支援

Cisco 的序列介面支援許多第 2 層的 WAN 封裝，包括 Cisco 認證目標的 HDLC、PPP 與訊框中繼。您可以在序列介面透過 **encapsulation ?** 命令來加以檢視，但是不同 IOS 版本的輸出可能會有不同：

```
Corp#config t
Corp(config)#int s0/0/0
Corp(config-if)#encapsulation ?
  atm-dxi        ATM-DXI encapsulation
  frame-relay    Frame Relay networks
  hdlc           Serial HDLC synchronous
  lapb           LAPB (X.25 Level 2)
  ppp            Point-to-Point protocol
  smds           Switched Megabit Data Service (SMDS)
  x25            X.25
```

您要瞭解，如果路由器上有其他種類的介面，就會有其他的封裝選項。不過您無法在序列介面上設定 Ethernet 的封裝，反之亦然。

接下來要定義目前 Cisco 認證中最重要的廣域網路協定：訊框中繼、ISDN、HDLC、PPP、PPPoE、cable、DSL、MPLS、ATM、3G/4G/5G、VSAT 與都會乙太網路 (Metro Ethernet)。現在序列介面上常設定的 WAN 協定，大概只有 HDLC、PPP 與訊框中繼，但誰說我們只能用序列介面來進行廣域的連線呢？其實我們未來看到的序列連線將會越來越少了，因為它們的擴充性和成本效益都比不上連到 ISP 的乙太網路。

- **訊框中繼 (Frame Relay)**：1990 年代早期發展出來的分封交換技術，訊框中繼是「資料鏈結層」與「實體層」的規格，提供較高的效能。它接替了 X.25 的任務，但大部分 X.25 用來補救「實體層」錯誤 (雜訊很多的線路) 的技術都移除了。訊框中繼比點對點鏈路更有經濟效益，運行的速度是 64Kbps 到 45Mbps (T3)。它的另一個優點是提供動態頻寬配置與壅塞控制的功能。

- **ISDN (Integrated Service Digital Network，整合服務數位網路)**：ISDN 是一組可以在現存的電話線路上傳送語音與資料的數位服務。ISDN 為那些需要較類比式撥接鏈路提供更高速連線的遠端使用者，提供更有經濟效益的解決方案。ISDN 也很適合用來作為訊框中繼或 T-1 專線等其他種鏈路的備援鏈路。

- **HDLC (High-Level Data-Link Control，高階資料鏈結控制)**：HDLC 衍生自 SDLC (Synchronous Data Link Control，同步資料鏈結控制)；SDLC 則是 IBM 的一種資料鏈結連線協定。HDLC 是「資料鏈結層」的協定，與 LAPB (Link Access Procedure, Balanced) 比較起來，它的額外負擔非常少。

  一般性 HDLC 並不預期要在相同的鏈路上封裝多個網路層協定，所以 HDLC 的標頭中並沒有包含封裝內部的協定類型識別資訊。因此，每個 HDLC 的廠商都有他們自己識別網路層協定的方式，這也表示每個廠商的 HDLC 都專屬於自己的特定設備。

- **PPP (Point-to-Point Protocol，點對點協定)**：PPP 是相當知名的業界標準協定。因為所有多重協定版的 HDLC 都具有專屬性，而 PPP 則可以在不同廠商的設備之間產生點對點的鏈路。PPP 使用資料鏈結標頭中的網路控制協定欄位來識別網路層協定，並且可以在同步與非同步的鏈路上進行認證與多重鏈路連線。

- **PPPoE (Point-to-Point Protocol over Ethernet，乙太網路上的點對點協定)**：PPPoE 將 PPP 訊框封裝在乙太網路訊框中，並且通常是與 ADSL 服務搭配使用。它提供許多您所熟悉的 PPP 功能，如認證、加密和壓縮，但是它有個缺點：它的最大傳輸單位 (MTU) 比標準乙太網路的 MTU 小；如果您的防火牆設定不夠完善，這個小小的特性確實會造成一些問題！

  PPPoE 在美國算是相當普遍，它的主要特性是加入對乙太網路介面的直接連線，同時提供 DSL 支援。PPPoE 通常是由許多台主機在共用的乙太網路介面上使用，透過至少一台橋接數據機開啟對各種目的地之 PPP 會談。

- **有線電視網路 (cable)**：在現代的 HFC (Hybrid Fibre-Coaxial，光纖同軸混合電纜) 網路中，通常會有 500 到 2,000 名資料用戶連到特定的纜線網段，一同共享上行和下行的頻寬 (HFC 是電信產業用來稱呼同時使用光纖和同軸電纜而建立的寬頻網路)。網際網路服務在有線電視 (CATV) 上的真實頻寬最高可達約 27Mbps 的下載速率，而上傳則是約 2.5Mbps 的頻寬。典型的使用者可以取得 256Kbps 到 6Mbps 的存取速度。它在全美各地的資料速率差異很大。

- **DSL (Digital Subscriber Line，數位用戶線路)**：DSL 是傳統電話公司在雙絞式電話線上提供進階服務 (高速資料、有時還有影像) 時，所使用的技術。它的資料傳輸能力通常較 HFC 網路低，而且資料速度的範圍可能受限於線路長度和品質。DSL 並不是完整的端點對端點解決方案，而是像撥接、cable 或無線之類的實體層傳輸技術。DSL 連線是建置在區域電話網路的最後一哩——**區域迴路** (local loop)。連線是建立在一對數據機之間，而數據機則位於用戶端設備 (CPE) 和 DSL 存取多工器 (DSL Access Multiplexer，DSLAM) 間的銅線兩端。DSLAM 是位於中央機房 (CO) 的裝置，匯集來自多個 DSL 用戶的連線。

- **MPLS (MultiProtocol Label Switching，多重協定標籤交換)**：MPLS 是在分封交換網路上模擬電路交換網路某些特性的資料傳輸機制。MPLS 是一種交換機制，能為封包加上標籤 (編號)，然後使用這些標籤來轉送封包。這些標籤是在 MPLS 網路的邊緣指定，而封包在 MPLS 網路中的轉送完全是根據這些標籤。標籤通常對應到第 3 層目標位址的路徑 (相當於以目標 IP 為基礎的遞送)。MPLS 的目的是要支援其他非 TCP/IP 協定的轉送。因此，不論第 3 層的協定為何，網路內的標籤交換方式都相同。在較大的網路中，加上 MPLS 標籤的結果是只有邊緣路由器會去檢視遶送。所有核心路由器都是根據標籤來轉送封包，這使得封包在服務供應商的網路中能有更快的轉送速度。這也是為什麼今日大部分公司都使用 MPLS 來取代他們的訊框中繼網路。最後，您可以運用有 MPLS 的乙太網路來連接 WAN；這稱為 MPLS 上的乙太網路、或 EoMPLS。

- **ATM (Asynchronous Transfer Mode，非同步傳輸模式)**：ATM 的設計是為了對易受時間影響的交通，同時提供語音、視訊與資料的傳輸。ATM 使用細胞 (cell) 來取代封包，細胞長度是固定的 53 個位元組，也可利用等時的 (isochronous) 時脈 (外部時脈) 來幫助資料移動得更快。現今，如果您採用訊框中繼，通常就會執行 ATM 上的**訊框中繼** (Frame Relay)。

- **蜂巢式 (Cellular)：3G/4G** 今日，在口袋中有個無線熱點已經是相當平常的事了。如果您有台比較新的手機，應該就可以透過手機上網。您甚至能幫 ISR 路由器弄張 3G/4G 的卡，這對涵蓋範圍內的小型遠端辦公室很有用。

- **VSAT (Very Small Aperture Terminal，小型衛星地面終端機)**：如果您有許多據點分散在很大的區域中，可以考慮使用 VSAT。VSAT 透過如 Dish Network 或 Hughes 之類公司的碟形天線，使用雙向衛星地面站連到同步衛星上。VSAT 對某些公司而言，可能是很有用、而且具有成本效益的解決方案，例如分散在全國的數十萬家加油站。否則，要怎麼把它們連在一起呢？使用專線會非常昂貴，撥接不但慢、而且很難管理。反之，衛星的訊號則可以同時連到許多遠端據點；這樣成本效益和效率更好。VSAT 比數據機快上許多 (大約 10 倍)，但上傳的速度大約只有下載速度的十分之一。

- **都會乙太網路 (Metro Ethrnet)**：這是一種**都會區域網路** (Mctropolitan area network，MAN)，以乙太網路標準為基礎，可以將顧客連到較大的網路和網際網路。如果情況許可，企業可以使用都會乙太網路將它們自己的辦公室連在一起，這是另一種非常有成本效益的連結方案。以 MPLS 為基礎的都會乙太網路使用 ISP 的 MPLS；ISP 提供乙太網路或光纖連線給客戶，客戶則是從自己的乙太網路纜線，跳到 MPLS，然後再接到遠端據點的乙太網路。如果您所在區域可以取得這種服務的話，它將是種非常聰明而常見的解決方案。

10-2 序列廣域網路的佈線

要連結 WAN 並確定一切都正常運作，必須知道的事可不少。對於初學者而言，必須瞭解 Cisco 提供了那些 WAN 實體層的實作，而且必須熟悉各種 WAN 序列接頭。

好消息是，Cisco 序列連線幾乎支援所有的 WAN 服務，典型的 WAN 連線是利用 HDLC 與 PPP 協定的專線，速度最高可飆到 45Mbps (T3)。

HDLC、PPP 與訊框中繼可以使用相同的實體層規格。以下幾節先介紹各種連線，然後再討論 CCNA R/S 認證目標中指定的 WAN 協定。

序列傳輸

WAN 序列接頭 (serial connector) 使用序列傳輸 (serial transmission)，這種傳輸是在單一的通道上，一次送出 1 個位元。

較舊型的 Cisco 路由器使用專屬 60 腳位的序列接頭，您必須跟 Cisco 或 Cisco 設備供應商購買。Cisco 也有一些新的較小專屬序列連線，大約是基本 60 腳位序列接頭的 1/10，稱為 "smart-serial"。您在使用纜線接頭之前，要先確定使用的介面種類。

纜線另一端的接頭種類取決於服務供應商或終端裝置的需求。可用種類如下：

- EIA/TIA-232：24 個接腳的接頭上最高速率可達 64Kbps。
- EIA/TIA-449
- V.35：用來連接 CSU/DSU 的標準，使用 34 腳位的矩形接頭，最高速率可達 2.048Mbps。
- EIA-530

我們通常會以頻率或每秒幾次（赫茲，hertz）來描述序列鏈路，而在這些頻率內能傳送的資料量稱為**頻寬** (bandwidth)。頻寬是序列通道每秒所能傳送的資料量，單位是每秒的位元數。

資料終端設備 (DTE) 與資料通訊設備(DCE)

路由器介面的預設是**資料終端設備** (Data Terminal Equipment，DTE)，他們會連進**資料通訊設備** (Data Communication Equipment，DCE)，例如 CSU/DSU。然後再由 CSU/DSU 連進責任分界點，也是服務供應商的最後責任區。通常責任分界點會是一個有 RJ-45 母接頭的接口，位於通信箱中。

如果您曾經有跟服務供應商報告問題的豐富經驗，可能已經聽過所謂的責任分界點，他們總是告訴您到該點的測試都很好，所以問題可能出在用戶端設備 (Customer Premises Equipment，CPE)。換句話說，這是您的問題，不是他們的。

圖 10.6 顯示典型的 DTE-DCE-DTE 連線，以及網路中使用的裝置。

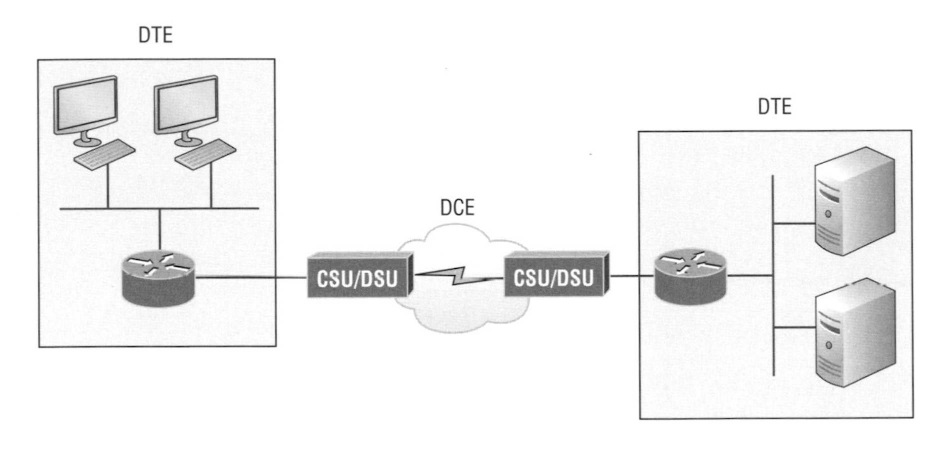

圖 10.6 DTE-DCE-DTE WAN 連線：通常由 DCE 網路提供時脈給路由器。在非營運的環境中，不一定會有 DCE 網路

WAN 背後的想法是要能夠透過 1 個 DCE 網路來連接 2 個 DTE 網路，DCE 網路包括 CSU/DSU，經過供應商的線路與交換機，一直到另一端的 CSU/DSU。網路的 DCE 裝置提供時脈給連結 DTE 的介面 (路由器的序列介面)。

如之前所說的，網路上的 DCE 裝置 (也就是 CSU/DSU) 會提供時脈給路由器。但如果您有非營運的網路，正在使用 WAN 交叉式纜線，而且沒有 CSU/DSU，那麼就需要利用 **clock rate** 命令，在 DCE 的纜線末端提供時脈。要找出哪個介面需要 **clock rate** 命令，可使用 **show controllers int** 命令：

```
Corp#sh controllers s0/0/0
Interface Serial0/0/0
Hardware is PowerQUICC MPC860
DCE V.35，clock rate 2000000
```

前述輸出顯示該 DCE 介面的時脈速率設定為 2000000，這是 ISR 路由器的預設值。下面的輸出顯示是 DTE 接頭，所以不需要在該介面執行 **clock rate** 命令：

```
SF#sh controllers s0/0/0
Interface Serial0/0/0
Hardware is PowerQUICC MPC860
DTE V.35 TX and RX clocks detected
```

EIA/TIA-232、V.35、X.21 與高速序列介面 (High Speed Serial Interface，HSSI) 等術語指的是 DTE (路由器) 與 DCE 裝置 (CSU/DSU) 之間的實體層。

10-3 HDLC 協定

HDLC (High-Level Data-Link Control，高階資料鏈結控制) 協定是一種很常見的 ISO 標準，屬於位元導向式的「資料鏈結層」協定。它利用訊框字元與檢查碼來為同步序列資料鏈路上的資料設定封裝方法，HDLC 是專線上的點對點協定。它並不提供認證。

在位元組導向的協定中，控制資訊乃利用整個位元組來編碼。但位元導向的協定則可能使用單獨的位元來表示控制資訊。常見的位元導向協定有 SDLC 和 HDLC。而 TCP 和 IP 則是位元組導向協定。

Cisco 路由器在同步序列鏈路上的預設封裝是 HDLC，Cisco 的 HDLC 是專屬的協定，它無法與其他廠牌的 HDLC 實作互通。但別責怪 Cisco，每個廠商的 HDLC 實作都是專屬的，圖 10.7 顯示 Cisco 的 HDLC 格式：

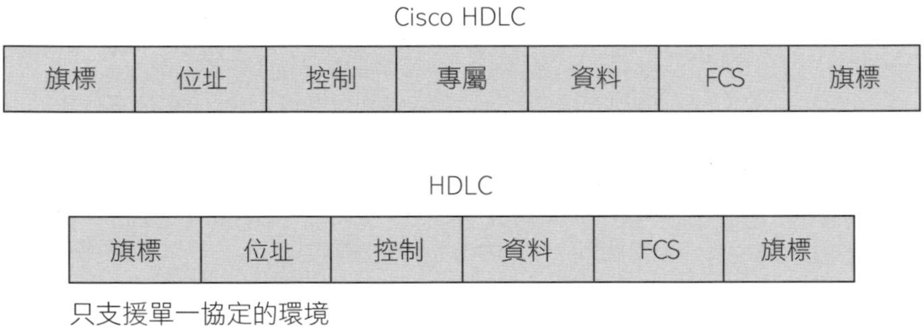

Cisco HDLC

旗標	位址	控制	專屬	資料	FCS	旗標

HDLC

旗標	位址	控制	資料	FCS	旗標

只支援單一協定的環境

圖 10.7 Cisco 的 HDLC 訊框格式：每個廠商的 HDLC 都有一個專屬的資料欄位，以支援多重協定的環境

如圖所示，每個廠商都有專屬 HDLC 封裝方法的原因是，每個廠商都有不同的方法讓 HDLC 協定封裝多個網路層協定。如果廠商沒有方法讓 HDLC 在不同的第 3 層協定通訊，那麼 HDLC 就只能承載一種協定。這個專屬的標頭放在 HDLC 封裝的資料欄位中。

假設您要透過 T1 來連接兩台 Cisco 路由器，它的序列介面設定相當簡單。圖 10.8 是兩個程式間的點對點連線。

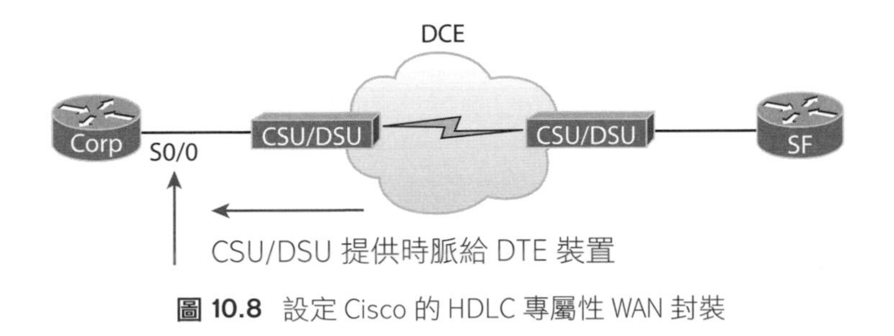

圖 10.8 設定 Cisco 的 HDLC 專屬性 WAN 封裝

我們可以輕鬆地設定路由器的基本 IP 位址，然後啟用這個介面。假設通往 ISP 的鏈路已經啟用，路由器會開始使用預設的 HDLC 封裝進行通訊。接著來檢視 Corp 路由器的組態設定；您可以看到它真的很容易：

```
Corp(config)#int s0/0
Corp(config-if)#ip address 172.16.10.1 255.255.255.252
Corp(config-if)#no shut
Corp#sh int s0/0
Serial0/0 is up, line protocol is up
  Hardware is PowerQUICC Serial
  Internet address is 172.16.10.1/30
  MTU 1500 bytes, BW 1544 Kbit, DLY 20000 usec,
    reliability 255/255, txload 1/255, rxload 1/255
  Encapsulation HDLC, loopback not set
  Keepalive set (10 sec)

Corp#sh run | begin interface Serial0/0
interface Serial0/0
  ip address 172.16.10.1 255.255.255.252
!
```

請注意在啟用介面之前，我只新增了 IP 位址——真的很簡單！現在，只要 SF 路由器執行的是預設的序列封裝，這條鏈路就啟用了。在前述輸出中，**show interface** 命令顯示了 HDLC 的封裝類別，但是 **show running-config** 命令則沒有。這非常重要，如果您在作用中組態檔的序列介面下沒有看到列出來的封裝類型，表示它執行的是 HDLC 的預設封裝。

所以，假設因為您的其他路由器還在訂購中，您只有 1 部 Cisco 路由器，並且需要連到 1 部非 Cisco 路由器。怎麼辦呢？您無法使用預設的 HDLC 序列封裝，因為它無法運作。所以您應該使用一些如 PPP 等 ISO 標準的方式來識別上層的協定。接下來讓我們將更詳細討論 PPP，以及如何利用 PPP 封裝來連結路由器。您也可以參考 RFC 1661，它對 PPP 的起源和標準提供了更多的資訊。

10-4 點對點協定 (PPP)

PPP 是一種「資料鏈結層」協定，可用在非同步序列 (撥接) 或同步序列 (ISDN) 的傳輸媒介上。它使用**鏈結控制協定** (Link Control Protocol，LCP) 來建置與維護資料鏈結的連線。

既然 HDLC 是 Cisco 序列鏈路上預設的序列封裝，而且它運作得很好，那麼什麼時候需要使用 PPP 呢？PPP 的基本目的是要在點對點鏈結的資料鏈結層傳送第 3 層的封包。PPP 不是專屬的協定，這表示如果您的路由器品牌並非全部都是 Cisco，則您的序列介面就會需要 PPP —— HDLC 封裝行不通，因為它是 Cisco 的專屬協定。此外，因為 PPP 可以封裝好幾種第 3 層協定，並且提供認證、動態定址、回呼 (callback) 等功能。選擇這種封裝可能是比 HDLC 還適合的解決方案。

圖 10.9 顯示它相對於 OSI 參考模型的協定堆疊。

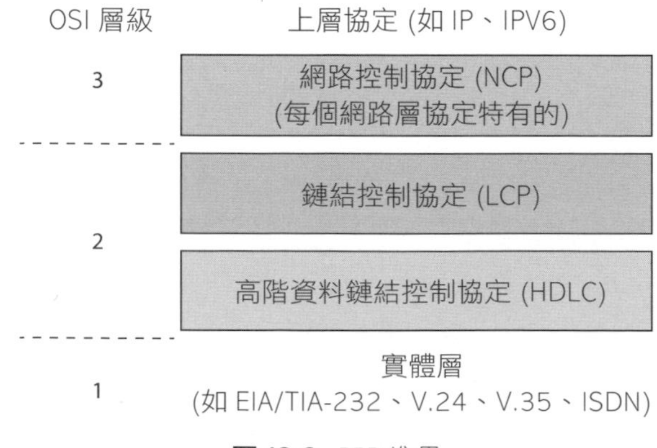

圖 10.9 PPP 堆疊

PPP 包含 4 個重要成份：

- **EIA/TIA-232-C、V.24、V.35 與 ISDN**：序列通訊的實體層國際標準。
- **HDLC**：在序列鏈路上封裝資料包的方法。
- **LCP**：建立、設定、維護與結束點對點連線的方法。它也提供諸如認證的功能；下一節將有完整的功能列表。
- **NCP**：建立與設定不同網路層協定的方法。NCP 的設計是要能同時使用多種網路層協定。例如：網際網路協定控制協定 (Internet Protocol Control Protocol，IPCP) 與 Cisco 發現協定控制協定 (Cisco Discovery Protocol Control Protocol，CDPCP)。

很重要的是，請記住 PPP 的協定堆疊只規範在實體層與資料鏈結層。NCP 是在 PPP 資料鏈結上辨識與封裝協定，以允許多個網路層協定能進行通訊。

記住，如果以序列連線來連接 Cisco 路由器與非 Cisco 路由器，則必須設定 PPP 或其他的封裝方法，如訊框中繼，因為 HDLC 的預設封裝是行不通的！

以下幾節介紹設定 LCP 與建立 PPP 會談時的選項。

LCP 的設定選項

鏈結控制協定 (Link Control Protocol，LCP) 提供不同的 PPP 封裝選項，包括：

- **認證** (Authentication)：這個選項告訴鏈結的呼叫端要傳送可用以識別用戶的資訊。而認證的方法有 2 種：PAP 與 CHAP。
- **壓縮** (Compression)：資料或負載在傳送之前先加以壓縮，以增加 PPP 連線的產出 (throughput)，然後接收端的 PPP 會對資料訊框進行解壓縮。
- **錯誤偵測** (Error Detection)：PPP 利用品質 (Quality) 和神奇數字 (Magic Number) 這兩個選項來確保可靠且無迴圈的資料鏈結。

- **多重鏈路** (Multilink)：Cisco 路由器從 11.1 版的 IOS 開始在 PPP 鏈結支援多重鏈路。這個選項允許好幾條實體線路看起來就像第 3 層的一條邏輯線路。例如，2 條執行多重鏈路 PPP 的 T1 對第 3 層遶送協定來說，看起來就像是 1 條 3Mbps 線路。
- **PPP 回呼** (PPP callback)：PPP 可以設定為成功認證之後就回頭呼叫，PPP 回呼是很不錯的功能，因為這樣就可以根據存取來記帳，或其他許多的用途。當啟用回呼功能時，呼叫端路由器 (客戶端) 會聯繫遠端路由器 (伺服器)，並進行認證。顯然，這 2 部路由器都必須完成回呼選項的設定才行。一旦完成認證，遠端路由器就會結束連線，然後重新啟始一條連線到原本呼叫端的路由器。

建立 PPP 會談

啟動 PPP 連線後，鏈路會經歷建立會談的 3 個階段，如圖 10.10 所示：

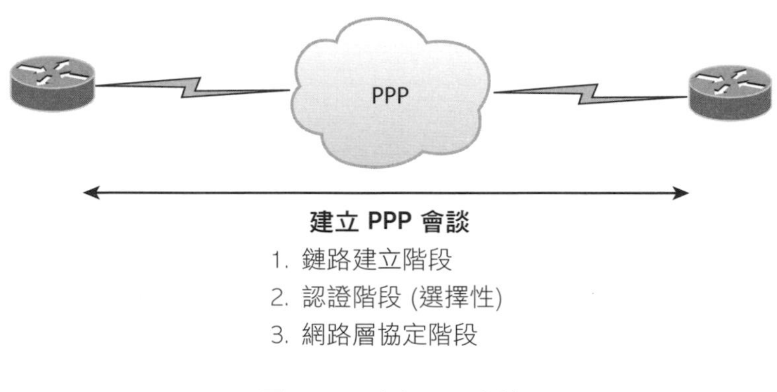

圖 10.10 建立 PPP 會談

- **鏈路建立階段：**每個 PPP 裝置會傳送 LCP 封包來設定並測試鏈路，這些封包會包含一個設定選項 (Configuration Option) 的欄位，允許每部裝置檢視資料的大小、壓縮與認證。如果沒有包含設定選項欄位，就使用預設的設定。
- **認證階段：**如果需要認證，就使用 CHAP 或 PAP 來認證鏈路。認證發生在讀取網路層協定資訊之前，同時還可能進行鏈路品質的測定。

- **網路層協定階段：**PPP 利用網路控制協定 (Network Control Protocol，NCP)，封裝多個網路層協定，並透過一條 PPP 資料鏈結來傳送。每個網路層協定 (例如 IP、Ipv6 等被遶送協定) 會與 NCP 建立一個服務。

PPP 認證方法

PPP 鏈路有 2 種認證方法可用：

- **PAP(Password Authentication Protocol，密碼認證協定)：**PAP 是這 2 種方法中較不安全的一種，密碼以明文傳送，而且只能在鏈路初始建立時進行。當建立 PPP 鏈路時，遠端節點會傳回使用者名稱與密碼給發起的路由器，直到認證被確認為止；如此而已。
- **CHAP(Challenge Handshake Authentication Protocol，盤問斡旋認證協定)：**CHAP 會用在鏈路啟用時，以及鏈路的定時查核，以確認路由器是否仍然與相同的主機進行通訊。

PPP 完成建立鏈路的階段後，本地路由器就會傳送盤問的請求給遠端裝置，遠端裝置則傳回它利用 MD5 單向雜湊函數計算出來的值，由本地裝置檢查這個雜湊值看是否匹配；如果該值不相符，鏈路就會立即結束。

在會談一開始和會談中間，會定期進行 CHAP 認證

在 Cisco 路由器上設定 PPP

使用 CLI 在介面上設定 PPP 封裝是非常直接的程序，請依循以下的路由器命令：

```
Router#config t
Router(config)#int s0
Router(config-if)#encapsulation ppp
Router(config-if)#^Z
Router#
```

當然，連結序列鏈路的兩端都必須啟用 PPP 封裝才能運作。您可以利用 **ppp ?** 命令，查看更多可用的設定選項。

設定 PPP 認證

設定序列介面以支援 PPP 封裝之後，就可設定路由器之間的 PPP 認證。首先，如果路由器沒有主機名稱，就須先加以設定。然後為連結路由器的遠端路由器設定使用者名稱與密碼。例如：

```
Router#config t
Router(config)#hostname RouterA
RouterA(config)#username RouterB password cisco
```

使用 **hostname** 命令時，請記住使用者名稱是連結您路由器的遠端路由器主機名稱，它有大小寫的區分，而且兩部路由器上的密碼必須相同。利用 **show run** 命令就可看出它是明文的密碼，不過可以利用 **service password-encryption** 命令加以加密。您必須為每部想要連結的遠端系統設定使用者名稱與密碼，而這些遠端路由器也必須設定使用者名稱與密碼。

設定好主機名稱、使用者名稱與密碼之後，請選擇認證方式，CHAP 或 PAP：

```
RouterA#config t
RouterA(config)#int s0
RouterA(config-if)#ppp authentication chap pap
RouterA(config-if)#^Z
RouterA#
```

如果同一列設定了 2 個方法，如上述範例所示，則鏈路協商時只會使用第 1 個方法，第 2 個是預備給第 1 個方法失敗時使用的。

如果您為了某些原因要使用 PAP 認證時，還有另一個命令可以使用。**ppp pap sent-username <username> password <password>** 命令可以做離去方向的 PAP 驗證。本地路由器透過 **ppp pap sent-username** 命令的帳號密碼來對遠端裝置驗證自己的身分；另一台路由器上則必須有相同的帳號密碼設定。

序列鏈路的查驗和故障檢修

啟動 PPP 封裝之後，接下來讓我們確認它是否有正常地運作。首先，檢視圖 10.11 的範例網路，圖中有點對點序列連線相連的 2 部路由器，且 DCE 端是位於 Pod1R1 路由器。

圖 10.11 PPP 認證範例

一開始可以利用 **show interface** 命令來確認設定：

```
Pod1R1#sh int s0/0
Serial0/0 is up, line protocol is up
  Hardware is PowerQUICC Serial
  Internet address is 10.0.1.1/24
  MTU 1500 bytes, BW 1544 Kbit, DLY 20000 usec,
    reliability 239/255, txload 1/255, rxload 1/255
  Encapsulation PPP
  loopback not set
  Keepalive set (10 sec)
  LCP Open
  Open: IPCP, CDPCP
[output cut]
```

第 1 列輸出是很重要的，因為我們可以看到序列介面 s 0/0 是啟用的 (up/up)。此外，它的封裝為 PPP，並且開啟了 LCP；這表示它已經協商了會談的建立，而且沒有問題！最後一列告訴我們這裡 NCP 在聆聽 IP 與 CDP 協定，在 NCP 標頭中顯示為 IPCP 和 CDPCP。

好的，如果不是一切正常，那會看到什麼呢？如果您輸入如圖 10.12 所示的設定，會發生什麼事呢？

圖 10.12 失敗的 PPP 認證

您發現問題出在哪裡了嗎？再看一下使用者名稱與密碼，發現問題了嗎？沒錯！Pod1R1 路由器的組態設定中，Pod1R2 之 **username** 命令中的「C」是大寫的。這樣不行，因為使用者名稱與密碼都是大小寫相關的。現在讓我們看看 **show interface** 命令的輸出：

```
Pod1R1#sh int s0/0
Serial0/0 is up, line protocol is down
  Hardware is PowerQUICC Serial
  Internet address is 10.0.1.1/24
  MTU 1500 bytes, BW 1544 Kbit, DLY 20000 usec,
    reliability 243/255, txload 1/255, rxload 1/255
  Encapsulation PPP, loopback not set
  Keepalive set (10 sec)
  LCP Closed
  Closed: IPCP，CDPCP
```

首先，輸出的第一列顯示「Serial0/0 is up，line protocol is down」。這是因為沒有從遠端路由器來的 keepalives 訊息。其次，LCP 是關閉的；這是因為認證失敗的緣故。

PPP 認證的除錯

您可利用 **debug ppp authentication** 命令來顯示網路中 2 部路由器之間進行 CHAP 認證的流程。

如果兩部路由器的 PPP 封裝與認證都設定無誤，而且輸入的使用者名稱與密碼也沒錯，則 **debug ppp authentication** 命令的輸出會類似這樣：

```
d16h: Se0/0 PPP: Using default call direction
1d16h: Se0/0 PPP: Treating connection as a dedicated line
1d16h: Se0/0 CHAP: O CHALLENGE id 219 len 27 from "Pod1R1"
1d16h: Se0/0 CHAP: I CHALLENGE id 208 len 27 from "Pod1R2"
1d16h: Se0/0 CHAP: O RESPONSE id 208 len 27 from "Pod1R1"
1d16h: Se0/0 CHAP: I RESPONSE id 219 len 27 from "Pod1R2"
1d16h: Se0/0 CHAP: O SUCCESS id 219 len 4
1d16h: Se0/0 CHAP: I SUCCESS id 208 len 4
```

不過如果使用者名稱弄錯了，如圖 10.12 那樣，則輸出會類似這樣：

```
1d16h: Se0/0 PPP: Using default call direction
1d16h: Se0/0 PPP: Treating connection as a dedicated line
1d16h: %SYS-5-CONFIG_I: Configured from console by console
1d16h: Se0/0 CHAP: O CHALLENGE id 220 len 27 from "Pod1R1"
1d16h: Se0/0 CHAP: I CHALLENGE id 209 len 27 from "Pod1R2"
1d16h: Se0/0 CHAP: O RESPONSE id 209 len 27 from "Pod1R1"
1d16h: Se0/0 CHAP: I RESPONSE id 220 len 27 from "Pod1R2"
1d16h: Se0/0 CHAP: O FAILURE id 220 len 25 msg is "MD/DES compare failed"
```

PPP 之 CHAP 認證是三段式認證，如果使用者名稱與密碼沒有設定正確，認證就會失敗，而且鏈路也會關閉。

不匹配的 WAN 封裝

如果您使用點對點鏈路，但兩邊的封裝卻不一樣，則鏈路永遠也無法啟用成功。圖 10.13 中的鏈路一邊是 PPP，另一邊則 HDLC。

圖 10.13 不匹配的 WAN 封裝

在 Pod1R1 路由器上將可看到如下的輸出：

```
Pod1R1#sh int s0/0
Serial0/0 is up, line protocol is down
  Hardware is PowerQUICC Serial
  Internet address is 10.0.1.1/24
  MTU 1500 bytes, BW 1544 Kbit, DLY 20000 usec,
    reliability 254/255, txload 1/255, rxload 1/255
  Encapsulation PPP, loopback not set
  Keepalive set (10 sec)
  LCP REQsent
Closed: IPCP, CDPCP
```

這個序列介面是沒有啟用的，LCP 正在傳送請求，但絕對收不到回應，因為 Pod1R2 使用的是 HDLC 封裝。若要修正這個問題，必須將 Pod1R2 路由器的序列介面封裝設成 PPP。另一件事是：雖然設定了使用者名稱，而且設錯了，但其實無所謂；因為這裡並沒有在序列介面的設定模式下使用 **ppp authentication chap** 命令，所以這個例子的 **username** 命令與它的問題之間是不相關的。

您可以使用 **no encapsulation** 將 Cisco 序列介面設回預設的 HDLC：

```
Router(config)#int s0/0
Router(config-if)#no encapsulation
*Feb 7 16:00:18.678:%LINEPROTO-5-UPDOWN: Line protocol on Interface Serial0/0,
changed state to up
```

因為現在它符合鏈路另一端的封裝，所以鏈路就開啟了。

您不可以一端使用 PPP，另一端卻使用 HDLC！

不匹配的 IP 位址

如果您在序列介面上設定了 HDLC 或 PPP，但 IP 位址卻不正確，這是很難發現的問題，因為輸出畫面會顯示鏈路是啟用的。檢視一下圖 10.14，您能找到問題嗎？這 2 部路由器以不同的子網路相連，Pod1R1 路由器是 10.0.1.1/24，而 Pod1R2 路由器是 10.2.1.2/24。

圖 10.14 不匹配的 IP 位址

這絕對行不通。然而，看看以下的輸出：

```
Pod1R1#sh int s0/0
Serial0/0 is up, line protocol is up
  Hardware is PowerQUICC Serial
  Internet address is 10.0.1.1/24
  MTU 1500 bytes, BW 1544 Kbit, DLY 20000 usec,
    reliability 255/255, txload 1/255, rxload 1/255
  Encapsulation PPP, loopback not set
  Keepalive set (10 sec)
  LCP Open
  Open: IPCP, CDPCP
```

發現了嗎？這兩部路由器之間的 IP 位址是錯的，但鏈路看起來卻好像運作得很正常。這主要是因為 PPP 與 HDLC 和訊框中繼一樣，都是第 2 層的 WAN 封裝，它們並不在乎 IP 位址為何？所以沒錯，鏈路是啟動的，但您卻不能在這條鏈路上使用 IP，因為它的設定不對，是嗎？其實，也對也不對。如果您嘗試執行 ping，可以看到它其實有在運作。這是 PPP 有別於 HDLC 或訊框中繼的一項特性。但是可以 ping 到不同子網路的 IP 位址，不表示網路交通和遶送協定也能運作。所以在 PPP 鏈路做故障檢測時尤其要特別注意這個議題。

檢視 Pod1R1 的路徑表，看看是否能找到不符合的 IP 位址問題：

```
[output cut]
  10.0.0.0/8 is variably subnetted, 2 subnets, 2 masks
C    10.2.1.2/32 is directly connected, Serial0/0
C    10.0.1.0/24 is directly connected, Serial0/0
```

我們可以看到序列介面 S0/0 的位址 10.0.1.0/24，但是介面 S0/0 的另一個位址 10.2.1.2/32 是什麼呢？這是遠端路由器的介面 IP 位址。PPP 會判斷並且將鄰居的 IP 位址放入路徑表做為相連的介面—因此，即使它是設定在另一個 IP 子網路上，您仍舊能夠 ping 到它。

就 Cisco 認證目標，您必須能從路徑表進行上述的 PPP 故障檢測。

為了找出並修正這個問題，您可以在每部路由器上使用 **show running-config** 或 **show interfaces** 命令，或者也可以利用 **show cdp neighbors detail** 命令：

```
Pod1R1#sh cdp neighbors detail
----------------------------------------
Device ID: Pod1R2
Entry address(es):
  IP address: 10.2.1.2
```

既然第一層實體層與第二層資料鏈結層都是啟用的 (up/up)，您可以檢視並確認直接相連的鄰居 IP 位址，然後解決您的問題。

多鏈路 PPP(MLP)

可用的負載平衡機制很多，但 MLP 可以免費在序列式 WAN 鏈路上使用！它提供多廠商的支援，並且規範在 RFC1990 中，詳述了封包分割 (fragmentation) 和序列化的規格。

您可以使用 MLP，將家用網路透過兩台傳統的數據機連上網際網路供應商，或是透過兩條專線連到公司。

MLP 能提供多重 WAN 鏈路上的負載平衡，同時允許多個廠商間的互通性。它也支援封包分割、正確的序列化、以及進出交通的負載計算。MLP 允許封包切割，然後同時透過多條點對點鏈路傳送到相同的端位址。它可以運作在同步與非同步類型的序列線路上。

MLP 功能將多條實體鏈路組合為一條稱為 MLP 鏈路束(MLP bundle)的邏輯鏈路，基本上就是連到遠端路由器的單一虛擬介面。鏈路束內的每一條鏈路都不會知道其他鏈路上的交通。

序列介面上的 MLP 功能提供了下列優點：

- **負載平衡**：MLP 提供隨選頻寬，可以在最多 10 條鏈路上進行負載平衡，甚至可以計算特定網點之間的交通負載。這些鏈路並不需要具有相同頻寬，但是建議最好能這樣。MLP 的另一項主要優勢是它能切割封包，並且將封包碎片透過所有鏈路傳送，以降低 WAN 上的延遲。
- **增加冗餘性**：如果某條鏈路故障，其他鏈路仍舊可以收送。
- **鏈路切割和穿插 (interleaving)**：MLP 的切割機制是切割大型封包，然後將封包碎片透過多條點對點鏈路傳送。較小的即時封包不會被切割。因此，穿插基本上意味著即時性封包會在切割過的非即時性封包之間交錯傳送，以降低線路上的延遲。

現在，讓我們開始設定 MLP 來感受它的運作方式。

設定 MLP

我們將使用圖 10.15 來說明如何在兩台路由器間設定 MLP。

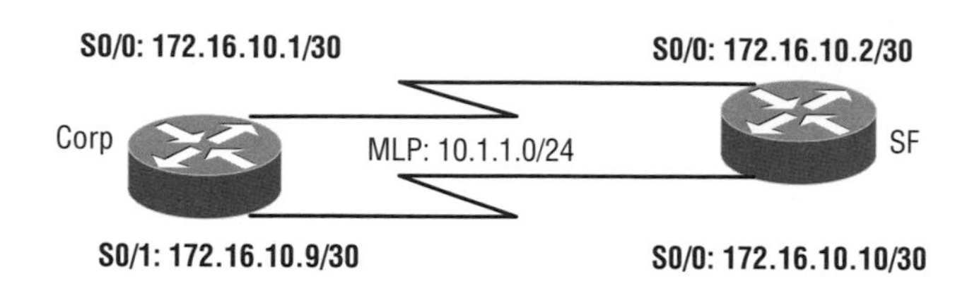

圖 10.15 在 Corp 與 SF 路由器間的 MLP

首先，檢查 Corp 路由器上要用來建立鏈路束的兩個序列式介面的組態：

```
Corp# show interfaces Serial0/0
Serial0/0 is up, line protocol is up
   Hardware is M4T
   Internet address is 172.16.10.1/30
   MTU 1500 bytes, BW 1544 Kbit/sec, DLY 20000 usec,
      reliability 255/255, txload 1/255, rxload 1/255
   Encapsulation PPP, LCP Open
   Open: IPCP, CDPCP, crc 16, loopback not set

Corp# show interfaces Serial1/1
Serial1/1 is up, line protocol is up
   Hardware is M4T
   Internet address is 172.16.10.9/30
   MTU 1500 bytes, BW 1544 Kbit/sec, DLY 20000 usec,
      reliability 255/255, txload 1/255, rxload 1/255
   Encapsulation PPP, LCP Open
   Open: IPCP, CDPCP, crc 16, loopback not set
```

您注意到每條序列連線是位於不同子網路上 (必須如此)，而且封裝方式為 PPP 嗎？

在設定 MLP 的時候，首先必須移除實體介面上的 IP 位址。接著在鏈路兩邊都建立多鏈路介面以設定多鏈路束。接著為這個多鏈路介面指定一個 IP 位址，有效地將實體鏈路限制為只能加入這個指定的多鏈路群組介面。

因此，首先移除 PPP 鏈路束要納入的實體介面的 IP 位址。

```
Corp# config t
Corp(config)# int Serial0/0
Corp(config-if)# no ip address
Corp(config-if)# int Serial1/1
Corp(config-if)# no ip address
Corp(config-if)# end
Corp#

SF# config t
SF(config)# int Serial0/0
SF(config-if)# no ip address
SF(config-if)# int Serial0/1
SF(config-if)# no ip address
SF(config-if)# end
SF#
```

現在在鏈路兩端建立多鏈路介面，使用 MLP 命令來開啟鏈路束。

```
Corp# config t
Corp(config)# interface Multilink1
Corp(config-if)# ip address 10.1.1.1 255.255.255.0
Corp(config-if)# ppp multilink
Corp(config-if)# ppp multilink group 1
Corp(config-if)# end

SF# config t
SF(config)# interface Multilink1
SF(config-if)# ip address 10.1.1.2 255.255.255.0
SF(config-if)# ppp multilink
SF(config-if)# ppp multilink group 1
SF(config-if)# exit
```


我們可以看到，只有在連線建立時就協商要使用鏈路束，並且交換的識別資訊符合現有鏈路束資訊的時候，鏈路才會加入 MLP 鏈路束。

當您在鏈路上設定 **ppp multilink group** 命令時，這條鏈路只能夠加入指定群組介面的鏈路束。

確認 MLP

要驗證鏈路束已經啟動並運作，可以使用 **show ppp multilink** 與 **show interfaces multilink1** 命令。

```
Corp# show ppp multilink

Multilink1
   Bundle name: Corp
   Remote Endpoint Discriminator: [1] SF
   Local Endpoint Discriminator: [1] Corp
   Bundle up for 02:12:05, total bandwidth 4188, load 1/255
   Receive buffer limit 24000 bytes, frag timeout 1000 ms
     0/0 fragments/bytes in reassembly list
     0 lost fragments, 53 reordered
     0/0 discarded fragments/bytes, 0 lost received
     0x56E received sequence, 0x572 sent sequence
   Member links: 2 active, 0 inactive (max 255, min not set)
     Se0/1, since 01:32:05
     Se1/2, since 01:31:31
No inactive multilink interfaces
```

從上面可以看到實體介面 Se0/1 與 Se1/1 都是邏輯介面鏈路束 Multilink 1 的成員。所以首先驗證 Corp 路由器上 Multilink 1 介面的狀態。

```
Corp# show int Multilink1
Multilink1 is up, line protocol is up
   Hardware is multilink group interface
   Internet address is 10.1.1.1/24
   MTU 1500 bytes, BW 1544 Kbit/sec, DLY 20000 usec,
      reliability 255/255, txload 1/255, rxload 1/255
Encapsulation PPP, LCP Open, multilink Open
Open: IPCP, CDPCP, loopback not set
  Keepalive set (10 sec)
[output cut]
```

現在繼續來設定 Cisco 路由器上的 PPPoE 客戶端。

PPP 客戶端 (PPPoE)

ADSL 服務使用 PPPoE，將 PPP 訊框封裝在乙太網路訊框中，並且使用了 PPP 的一般功能，例如認證、加密、和壓縮。但如前所述，這也可能造成麻煩，特別是當您的防火牆設定不良時。

基本上，PPPoE 是一種隧道性協定，在 PPP 上執行 IP 或其他協定層，並且具有 PPP 鏈路的屬性。這樣做是為了讓這些協定能夠用來接觸其他乙太網路裝置，並且啟始一條點對點連線來傳送 IP 封包。

圖 10.16 是 PPPoE 在 ADSL 上的典型用法。終端使用者電腦與路由器間有條 PPP 會談。之後，路由器會透過 IPCP 將 IP 位址指定給訂閱者的 PC。

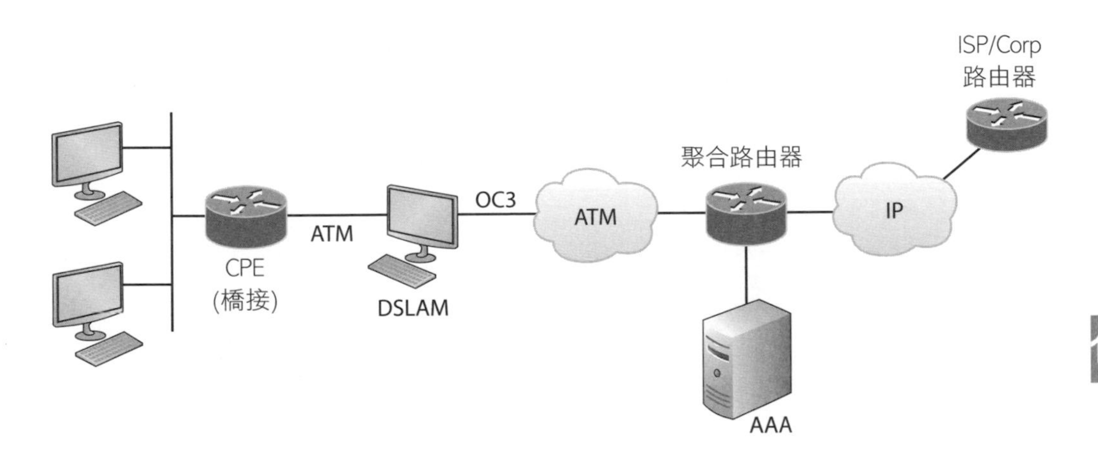

圖 10.16 ADSL 上的 PPPoE

您的 ISP 通常會提供一條 DSL 線路，假設您的線路沒有更進階的功能，則這條線路就扮演橋接器的角色。這表示只有一台主機會使用 PPPoE 來連線。藉由使用 Cisco 路由器，您可以執行 PPPoE 客戶端 IOS 功能，讓連接路由器的乙太網路網段上的多台 PC 進行連線。

設定 PPPoE 客戶端

PPPoE 客戶端的設定很簡單直接。首先建立撥接介面，然後將它連結到實體介面。

下面是它的簡易步驟：

1. 使用 **interface dialer number** 命令建立撥接介面。
2. 使用 **ip address negotiated** 命令指示客戶端使用 PPPoE 伺服器提供的 IP 位址。
3. 設定封裝型態為 PPP。
4. 設定撥接池和號碼。
5. 在實體介面上，使用 **pppoe-client dial-pool number number** 命令。

在 PPPoE 客戶端路由器上，輸入下列命令：

```
R1# conf t
R1(config)# int dialer1
R1(config-if)# ip address negotiated
R1(config-if)# encapsulation ppp
R1(config-if)# dialer pool 1
R1(config-if)# interface f0/1
R1(config-if)# no ip address
R1(config-if)# pppoe-client dial-pool-number 1
*May 1 1:09:07.540: %DIALER-6-BIND: Interface Vi2 bound to profile Di1
*May 1 1:09:07.541: %LINK-3-UPDOWN: Interface Virtual-Access2, changed state to up
```

現在使用 **show ip interface brief** 和 **show pppoe ession** 命令來檢查介面。

```
R1#show ip int brief
Interface          IP-Address     OK? Method   Status   Protocol
FastEthernet0/1    unassigned     YES manual   up       up
<output cut>
Dialer1            10.10.10.3     YES IPCP     up       up
Loopback0          192.168.1.1    YES NVRAM    up       up
Loopback1          172.16.1.1     YES NVRAM    up       up
Virtual-Access1    unassigned     YES unset    up       up
Virtual-Access2    unassigned     YES unset    up       up
R1#show pppoe session
      1 client session

Uniq ID  PPPoE  RemMAC          Port          VT        VA     State
           SID  LocMAC                                  VA-st  Type
    N/A      4  aacb.cc00.1419  FEt0/1        Di1       Vi2    UP
                aacb.cc00.1f01                          UP
```

一切順利！我們的 PPPoE 客戶端連線已經開始運作了。

10-5 摘要

本章討論了下列 WAN 服務之間的差異：cable、DSL、HDLC、PPP 與 PPPoE。您還學到一旦這些服務啟用，就可以在上面運用 VPN，並且可以建立和確認隧道介面。

您必須瞭解 HDLC，以及如何以 **show interface** 命令來確認 HDLC 是否啟動。本章不但提供 HDLC 的重要資訊，也教您如何使用 PPP，因為您可能需要比 HDLC 更多的功能，或者使用了 2 部不同廠牌的路由器，因為 HDLC 是專屬的協定，無法在不同廠牌的路由器間運作。

討論 PPP 時，我們討論了各種 LCP 選項，以及 2 種可用的認證方法：PAP 與 CHAP。

MEMO